软件工程开发技术与应用

单广荣　主编

科学出版社
北　京

内 容 简 介

本书全面介绍 Java Web 应用开发的理论与实践知识，包括四个部分的内容，分别是 Web 前端开发、Java 面向对象程序设计、MySQL 数据库应用、JSP 技术。Web 前端开发部分重点介绍如何使用 HTML 5 技术开发前端，如何使用 CSS3 技术修饰前端；Java 面向对象程序设计部分重点介绍编程逻辑、数组的使用、面向对象思想等在开发中的应用；MySQL 数据库应用部分重点介绍创建数据库、创建数据表、创建约束，数据的添加、删除、修改、查询以及使用 Java 语言的 JDBC 技术访问 MySQL 数据库；JSP 技术部分重点介绍请求与响应的流程、用户的状态管理、四大作用域、九大内置对象、页面跳转等。本书最后以知识库管理系统为案例，将本书中所讲解的内容进行综合的应用。

本书可作为高校计算机类学生实践课程教材。

图书在版编目（CIP）数据

软件工程开发技术与应用 / 单广荣主编. —北京：科学出版社，2020.6

ISBN 978-7-03-065104-4

Ⅰ. ①软… Ⅱ. ①单… Ⅲ. ①软件开发 Ⅳ. ①TP311.52

中国版本图书馆 CIP 数据核字（2020）第 079475 号

责任编辑：任 静 / 责任校对：王 瑞
责任印制：吴兆东 / 封面设计：迷底书装

科学出版社 出版
北京东黄城根北街 16 号
邮政编码：100717
http：//www.sciencep.com

北京中石油彩色印刷有限责任公司 印刷
科学出版社发行 各地新华书店经销

*

2020 年 6 月第 一 版 开本：720 × 1000 1/16
2020 年 6 月第一次印刷 印张：21 3/4
字数：425 000

定价：159.00 元

（如有印装质量问题，我社负责调换）

编委会成员

主　编：单广荣

编　者：孙静伟　马　君　洪建超　赵　彦　王　倩

前　　言

高校计算机学科属于工科，对工科学生实践能力的培养尤为重要，高校在培养计算机类学生的实践能力方面做出了很多探索和尝试，因此产生了多样性的实践课程，如《课程设计》《小学期》《开放实验室》《认识实习》《专业实习》《毕业实习》等，取得了显著的成绩。但是这些实践课程在实施过程中，很难找到适合这些课程的教材或参考资料，本书的出版，为高校计算机类实践课程的实施提供了内容和参考。本书可以分模块地应用于实践教学，也可以全流程地应用于实践教学。

本书编写团队经过对多所高校计算机类人才培养方案的剖析，并考察走访了多个行业领军软件企业的工程师，参考了高校教师关于实践教学的建议和用人单位对软件开发岗位的岗位需求组织编写了本书。本书首先采用提出任务、分析任务的解决方法，然后给出任务实现的参考代码，最后根据解析的思路进行代码编写。这种编写思路重点在于向读者强调解决问题的实践过程，向读者强调知识点在什么地方使用，为什么用，如何用的问题，而不是单纯的理论知识。

本书讲解的是软件开发领域的基础知识，是以实践为主导，理论与实践相结合的实践课程参考书籍。本书内容涉及软件前端开发的理论与实践部分，软件业务逻辑的理论与实践部分，数据库设计的理论与实践部分，Java Web 开发的理论与实践部分。全书共分 23 章，第 1 章到第 5 章讲解的是软件界面开发部分，主要讲解 HTML 5 中常用的标签、标签常用的属性、标签使用的场合，对每个标签都给出具体使用的案例，最后对标签综合运用，完成一个完整的 Web 前端开发；第 6 章到第 14 章讲解的是 Java 面向对象程序设计部分，主要讲解开发环境搭建、程序的基本编程逻辑、数组在开发中的使用、集合在开发中的使用，面向对象程序设计中讲解如何设计类、如何使用对象、如何创建类的成员、如何使用构造函数、如何使用静态成员和实例成员，以及如何使用继承、封装、多态解决开发中的问题，还讲解方法重载、方法重写实现多态的程序设计；第 15 章到第 18 章讲解的是 MySQL 数据库和 JDBC 操作数据库部分，主要讲解如何创建数据库、如何创建数据表、如何分析和创建表的约束，以及数据的添加、删除、修改、查询、高级查询的 SQL 语句，这一部分还讲解 Java 中的 JDBC 组件，通过 JDBC 组件连接数据库，向数据库中发送 SQL 语句并执行，获取数据库返回的结果，封装通用数据访问 DBHelper 类以及 DBHelper 类的使用；第 19 章到第 22 章讲解的是 JSP 技术部分，主要讲解请求与响应的流程、请求报文和响应报文，以及常用的内置对象，讲解使用 Cookie 实现用户状态管理、使用 Session 实现用户状态管理，讲解请求转发的页面跳转方式、重定向的页面跳转方式、四大作用域，最后介绍 JSP 的 9 个内置对象；第 23 章是综合项目案例，以知识库管理系统为例，讲解需求描述、开发环境、数据库设计、创建项目、添加数据、显示数据、编辑数据、删除数据的业务流程。

在本书编写过程中，北京科蓝软件系统股份有限公司、西安软通动力信息技术有限公司、博彦科技股份有限公司、武汉佰钧成技术有限公司、神州数码信息系统有限公司、北京先进数通信息技术股份有限公司、上海汉得信息技术股份有限公司、北京芯同汇科技有限公司、西安云创动力信息科技有限公司、西安秦晔信息技术有限公司给予了支持与帮助，在此对上述企业表示感谢。

单广荣

2019 年 12 月 2 日

目　　录

第 1 章　走进 HTML

1.1　任务 1：在网页上输出 Hello World

1.1.1　HTML 简介

HTML 全称为 Hyper Text Mark-up Language，翻译为超文本标签语言。HTML 文件是包含一些标签的文本文件，这些标签告诉 Web 浏览器如何渲染页面。HTML 文件必须使用 htm 或者 html 作为文件扩展名。HTML 文件可以通过文本编辑器来创建。

HTML 5 简称为 H5，表示 HTML 的第 5 个版本。上一代的 HTML 的标准 HTML 4.01 和 XHTML 1.0，距离今天已经发布了 10 多年了，而 Web 端的应用也已经发生了翻天覆地的变化。Web 前端没有一个统一的、通用的互联网标准，各个浏览器间拥有太多的不兼容，在维护这些浏览器兼容性方面浪费了太多的时间。HTML 4 的多媒体操作、动画等都需要第三方插件的支持，而这就造成多平台的兼容性较差的问题，这一切在 HTML 5 中都得以解决，使得 Web 应用更加标准，通用性更强，而且更加独立于设备，如个人计算机（personal computer，PC）、手机、平板电脑等。

HTML 5 并不是革命性的改变，而只是发展性的，对于之前 HTML 4 的很多标准都是兼容的，所有通过最新 HTML 5 标准制作的 Web 应用也可以轻松地在老版本的浏览器上运行。HTML 5 标准中的确是集成了很多实用的功能，例如，音频、视频、本地存储、Socket 通信、动画等。

HTML 5 的目标是通过一些新标签、新功能为开发更加简洁、独立、标准的通用 Web 应用提供标准。新的标准解决了三大问题：解决了浏览器兼容问题，解决了文档结构不明确问题，解决了 Web 应用程序功能受限问题。

HTML 4 与 HTML 5 的区别。

（1）取消了一些过时的 HTML 4 的标签。其中包括纯粹显示效果的标记，如<font>和<center>，它们已经被 CSS 完全取代。

其他取消的属性：acronym、applet、basefont、big、center、dir、font、frame、frameset、isindex、noframes、strike、tt。

（2）添加了一些新的元素。

例如，更加智能的表单标签有 date、email、url 等；更加合理的标签有 section、video、progress、nav、meter、time、aside、canvas 等。

（3）新的全局属性：id、tabindex、repeat。

（4）文档类型声明仅有一种类型，即<!DOCTYPE HTML>。

（5）新的 JavaScript API。

1.1.2 标签语法格式

语法格式：<标签 属性="值">内容</标签>

例如：

<p align="center">我是一个段落</p>

语法解析如下所示。

如图 1.1 所示，标签通常是成对出现的，分为开始标签（<p>）和结束标签（</p>），结束标签只是在开始标签前加一个斜杠“/”，标签也称为标记。标签可以有属性，例如，align="center"，其中 align 是属性名称，center 是属性的值。开始标签与结束标签中包含的内容称为区域。标签不区分大小写，<p>和<P>是相同的。

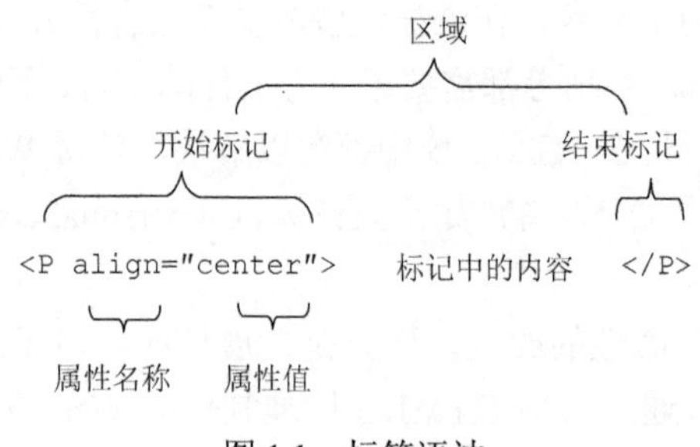

图 1.1 标签语法

示例 1：输出 Hello World

第一步：打开记事本。

第二步：键入以下文本。

```
<html>
   <head>
      <title>Hello World</title>
   </head>
   <body bgcolor="#F0F0F0">
      Hello World.
   </body>
</html>
```

第三步：将这个文件存为"mypage.html"。

第四步：在浏览器中打开"mypage.html"。

运行结果：

如图 1.2 所示。

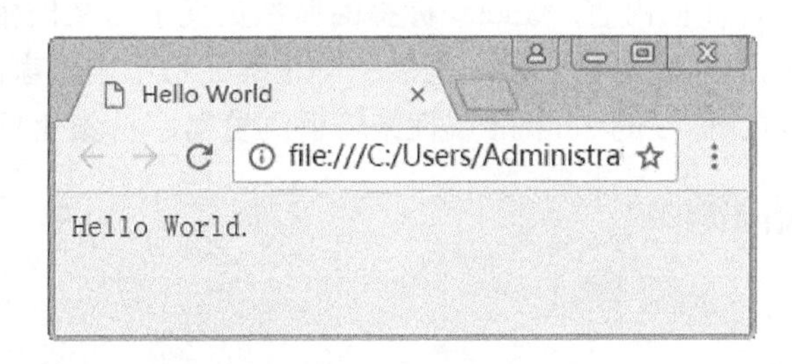

图 1.2　在网页中输出 Hello World

代码解析：

（1）HTML 文件中的第一个标签是<html>。该标签的作用是表示网页文件的开始。文件中最后一个标签是</html>。该标签的作用是表示网页文件的结束。

（2）位于<head>标签和</head>标签之间的文本是头信息，头信息不会显示在浏览器窗口中。

（3）<title>标签中的文本是文件的标题，标题会显示在浏览器的标题栏。

（4）<body>标签表示网页的主体部分，需要在浏览器中显示的内容写在<body>标签中。

（5）标签大小写是不敏感的，例如，<body>和<BODY>是一样的，但建议写成小写字母。

（6）标签中可以包含属性，属性包括属性名称和属性值。例如，<body bgcolor="#F0F0F0">中 bgcolor 是 body 标签的属性名称，#F0F0F0 是 bgcolor 属性的值。

（7）网页文档有明确的基本结构，其基本结构包括三个部分，在<html>中包含<head>部分和<body>部分。

1.1.3　开发环境和运行环境

示例 1 中记事本是网页的开发环境，浏览器是运行环境。常用的开发环境有 Adobe Dreamweaver、Sublime、Webstorm、HBuilder 等。常用的浏览器有 Microsoft 公司的 Internet Explorer（IE）、Mozilla 公司的 Firefox（火狐）、Google 公司的 Chrome，以及国内的 360 浏览器、搜狗浏览器、腾讯浏览器等。

1.2　任务 2：设置网页编码

1.2.1　<meta>标签

<meta>标签可提供有关页面的元信息（meta-information），<meta>标签位于文档的头部，不包含任何内容。<meta>标签的属性定义了与文档相关联的键值对。不同国家的文字是不同的，如何让浏览器能够正确显示不同国家的不同文字呢？这就需要使用<meta>标签的 content 属性来告诉浏览器字符集信息。

示例 2：设置网页编码

```
<!doctype html>
<html>
   <head>
      <title>meta 标签</title>
      <meta charset="UTF-8">
      <meta name="keywords" content="软件,开发">
      <meta name="description" content="软件开发,软件设计,
        技术支持,技术服务">
      <meta http-equiv="refresh" content="2;URL=http:
        //www.baidu.com">
   </head>
   <body>
   </body>
</html>
```

代码解析：

(1)charset = UFT-8 头信息就是告诉浏览器，当前网页使用 UFT-8 编码显示。UTF-8 是通用字符集，可以显示中文。常用的中文字符集如表 1.1 所示。

表 1.1　常用的中文字符集

编码	描述
GB2312	是简体中文字符集，主要用于中国大陆和新加坡
UTF-8	是中文通用字符集
GBK	是 GB2312 的后续标准，添加了更多的汉字和特殊符号
BIG5	是繁体中文字符集，主要在中国台湾和中国香港地区使用

（2）keywords 头信息用于设置搜索引擎关键字。

（3）description 头信息用于设置搜索引擎描述信息。

（4）refresh 是设置页面跳转，有两种用法，如表 1.2 所示。

表 1.2　刷新实现页面跳转方法

代码	描述
content = "2;URL = http://www.baidu.com"	页面加载 2 秒钟后跳转到百度页面
<meta http-equiv = "refresh" content = "5">	每 5 秒钟刷新一次当前页面

1.2.2　DOCTYPE 声明

Web 世界中存在许多不同的文档，只有了解文档的类型，浏览器才能正确地渲染文档。HTML 也有多个不同的版本，只有完全明白页面中使用的确切 HTML 版本，浏览器才能完全正确地渲染出 HTML 页面，这就是<!DOCTYPE>的用处。

<!DOCTYPE>是文档类型声明。它为浏览器提供一项信息，即 HTML 是用什么版本编写的。从 Web 诞生早期至今，已经发展出多个 HTML 版本，如表 1.3 所示。

表 1.3　HTML 版本

版本	年份
HTML	1991
HTML +	1993
HTML 2.0	1995
HTML 3.2	1997
HTML 4.01	1999
XHTML 1.0	2000
HTML 5	2012
XHTML 5	2013

HTML 5 的文档声明：

```
<!DOCTYPE html>
```

HTML 4.01 的文档声明：

```
<!DOCTYPE HTML PUBLIC"-//W3C//DTD HTML 4.01 Transitional//
  EN"
"http://www.w3.org/TR/html4/loose.dtd">
```

XHTML 1.0 的文档声明：

```
<!DOCTYPE html PUBLIC "-//W3C//DTD XHTML 1.0 Transitional
    //EN"
"http://www.w3.org/TR/xhtml1/DTD/xhtml1-transitional.dtd">
```

示例 3：文档声明

```
<!doctype html>
<html>
    <head>
        <meta charset="UTF-8">
        <title>h5 渲染网页</title>
    </head>
    <body>
        浏览器会将该网页渲染成 html5 版本的页面。
    </body>
</html>
```

1.3 任务 3：开发唐诗三百首

1.3.1 块标签和行标签

在 html 中，所有的标签都是预定义，这些预定义的标签根据其特点可分为块标签和行标签。

块标签：块标签在浏览器中单独占一行。

行标签：行标签在浏览器中不单独占一行。

示例 4：块标签和行标签

```
<!DOCTYPE html>
<html>
    <head>
        <meta charset="UTF-8">
        <title>块标签和行标签</title>
    </head>
    <body>
        <div>我是块标签，我单独占一行</div>
```

```
        <div>我也是块标签，我也单独占一行</div>
        <span>我是行标签，我不单独占一行</span>
        <span>我也是行标签，我也不单独占一行</span>
    </body>
</html>
```

运行结果：

如图 1.3 所示。

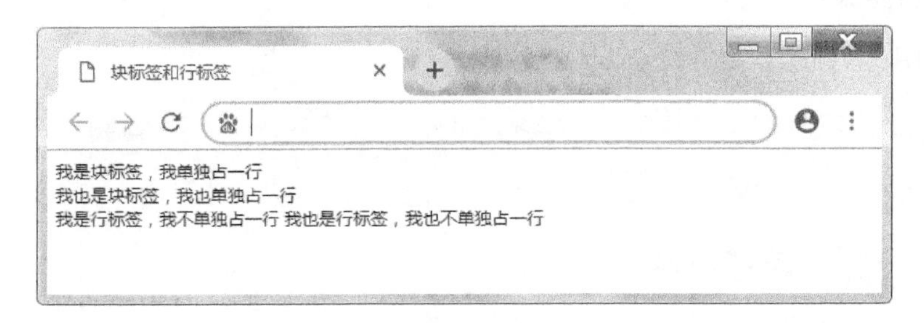

图 1.3　块标签和行标签

代码解析：

<div>标签是块标签，<span>标签是行标签。每一个<div>标签中的内容在浏览器中显示时都单独占一行，每一个<span>标签中的内容在浏览器中显示时不单独占一行，如图 1.3 所示。

1.3.2　标题标签

<h1>～<h6>标签用于定义文章标题。<h1>定义最大的标题，<h6>定义最小的标题，标题标签属于块标签，其内容显示为粗体。

示例 5：标题标签

```
<!DOCTYPE html>
<html>
    <head>
        <meta charset="UTF-8">
        <title>唐诗三百首</title>
    </head>
    <body>
        <h1>唐诗三百首</h1>
```

```
        <h2>唐诗三百首</h2>
        <h3>唐诗三百首</h3>
        <h4>唐诗三百首</h4>
        <h5>唐诗三百首</h5>
        <h6>唐诗三百首</h6>
    </body>
</html>
```

运行结果：

如图 1.4 所示。

图 1.4　标题标签

1.3.3　段落标签

<p>标签可定义一个段落，相邻的段落标签之间有一个空行。

图 1.5 是某门户站点的页面，其中标题“静夜思”使用<h1>标签实现，原文和解析使用段落标签<p>实现。

示例 6：制作新闻页面

```
<!DOCTYPE html>
<html>
    <head>
        <meta charset="UTF-8">
        <title>静夜思</title>
    </head>
```

```
    <body>
        <h1>静夜思</h1>
        <p>原文</p>
        <p>床前明月光，疑是地上霜。举头望明月，低头思故乡。</p>
        <p>解析</p>
        <p>明亮的月光洒在窗户纸上，好像地上泛起了一层霜。我禁不住
          抬起头来，看那天窗外空中的一轮明月，不由得低头沉思，想起
          远方的家乡。</p>
    </body>
</html>
```

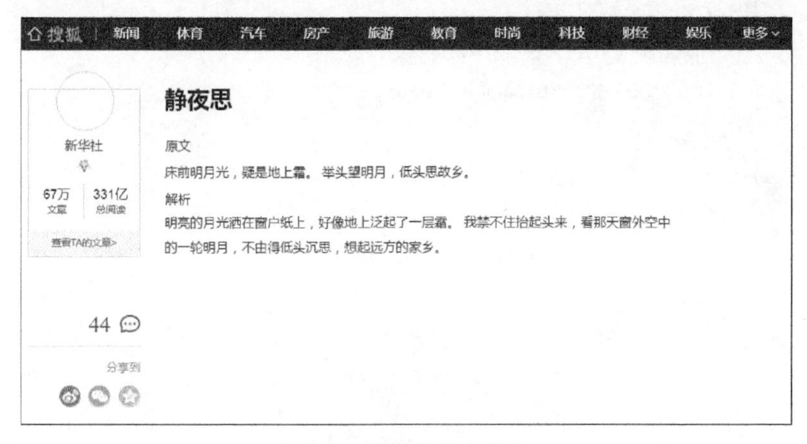

图 1.5　标题和段落标签

运行结果：

如图 1.6 所示。

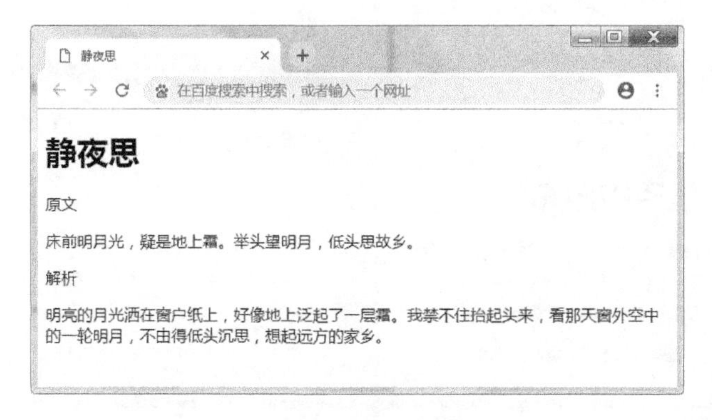

图 1.6　标题和段落标签

代码解析：

相邻的<p>标签之间有一个空行。

1.3.4　水平线标签

<hr/>标签表示一条水平线。

示例 7：水平线标签

```
<!DOCTYPE html>
<html>
    <head>
        <meta charset="UTF-8">
        <title>望庐山瀑布</title>
    </head>
    <body>
        <h1>望庐山瀑布</h1>
        <p>作者：李白</p>
        <hr/>
        <p>日照香炉生紫烟，遥看瀑布挂前川。</p>
        <p>飞流直下三千尺，疑是银河落九天。</p>
    </body>
</html>
```

运行结果：

如图 1.7 所示。

图 1.7　水平标签

代码解析：

<hr/>标签在浏览器中产生一条水平线。标签都是成对的，即有开始标签就有结束标签，<hr/>既表示开始，也表示结束。

示例 8：开发唐诗三百首

使用标题标签，<p>标签和<hr/>标签实现图 1.8 所示的页面。

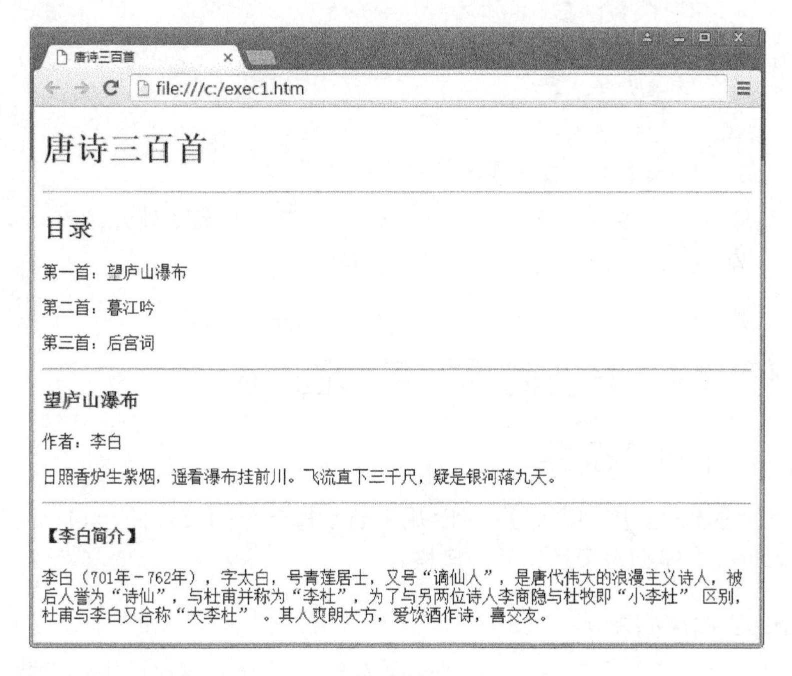

图 1.8　唐诗三百首

代码演示：

```
<!DOCTYPE html>
<html>
    <head>
        <meta charset="UTF-8">
        <title>唐诗三百首</title>
    </head>
    <body>
        <h1>唐诗三百首</h1>
```

```
        <hr/>
        <h2>目录</h2>
        <p>第一首：望庐山瀑布</p>
        <p>第二首：暮江吟</p>
        <p>第三首：后宫词</p>
        <hr/>
        <h3>望庐山瀑布</h3>
        <p>作者：李白</p>
        <p>日照香炉生紫烟，遥看瀑布挂前川。飞流直下三千尺，疑是银
         河落九天。</p>
        <hr/>
        <h4>【李白简介】</h4>
        <p>李白（701 年-762 年），字太白，号青莲居士，......</p>
    </body>
</html>
```

1.4 任务 4：开发商品信息页面

1.4.1 有序列表标签

<ol>标签表示有序列表标签，<li>用来表示每一个列表条目。<ol>标签的 type 属性可以更改有序列表项目符号的风格。

示例 9：有序列表

```
<!DOCTYPE html>
<html>
    <head>
        <meta charset="UTF-8">
        <title>购物流程</title>
    </head>
    <body>
        <h3>购物流程：</h3>
        <ol type="1">
        <li>确认购买信息</li>
        <li>付款</li>
```

```
        <li>确认收货</li>
        <li>双方评价</li>
        </ol>
    </body>
</html>
```

运行结果：

如图 1.9 所示。

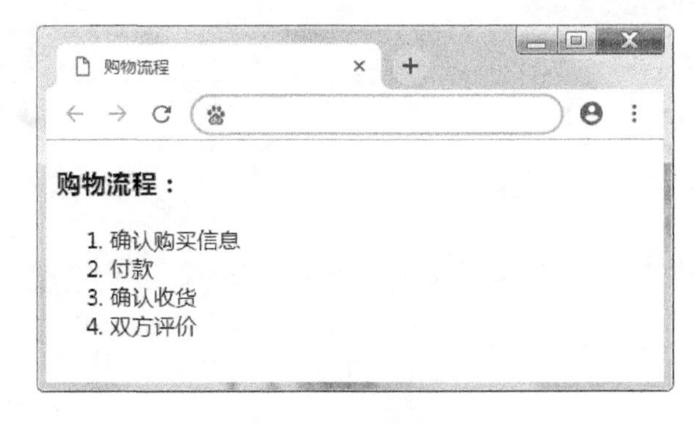

图 1.9　有序列表

代码解析：

type="1"，以数字风格表示列表风格。
type="a"，以小写字母风格表示列表风格。
type="i"，以罗马数字风格表示列表风格。

1.4.2　无序列表标签

<ul>标签表示无序列表标签，<li>用来表示每一个列表条目，<ul>标签的 type 属性可以更改无序列表项目符号的风格。

示例 10：无序列表

```
<!DOCTYPE html>
<html>
    <head>
        <meta charset="UTF-8">
        <title>商品类别</title>
```

```
    </head>
    <body>
        <h3>商品类别：</h3>
        <ul type="circle">
        <li>数码</li>
        <li>美容</li>
        <li>服装</li>
        </ul>
    </body>
</html>
```

运行结果：

如图 1.10 所示。

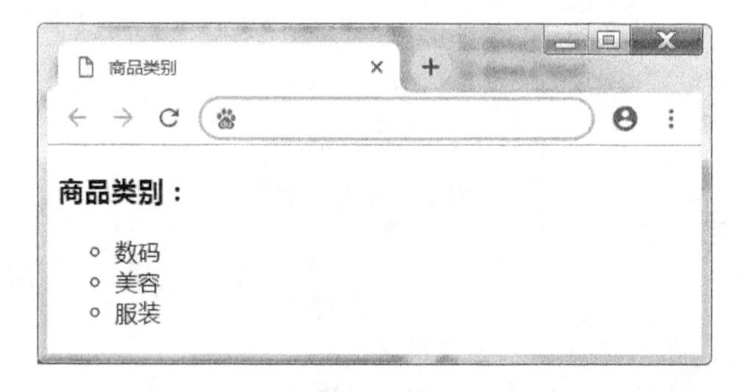

图 1.10　无序列表

代码解析：

type="disc"，以实心圆表示列表风格。
type="square"，以矩形表示列表风格。
type="circle"，以空心圆表示列表风格。

1.4.3　div 块标签

<div>标签用于定义文档中的分区或节。

示例 11：div 标签

```
<!DOCTYPE html>
<html>
```

```
    <head>
        <meta charset="UTF-8">
        <title>商品更新中...</title>
    </head>
    <body>
        <div  style="width:300px;height:100px;background:
          #F0F0F0">
            商品更新中，敬请期待......
        </div>
    </body>
</html>
```

运行结果：

如图1.11所示。

图1.11　div标签

示例12：开发商品信息

开发如图1.12所示的商品信息页面。

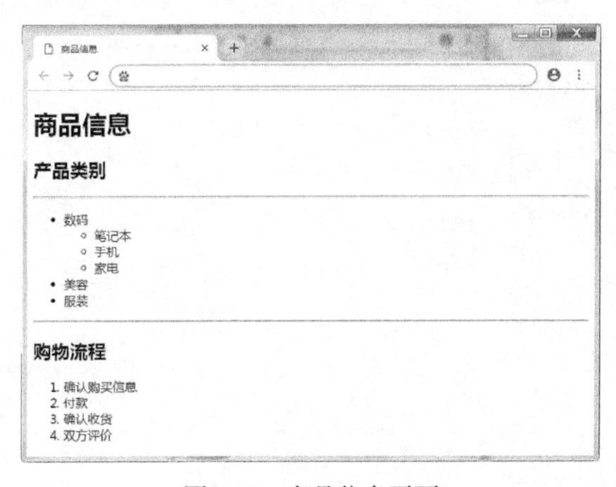

图1.12　商品信息页面

代码演示：

```
<!DOCTYPE html>
<html>
    <head>
        <meta charset="UTF-8">
        <title>商品信息</title>
    </head>
    <body>
        <div>
            <h1>商品信息</h1>
            <h2>产品类别</h2>
            <hr/>
            <ul>
                <li>数码</li>
                <ul>
                    <li>笔记本</li>
                    <li>手机</li>
                    <li>家电</li>
                </ul>
                <li>美容</li>
                <li>服装</li>
            </ul>
            <hr/>
            <h2>购物流程</h2>
            <ol>
                <li>确认购买信息</li>
                <li>付款</li>
                <li>确认收货</li>
                <li>双方评价</li>
            </ol>
        </div>
    </body>
</html>
```

1.5　任务 5：开发商品详情页面

1.5.1　span 标签

<span>标签被用来组合文档中的内联元素。例如，“价格：10 元”中的 10 需要以红色显示，那么就需要将 10 放在<span>标签内，然后设置<span>标签的显示风格为红色，<span>标签所包含的文字就显示为红色了。

示例 13：span 标签

```
<body>
    <p>价格：<span style="color:red;font-size:70px;">10
      </span>元</p>
</body>
```

运行结果：

如图 1.13 所示。

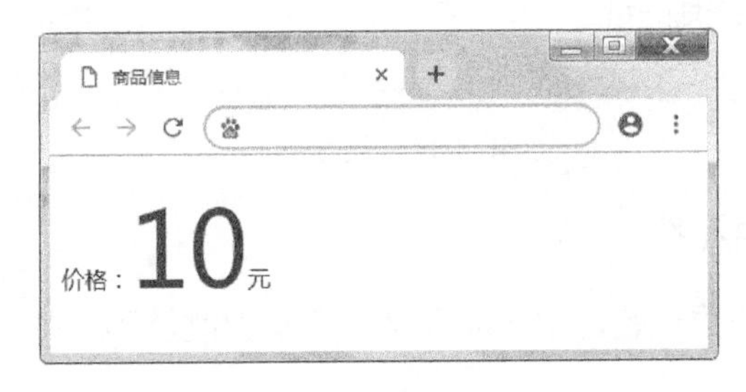

图 1.13　span 标签

1.5.2　换行标签

表示换行标签，
后面的内容在浏览器中另起一行显示。

示例 14：换行标签

```
<!DOCTYPE html>
<html>
   <head>
       <meta charset="UTF-8">
       <title>商品信息</title>
   </head>
```

```
    <body>
        <p>
        商品名称：联想电脑<br/>
        商品数量：1 台<br/>
        商品产地：中国<br/>
        </p>
    </body>
</html>
```

运行结果：

如图 1.14 所示。

图 1.14　换行标签

1.5.3　超链接标签

<a>标签是超链接标签，用于实现从一个页面跳转到另外一个页面。

示例 15：超链接

```
<!DOCTYPE html>
<html>
    <head>
        <meta charset="UTF-8">
        <title>商品信息</title>
    </head>
    <body>
        <a href="detail.html" title="商品详情"target="_
         blank">商品详情</a>
        <a href="index.html" title="返回首页">返回首页</a>
```

```
    </body>
</html>
```

运行结果：

如图 1.15 所示。

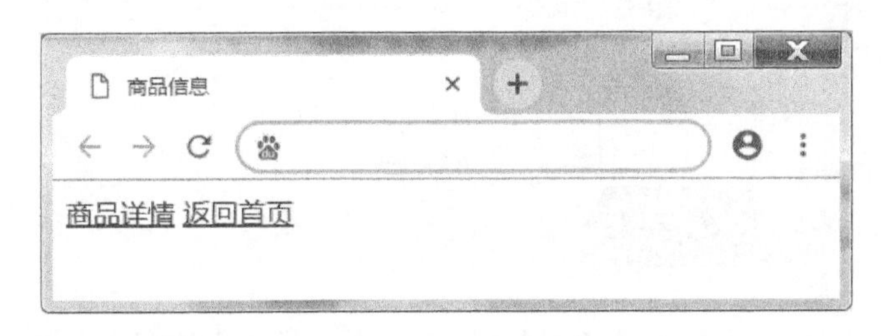

图 1.15　超链接标签

代码解析：

href 属性表示链接目标地址。
title 属性表示鼠标悬停在链接上后鼠标的提示文本。
target="_blank"表示用新窗口打开目标链接。

1.5.4　图像标签

<img>标签用于在网页中插入一幅图像。

示例 16：插入图像

```
<!DOCTYPE html>
<html>
    <head>
        <meta charset="UTF-8">
        <title>商品信息</title>
    </head>
    <body>
        <img  src="img/computer.jpg" width="200" alt="联想
         电脑" title="联想电脑"/>
    </body>
</html>
```

运行结果：

如图 1.16 所示。

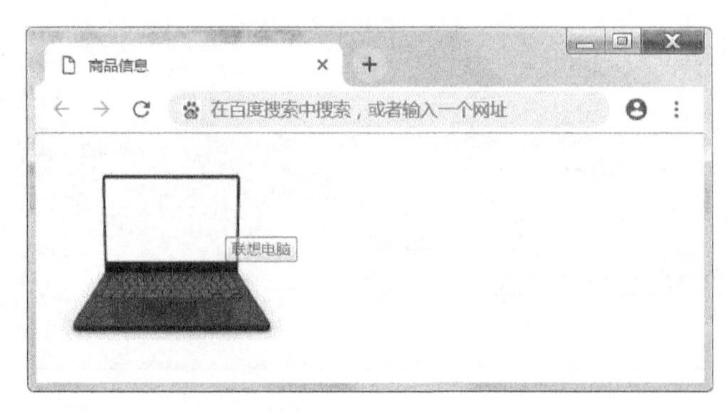

图 1.16　插入图像

代码解析：

src 属性用于设置图片的来源。
alt 属性用于设置图片不能正常显示时的提示文字。
title 属性用于设置鼠标悬停在图片上时的提示文字。
关于图像标签相关的属性见表 1.4。

表 1.4　图片的属性

属性名称	属性值	功能
width	数字（像素）	图片的宽
height	数字（像素）	图片的高
border	数字（像素）	图片的边框
alt	字符串	图片的替换文本
title	字符串	图片的提示文本

1.5.5　相对路径

路径是指一个文件存储的位置，分为相对路径和绝对路径。相对路径是指以当前文件所在位置为参考点而建立的路径。假设有如图 1.17 所示的目录结构。

从图 1.17 可以看出 index.html 文件在 Web 目录下，dog.jpg 文件在 images 目

录下，而 Web 与 images 目录同在 html 目录下。index.html 文件的源代码如下所示。

示例 17：相对路径

```
<body>
   <img src="../images/dog.jpg"/>
</body>
```

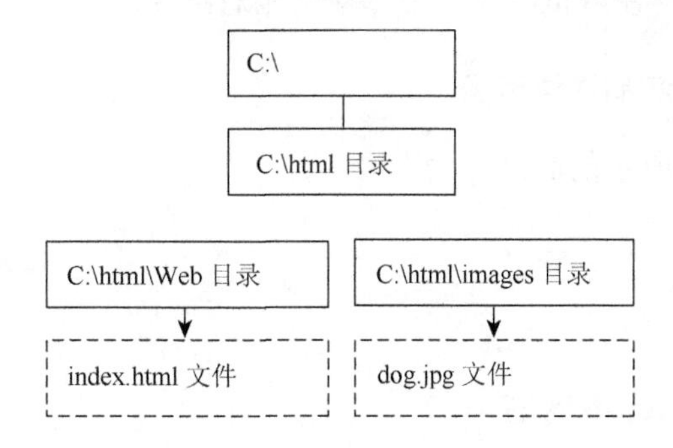

图 1.17　相对路径和绝对路径

代码解析：

<img>的 src 属性值"../images/dog.jpg"是一个路径，这个路径是以当前文件（index.html）所在目录为参考点的，../表示参考点的上一级目录，因此"../images/dog.jpg"表示退到当前文件的上一级目录，再进入到下一级目录 images 中找图片 dog.jpg，这种路径称为相对路径。

相对路径的优点在于无论 html 目录移动到什么位置，index.html 文件总能找到 dog.jpg 文件，因此图片显示正常。

1.5.6　绝对路径

绝对路径是以硬盘根目录或站点根目录为参考点而建立的路径。现在将 index.html 文件的源代码更改如下。

示例 18：绝对路径

```
<body>
   <img src="file:///C|/html/images/dog.jpg" >
</body>
```

代码解析：

<img>的 src 属性值"file：///C/html/images/dog.jpg"是一个路径，这个路径是以硬盘根目录（C：/）为参考点的，当前网页文件（index.html）将引用 C：\html\images\dog.jpg 文件，这种路径称为绝对路径。

当将 html 目录移动到其他位置时，index.html 文件就无法找到 dog.jpg 文件，因此图片显示出错。在网页制作中推荐使用相对路径。

示例 19：开发商品详情页面

开发如图 1.18 所示的商品详情页面。

图 1.18　商品详情页面

代码演示：

```
<!DOCTYPE html>
<html>
    <head>
        <meta charset="UTF-8">
        <title>商品信息</title>
    </head>
    <body>
        <h1>联想笔记本电脑</h1>
        <img src="img/computer.jpg" width="200" alt="联想
          笔记本电脑"title="联想笔记本电脑"/><br/>
```

```
        价格<span style="font-size:36px;color:red;">3000
          </span>元<br/>
        内存：4G<br/>
        硬盘：2T<br/>
        <a href="detail.html">查看详情</a> <a href="judge.
          html">查看评价</a>
    </body>
</html>
```

1.6　任务 6：播放音乐和视频

在 HTML 5 中新增了一些媒体标签如表 1.5 所示。

表 1.5　HTML 5 新增的多媒体标签

属性名称	描述
video	定义视频标签，用于在浏览器中播放视频
audio	定义音频标签，用于在浏览器中播放音频

示例 20：播放视频和音频

```
<!doctype html>
<html>
    <head>
        <meta charset="UTF-8">
        <title>视频音频播放</title>
    </head>
    <body>
        播放音乐
        <hr />
            <audio src="source/1.mp3" controls style="width:
              400px;height:40px;">
            </audio>
        <br/>
        播放视频
```

```
        <hr/>
        <video src="source/1.mp4" controls autoplay width=
          "500"height="290">
        </video>
    </body>
</html>
```

代码解析：

（1）在 HTML 5 之前的版本中，浏览器播放视频和音频需要安装相应的插件。在 HTML 5 中内置了音频和视频播放标签，无须使用插件即可播放视频和音频。

（2）<audio>标签用于播放音频，支持 ogg 格式、mp3 格式，Controls 属性用于设置播放器的控制面板。

（3）<video>标签用于播放视频，支持 ogg 格式、mp4 格式。Controls 属性用于设置播放器的控制面板。

（4）autoplay 属性设置是否自动播放视频。

运行结果：

如图 1.19 所示。

图 1.19　播放视频和音频

1.7　了解 W3C 标准

W3C：World Wide Web Consortium，万维网联盟，它的职能是负责制定和维护 Web 行业标准，各个浏览器厂商的浏览器需要按照 W3C 的标准渲染 HTML 页面，W3C 标准包括以下几方面。

HTML 内容方面：XHTML。

样式美化方面：CSS。

结构文档访问方面：OM。

页面交互方面：ECMAScript。

W3C 提倡的 Web 结构：

（1）内容（结构）和表现（样式）分离。

（2）HTML 内容结构要求语义化。

示例 21：规范的 HTML

```
<h1>一级主题</h1>
<p>一级主题阐述文字</p>
<h2>二级主题</h2>
<p>二级主题阐述文字</p>
<ul>
    <li>项目列表 1</li>
    <li>项目列表 2</li>
    <li>项目列表 3</li>
</ul>
```

示例 22：不规范的 HTML

本示例展示了不规范的标签用法，例如，使用了与表现相关的标签<font size="7">。标签<p>没有结束标签。

```
<font size="7">一级主题</Font><br/>
一级主题阐述文字<br/><Br/>
<font size="5">二级主题</font><br/>
二级主题相关文字
<P>项目列表 1
<p>项目列表 2
<p>项目列表 3
```

第 2 章　表格、表单、框架

2.1　任务 1：制作季度销售报表

2.1.1　表格介绍

表格在网页制作中主要的作用是用来描述具有二维结构的数据。包括的标签有<table>、<thead>、<tbody>、<tfoot>、<tr>、<td>、<th>。表格的结构如图 2.1 所示。

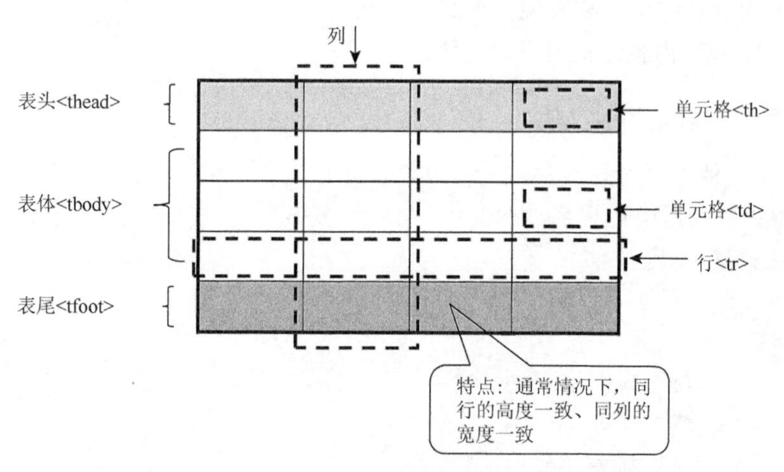

图 2.1　表格的结构

<table>标签表示表格。<table>中包含<thead>、<tbody>、<tfoot>，分别表示表头、表体、表尾。<thead>、<tbody>、<tfoot>中包含<tr>，<tr>表示行。<tr>中包含<td>或<th>，<td>或<th>表示列，也称为单元格，表示标题的单元格使用<th>标签，表示正文内容的单元格使用<td>标签，表格中的数据实际上是放在单元格中的。

示例 1：表格标签

```
<table border="1" width="200">
    <thead>
        <tr>
            <th>表头</th>
            <th>表头</th>
```

```
        </tr>
    </thead>
    <tbody>
        <tr>
            <td>表体</td>
            <td> </td>
        </tr>
    </tbody>
    <tfoot>
        <tr>
            <th>表尾</th>
            <th>表尾</th>
        </tr>
    </tfoot>
</table>
```

代码解析：

（1）<thead>、<tbody>、<tfoot>在实际开发中通常省略。

（2）<td>和<th>都表示列，但<th>通常用在表头和表尾中，<th>中的文字默认是粗体；<td>用在表体中。

（3） ；在 HTML 中是特殊字符，表示空格。

运行结果：

如图 2.2 所示。

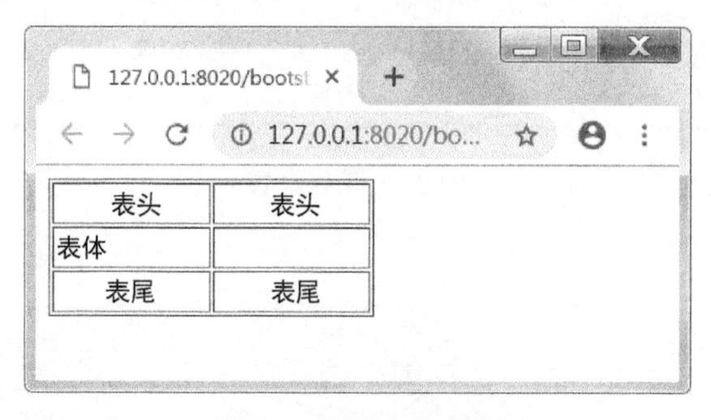

图 2.2　网页中的表格

“ ；”表示空格，在 HTML 中以“&”开头，以“;”结尾的特殊符号称为实体。在 HTML 还有很多实体，常用的实体如表 2.1 所示。

表 2.1　网页中的实体

字符	显示效果	描述
		空格
>	>	大于号
<	<	小于号
"	“	引号
©	©	版权符号
¥	¥	人民币符号

2.1.2　表格使用

示例 2：制作季度销售报表

使用表格标签制作如图 2.3 所示的销售报表。

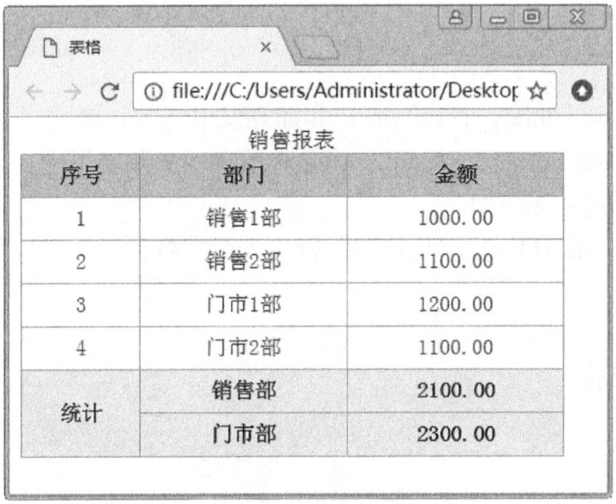

图 2.3　销售报表

代码演示：

```
<!doctype html>
<html>
    <head>
        <meta charset="UTF-8">
        <title>表格</title>
```

```
</head>
<body>
    <table  bgcolor="#aaa"  width="400"  border="0"
      cellspacing= "1" cellpadding="0">
      <caption>销售报表</caption>
      <thead>
         <tr>
            <th height="30" align="center" bgcolor=
              "#CCCCCC">序号</th>
            <th align="center" bgcolor="#CCCCCC">部
              门</th>
            <th align="center" bgcolor="#CCCCCC">金
              额</th>
         </tr>
      </thead>
      <tbody>
         <tr>
            <td height="30" align="center" bgcolor=
              "#FFFFFF">1</td>
            <td align="center" bgcolor="#FFFFFF">销
              售 1 部</td>
            <td  align="center"  bgcolor="#FFFFFF">
              1000.00</td>
         </tr>
         <tr>
            <td height="30" align="center" bgcolor=
              "#FFFFFF">2</td>
            <td align="center" bgcolor="#FFFFFF">销
              售 2 部</td>
            <td  align="center"  bgcolor="#FFFFFF">
              1100.00</td>
         </tr>
         <tr>
            <td height="30" align="center" bgcolor="
              #FFFFFF">3</td>
```

```
                <td align="center" bgcolor="#FFFFFF">门
                  市 1 部</td>
                <td align="center" bgcolor="#FFFFFF">
                  1200.00</td>
            </tr>
            <tr>
                <td height="30" align="center" bgcolor=
                  "#FFFFFF">4</td>
                <td align="center" bgcolor="#FFFFFF">门
                  市 2 部</td>
                <td align="center" bgcolor="#FFFFFF">
                  1100.00</td>
            </tr>
        </tbody>
        <tfoot>
            <tr>
                <th rowspan="2" bgcolor="#FFFF99">统计
                  </th>
                <th height="30" bgcolor="#FFFF99">销售部
                  </th>
                <th bgcolor="#FFFF99">2100.00</th>
            </tr>
            <tr>
                <th height="30" bgcolor="#FFFF99">门市部
                  </th>
                <th bgcolor="#FFFF99">2300.00</th>
            </tr>
        </tfoot>
    </table>
  </body>
</html>
```

代码解析：

（1）caption 标签表示表格的标题。

（2）table 的属性 bgcolor 表示表格的背景色。

（3）table 的属性 width 表示表格的宽度，单位是像素（px）。

（4）table 的属性 border 表示表格的边框宽度，单位是像素（px）。

（5）table 的属性 cellspacing 表示单元格之间的距离，单位是像素（px）。

（6）th 或 td 的 rowspan="2"表示当前单元格跨 2 行，即 2 行合并成 1 行。th 或 td 还有 colspan 属性，表示当前单元格跨列。

（7）th 或 td 的 height 属性表示单元格的高度，同一行的所有单元格都有相同的高度。同样的 th 或 td 的 width 属性表示单元格的宽度，同一列的所有行都具有相同的宽度。

（8）th 或 td 的 align 属性表示单元格中的文本在单元格中的水平方向对齐方式，其值包括居左对齐"left"、居中对齐"center"、居右对齐"right"。

（9）th 或 td 的 bgcolor 属性表示单元格的背景色。

2.1.3 表格跨行跨列

如图 2.4 所示的表格，“销售业绩”单元格跨了 3 列，“销售一部”和“销售二部”单元格跨了 2 行。在 HTML 中使用 td 的 rowspan 属性和 colspan 属性实现跨行和跨列。

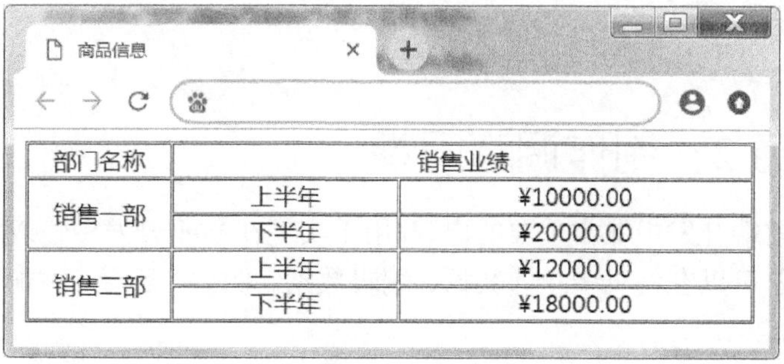

商品信息

部门名称	销售业绩	
销售一部	上半年	¥10000.00
	下半年	¥20000.00
销售二部	上半年	¥12000.00
	下半年	¥18000.00

图 2.4 跨行跨列

示例 3：跨行跨列表格

```
<table width="500" border="1" cellspacing="1" cellpadding
  ="0">
   <tr>
      <td width="99" align="center">部门名称</td>
      <td colspan="2" align="center">销售业绩</td>
   </tr>
```

```
    <tr>
        <td rowspan="2" align="center">销售一部</td>
        <td width="154" align="center">上半年</td>
        <td width="243" align="center">&yen;10000.00</td>
    </tr>
    <tr>
        <td align="center">下半年</td>
        <td align="center">&yen;20000.00</td>
    </tr>
    <tr>
        <td rowspan="2" align="center">销售二部</td>
        <td align="center">上半年</td>
        <td align="center">&yen;12000.00</td>
    </tr>
    <tr>
        <td align="center">下半年</td>
        <td align="center">&yen;18000.00</td>
    </tr>
</table>
```

2.2　任务 2：制作调查问卷

表单是前端开发中非常重要的内容，用于实现在Web开发中输入数据的功能。用户通过表单可以在网页中录入数据、编辑数据。例如，登录、注册、修改密码、编辑资料等。

表单包括两类标签，一是表单标签，二是表单元素标签。

2.2.1　表单标签

表单标签是用<form>来定义的。

语法格式：

```
<form name="表单名称" method="表单提交方式" action="处理表单的文件"></form>
```

语法解析：

<form>标签的 3 个重要的属性，见表 2.2。

表 2.2　<form>标签的属性

属性名称	属性值	属性作用
action	文件路径	表单提交后，处理表单的文件
method	get 或 post	method 属性用来设置表单的提交方式，其值有 get 和 post，区别如下。 ①传输数据量不同：post 可传送大量数据，get 依据浏览器不同，通常传递的数据小于 2KB。 ②数据传输安全性不同：post 隐藏传递数据，传递数据过程安全；get 通过 URL 传递数据，数据传递过程不安全
name	字符串	表单的名称

2.2.2　表单元素标签

表单元素标签由 HTML 4 版本的<input>、<textarea>、<select>标签和 HTML 5 版本的<button>、<datalist>标签构成，如表 2.3 所示。HTML 5 版本的标签兼容 HTML 4 版本的标签。在 HTML 4 版本中表单元素都要包含在<form>标签中才有效，在 HTML 5 版本中可以放在<form>标签外，但表单元素需要使用 form 属性指明其所属的表单 id。

表 2.3　表单元素标签

属性名称	作用	所属版本
<input>	根据 type 属性值的不同，表示多种输入形式	HTML 4
<textarea>	表示多行文本框	HTML 4
<select>	表示下拉框，下拉框的条目用<option>表示	HTML 4
<button>	表示按钮	HTML 5
<datalist>	表示搜索自动补齐列表	HTML 5

<input>元素的语法格式如下所示。

语法格式：<input>标签

```
<input
    type="元素类型"
    name="元素名称"
    value="元素值"
    id="标签唯一标识"
    size="元素大小"
    maxlength="元素可输入字符的上限"
```

```
checked 元素被选中
required="required"必填项
placeholder="提示文本"
pattern="正则表达式"
autofocus="autofocus"焦点>
```

语法解析：

<input>表示表单元素，type 是非常重要的属性，type 不同的值表现为不同的输入形式，详见表 2.4。

表 2.4　表单的元素类型

类型	作用	所属版本
type = "text"	单行文本框	HTML 4
type = "password"	密码框	HTML 4
type = "radio"	单选	HTML 4
type = "checkbox"	多选	HTML 4
type = "submit"	提交按钮	HTML 4
type = "reset"	复位按钮	HTML 4
type = "button"	按钮	HTML 4
type = "image"	图像按钮	HTML 4
type = "hidden"	隐藏域	HTML 4
type = "file"	文件域	HTML 4
type = "email"	限制用户输入必须为 email 类型	HTML 5
type = "url"	限制用户输入必须为 url 类型	HTML 5
type = "date"	限制用户输入必须为日期类型	HTML 5
type = "time"	限制用户输入必须为时间类型	HTML 5
type = "month"	限制用户输入必须为月类型	HTML 5
type = "week"	限制用户输入必须为周类型	HTML 5
type = "number"	限制用户输入必须为数字类型	HTML 5
type = "range"	产生一个滑动条的表单元素	HTML 5
type = "search"	产生一个搜索意义的表单元素	HTML 5
type = "color"	生成一个颜色选择表单元素	HTML 5

<input>元素还有一些其他属性，详见表 2.5。

表 2.5　表单元素的属性

属性名称	属性值	功能	所属版本
name	字符串	元素的名称	HTML 4
value	字符串	元素的值	HTML 4
id	字符串	客户端唯一标识	HTML 4
size	数字	以字符个数设定的元素宽度	HTML 4
maxlength	数字	元素接受字符数的上限	HTML 4
checked	checked	元素是否被选中	HTML 4
required	required	表示其内容不能为空，必填	HTML 5
placeholder	提示文本	表单元素的提示信息	HTML 5
pattern	正则表达式	输入的内容必须匹配到指定正则	HTML 5
autofocus	autofocus	页面加载后，自动获取焦点	HTML 5

示例 4：制作调查问卷

本例要求使用表单标签制作如图 2.5 所示的调查问卷。

图 2.5　调查问卷

代码示例：

```
<!doctype html>
```

```
<html>
  <head>
    <title>表单示例</title>
    <meta charset="UTF-8">
  </head>
  <body>
    <form name="form1" method="post" action="">
      <table width="800" border="0" align="center"
        cellpadding="0" cellspacing="5">
        <caption>问卷调查</caption>
        <tr>
          <td width="120"height="30"align="right">姓    名:
            </td>
          <td width="242">
            <input type="text" name="name" id="name"
              placeholder="请输入姓名" required="required">
          </td>
          <td width="127" align="right">密    码: </td>
          <td width="301">
            <input type="password" name="pass" id="pass"
              placeholder="请输入密码" required="required">
          </td>
        </tr>
        <tr>
          <td height="30" align="right">性    别: </td>
          <td>
           <input type="radio" name="gender" id="gender"
             value="男">男
           <input type="radio" name="gender" id="gender"
             value="女">女
          </td>
          <td align="right">问卷来源: </td>
          <td>
          <input type="checkbox" name="hobby" value="网络"
            >网络
```

```
    <input type="checkbox" name="hobby" value="报纸"
      >报纸
    <input type="checkbox" name="hobby" value="新媒
      体">新媒体
    </td>
  </tr>
  <tr>
    <td height="30" align="right">籍    贯：</td>
    <td>
      <select name="province" id="province">
       <option value="辽宁">辽宁</option>
       <option value="吉林">吉林</option>
       <option value="黑龙江" selected="selected">黑
         龙江</option>
      </select>
    </td>
    <td align="right">电子邮件：</td>
    <td><input type="email" name="email" id="email"
      placeholder="请输入邮箱"></td>
  </tr>
  <tr>
    <td height="30" align="right">个人网址：</td>
    <td>
    <input type="url" name="url" placeholder="请输入
      个人网址">
    </td>
    <td align="right">出生日期：</td>
    <td><input type="date" name="date" id="date">
       </td>
  </tr>
  <tr>
    <td height="30" align="right">问卷时间：</td>
    <td><input type="time" name="time" id="time">
      </td>
    <td align="right">问卷月份：</td>
```

```
      <td><input type="month" name="month" id="month">
        </td>
    </tr>
    <tr>
      <td height="30" align="right">问卷星期：</td>
      <td><input type="week" name="week" id="week">
        </td>
      <td align="right">年    龄：</td>
      <td><input type="number" name="number" id=
         "number"> </td>
    </tr>
    <tr>
      <td height="30" align="right">喜欢颜色：</td>
      <td><input type="color" name="color" id="color">
        </td>
      <td align="right"> </td>
      <td> </td>
    </tr>
    <tr>
      <td height="30" align="right">简    介：</td>
      <td colspan="3">
        <textarea cols="80" rows="8" name="introduce
          "id="introduce">
        </textarea>
      </td>
    </tr>
    <tr>
      <td height="30"> </td>
      <td colspan="3">
        <input type="image" src="images/submit.gif" />
        <button>提交</button>
        <input type="reset" value="重置" />
      </td>
    </tr>
  </table>
```

```
        </form>
    </body>
</html>
```

2.3　任务 3：制作邮箱主页

2.3.1　框架组标签 FrameSet

FrameSet 标签表示框架组，框架组用于将一个浏览器窗口分割成几个子窗口，每个子窗口显示一个网页文件，并在子窗口之间实现导航。

2.3.2　框架页标签 Frame

<Frame>标签表示框架组中的一个具体框架页。

示例 5：开发邮箱主界面

使用框架标签开发一个如图 2.6 所示的邮箱主界面。在这个任务中需要创建 4 个文件，分别是主界面 index.html、导航页面 nav.html、收件箱 inbox.html、发件箱 outbox.html。运行 index.html 文件，当单击“发件箱”时，右侧子窗口显示 outbox.html 文件，当单击“收件箱”时，右侧子窗口显示 inbox.html 文件。

图 2.6　框架实现邮箱主界面

代码演示： index.html

```
<!doctype html>
<html>
    <head>
<title>框架实现邮箱</title>
```

```
    <meta charset="UTF-8">
    </head>
    <frameset cols="200,*" frameborder="no" border="0"
     framespacing="0">
    <frame src="nav.html" name="leftFrame" scrolling="no"
noresize="noresize"
      id="leftFrame" title="leftFrame"/>
    <frame src="inbox.html" name="mainFrame" id="mainFrame"
     title="mainFrame"/>
    </frameset>
    <noframes><body>
    </body></noframes>
    </html>
```

代码解析：

（1）<frameset>标签用于将浏览器分割成多个窗口，分割有两种方式，一种是水平分割，使用 rows 属性来实现，另一种是垂直分割，使用 cols 属性来实现。

（2）<frameset cols = "200，*"…中，cols 属性有几个值就表示将浏览器窗口分成了几列。本例中分成了两列，第一列宽度为 200px，第二列宽度为页面剩余的宽度。rows 属性同 cols 属性，表示分割行窗口。

（3）关于<frameset>标签的属性见表 2.6。

表 2.6　<frameset>标签的属性

属性名	属性值	功能
rows	以逗号分隔的数字或百分比	垂直方向分割的窗口
cols	以逗号分隔的数字或百分比	水平方向分割的窗口
frameborder	yes 或 no	框架是否显示边框
border	框架边框的宽度	框架边框的宽度，需要设置 frameborder = "yes"

（4）name = "leftFrame"表示左侧子窗口的名称为 leftFrame，src 属性表示这个子窗口显示 nav.html 文件。

（5）name = "mainFrame"表示右侧子窗口的名称为 mainFrame，src 属性表示这个子窗口显示 inbox.html 文件。

（6）关于<frame>标签的属性见表 2.7。

表 2.7　<frame>标签的属性

属性名	属性值	功能
src	网页文件的路径和文件名	子窗口显示的网页文件
name	字符串	子窗口的名称

代码演示： nav.html

```
<!doctype html>
<html>
    <head>
        <meta charset="UTF-8">
        <style type="text/css">
            body{
                background-color:#ECECEC;
            }
        </style>
    </head>
    <body>
        <p>
            <a href="outbox.html" target="mainFrame">发件箱
             </a>
        </p>
        <p>
            <a href="inbox.html" target="mainFrame">收件箱
             </a>
        </p>
    </body>
</html>
```

代码解析：

target = "mainFrame"表示链接被单击时，在名称为"mainFrame"的窗口中打开目标文件，实现了框架导航。

代码演示： inbox.html

```
<!doctype html>
```

```
<html>
    <head>
        <meta charset="UTF-8">
    </head>
    <body>
        我是收件箱
    </body>
</html>
```

代码演示：outbox.html

```
<!doctype html>
<html>
    <head>
        <meta charset="UTF-8">
    </head>
    <body>
        我是发件箱
    </body>
</html>
```

第3章　层叠样式表

3.1　任务1：使用CSS选择器

3.1.1　为什么使用CSS

层叠样式表（cascading style sheet，CSS），其作用主要有两个，一是修饰HTML页面中的元素，使其显示更漂亮，二是与DIV配合，实现页面布局。

3.1.2　什么是CSS选择器

CSS要修饰HTML页面中的元素，就必须先选择（找到）被修饰的元素，这就需要用到CSS选择器。有三类基本的选择器，分别是标签选择器、类选择器、id选择器。选择器还包括伪类选择器、后代选择器、子选择器、通用选择器、群组选择器。选择器定义规则如下：

```
选择器{
    属性名称：属性值；
    属性名称：属性值；
    …
}
```

3.1.3　标签选择器

一个完整的HTML页面是由很多不同的标签组成的，而标签选择器是指选择器的名称，就是标签的名称。

示例1：标签选择器

```
<!doctype html>
<html>
    <head>
        <title>标签选择器</title>
        <meta charset="UTF-8">
        <style>
            li {
                color:red;
```

```
                font-size:28px;
                font-family:隶书;
            }
        </style>
    </head>
    <body>
        <div>
            <ul>
                <li>设计模式</li>
                <li>配置管理</li>
                <li>三层架构</li>
                <li>软件工程</li>
            </ul>
        </div>
    </body>
</html>
```

代码解析：

（1）CSS 代码必须写在位于<style>和</style>之间，而<style>和</style>写在<head>标签中。

（2）CSS 中定义了 li 标签选择器，因此页面中所有的 li 都将显示为红色、28 号、隶书。

运行结果：

如图 3.1 所示。

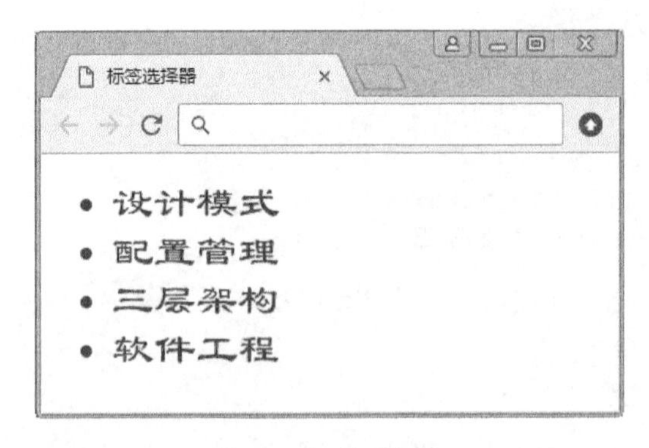

图 3.1　标签选择器

3.1.4　类选择器

类选择器根据类名来选择被修饰的元素。在定义类选择器时，必须以点开头，后面写类名，类名不允许以数字开头，不允许是标签名称。在使用类选择器时使用 class 引用类名。

示例 2：类选择器

```
<!doctype html>
<html>
    <head>
        <title>类选择器</title>
        <meta charset="UTF-8">
        <style>
            li{
                color: red;
                font-size: 28px;
                font-family: 隶书;
            }
            .small-size{
                font-size:14px;
            }
        </style>
    </head>
    <body>
        <div>
            <ul>
                <li class="small-size">设计模式</li>
                <li>配置管理</li>
                <li class="small-size">三层架构</li>
                <li>软件工程</li>
            </ul>
        </div>
    </body>
</html>
```

代码解析：

（1）类选择器的定义以点开头，本例中 CSS 定义了类选择器.small-size。

（2）类选择器在应用时，使用 class 应用类样式名，例如，本例中的 class = "small-size"。

运行结果：

如图 3.2 所示。

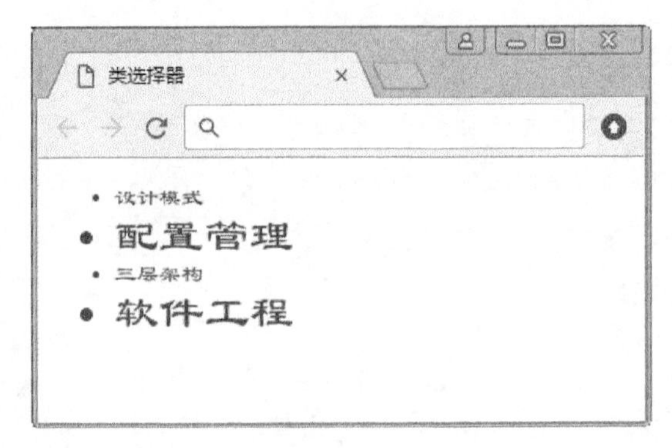

图 3.2　类选择器

3.1.5　ID 选择器

ID 选择器可以为标有特定 ID 的 HTML 元素指定特定的样式。根据元素 ID 来选择元素具有唯一性，这意味着同一 ID 在同一文档页面中只能出现一次。

示例 3：ID 选择器

```
<!doctype html>
<html>
    <head>
        <title>ID 选择器</title>
        <meta charset="UTF-8">
        <style>
            #container{
                width:200px;
                height:100px;
                background-color:#CCC;
            }
```

```
            li{
                color:red;
                font-size:28px;
                font-family:隶书;
            }
            .small-size {
                font-size:14px;
            }
        </style>
    </head>
    <body>
        <div id="container">
            <ul>
                <li class="small-size">设计模式</li>
                <li>配置管理</li>
                <li class="small-size">三层架构</li>
                <li>软件工程</li>
            </ul>
        </div>
    </body>
</html>
```

代码解析：

ID 选择器以#开头，后接网页元素 ID 属性的值，用来唯一地修饰该元素。

运行结果：

如图 3.3 所示。

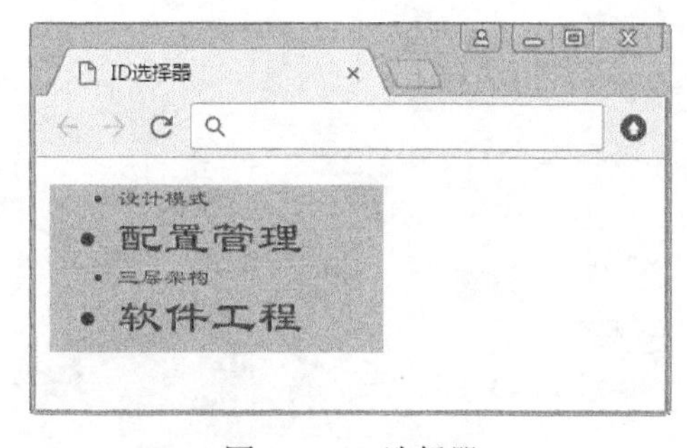

图 3.3　ID 选择器

3.1.6 伪类选择器

伪类选择器的作用是修饰网页中的超链接，伪类选择器共有四种状态，详见表 3.1。

表 3.1 伪类选择器

伪类	示例	说明
a:link	a:link{color:#999;}	未访问状态
a:visited	a:link{color:#333;}	已访问状态
a:hover	a:link{color:#ff7300;}	鼠标悬停状态
a:active	a:link{color:#999;}	激活选定状态（鼠标单击未释放时）

link 表示链接在没有被单击时的样式，visited 表示链接已经被访问的样式，hover 表示当鼠标悬停在链接上面时的样式，active 表示鼠标左键点下去未弹起时的样式。

示例 4：伪类选择器

```
<!doctype html>
<html>
   <head>
      <title>背景色</title>
      <style type="text/css">
         /*定义默认链接样式*/
         a:link{
            font-size:14px;
         }
         a:visited{
            color: #930;
         }
         a:hover{
            text-decoration: none;
         }
         a:active{
            color:red;
         }
```

```
            /*定义新闻链接样式*/
            a.news:link{
                font-size:20px;
            }
            a.news:visited{
                color:#C30;
            }
            a.news:hover{
                text-decoration:none;
            }
            a.news:active{
                color:blue;
            }
        </style>
    </head>
    <body>
        <a href="#">我使用默认链接样式</a>
        <a href="#"class="news">我使用新闻链接样式</a>
    </body>
</html>
```

代码解析：

（1）a：link、a：visited、a：hover、a：active 定义了一套默认的超链接伪类选择器，用于修饰页面中所有的超链接。

（2）a.news：link、a.news：visited、a.news：hover、a.news：active 定义了一套新的超链接伪类选择器，所有使用了 class = "news"的超链接标签都将被该套超链接伪类修饰。

（3）页面可以根据需要定义多套超链接伪类样式来修饰不同的超链接。

（4）link、visited、hover、active 四个状态都是可选状态，可根据需要设置相应的状态。

运行结果：

如图 3.4 所示。

3.1.7　后代选择器

后代选择器也称为包含选择器，用来选择特定元素或元素组的后代。对父元

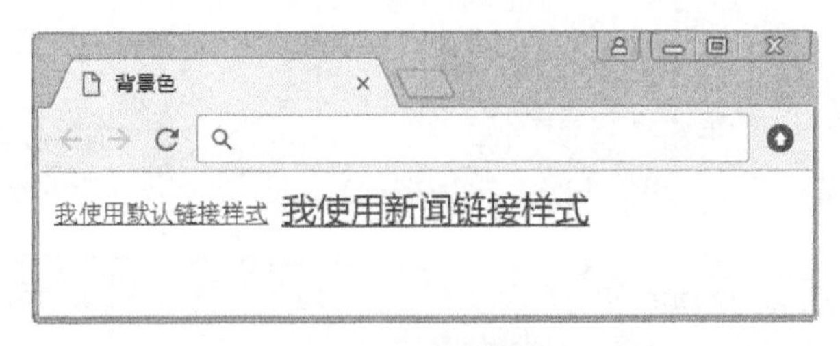

图 3.4　伪类选择器

素的选择放在前面，对子元素的选择放在后面，中间加一个空格分开。后代选择器中的元素不仅仅只能有两个，对于多层祖先后代关系，可以有多个空格加以分开，如 id 为 a、b、c 的三个元素，则后代选择器可以写成#a #b #c{}的形式，只要对祖先元素的选择在后代元素之前，中间以空格分开即可。

示例 5：后代选择器

```
<!doctype html>
<html>
    <head>
        <title>后代选择器</title>
        <meta charset="UTF-8">
        <style>
            .father.child{
                font-size:20px;
            }
        </style>
    </head>
    <body>
        <p class="father">
            默认字大小
            <span class="child">20 号字大小</span>
        </p>
    </body>
</html>
```

代码解析：

（1）这里定义了所有 class 属性为 father 的元素下面的 class 属性为 child 的字体大小为 20 号。

（2）后代选择器是一种很有用的选择器，使用后代选择器可以更加精确地定位元素。

运行结果：

如图 3.5 所示。

图 3.5　后代选择器

3.1.8　子选择器

请注意这个选择器与后代选择器的区别，子选择器（child selector）仅是指它的直接后代，或者可以理解为作用于子元素的第一个后代。而后代选择器作用于所有子后代元素。后代选择器通过空格来进行选择，而子选择器通过“>”进行选择。

示例 6：子选择器

```
<!doctype html>
<html>
    <head>
        <title>后代选择器</title>
        <meta charset="UTF-8">
        <style>
            #nav>ul>li{
                font-size:20px;
                font-family:微软雅黑;
            }
        </style>
    </head>
    <body>
        <div id="nav">
            <ul>
```

```
                <li>首页</li>
                <li>服务</li>
            </ul>
        </div>
        <ul>
            <li>客服</li>
            <li>支持</li>
        </ul>
    </body>
</html>
```

代码解析：

（1）id 为 nav 的标签里面的列表显示为 20 号的微软雅黑。

（2）id 为 nav 的标签以外的列表显示为默认字体和字号。

运行结果：

如图 3.6 所示。

图 3.6　子选择器

子选择器（>）和后代选择器（空格）的区别：都表示“祖先-后代”的关系，但是>必须是“爸爸>儿子”，而空格不仅可以是“爸爸儿子”，还可能是“爷爷儿子”“太爷爷儿子”。

3.1.9　通用选择器

通用选择器用*来表示。例如：

```
*{
    font-size:12px;
}
```

表示所有的元素的字体大小都是 12px。

3.1.10　群组选择器

当几个元素样式属性一样时，可以共同调用一个声明，元素之间用逗号分隔。例如，

```
#nav,p,td,.headers{
    line-height:20px;
    color:#c00;
}
```

3.2　任务 2：使用 CSS 修饰网页

3.2.1　修饰字体

CSS 提供了常用的修饰字体的属性，这些属性见表 3.2。

表 3.2　CSS 修饰字体的属性

样式属性	说明
font	复合属性，设置字体的综合信息
font-size	设置字体的大小，如 12px
font-family	设置字体类型，如宋体
font-style	设置字体样式，如 italic（斜体）
font-weight	设置字体粗细，如 bold（加粗）
line-height	设置一行文字的高度，设置高度后，可以使本行内容垂直居中
text-align	设置文字水平方向对齐方式，其值可以是 left、center、right
text-decoration	字体的修饰，其值可以是 underline、none、line-through

示例 7：字体属性

```
<!doctype html>
<html>
<head>
<meta charset="UTF-8">
<title>字体属性</title>
<style type="text/css">
p{
```

```
    font-size:20px;
    font-family:Verdana,Arial,Calibri;/*第一个字体不支持,
可以采用第二个字体*/
    font-style:italic;
    font-weight:bold;
}
</style>
</head>
<body>
<div style="width:100px;height:50px"><p>字体属性效果</p>
  </div>
</body>
```

3.2.2　修饰背景

CSS 修饰背景包括背景色、背景图像两种。其中背景图像的设置中还包括背景图像重复、背景图像起点偏移、背景图像尺寸，具体属性如表 3.3 所示。

表 3.3　CSS 修饰背景的属性

样式属性	说明
background	复合属性，设置背景特性的综合信息
background-image	设置背景图片
background-repeat	设置背景图片是否重复，其值包括 ①no-repeat：不重复 ②repeat-x：x 方向重复 ③repeat-y：y 方向重复 ④repeat：x 方向和 y 方向都重复
background-color	设置背景色
background-position	设置背景图像的起始位置
background-size	设置背景图像的高度和宽度，其值为 ①Contain：把背景图像扩展至最大尺寸，以使其宽度和高度完全适应内容区域 ②Cover：把背景图像扩展至足够大，以使背景图像完全覆盖背景区域 ③Percentage：以父元素的百分比来设置背景图像的宽度和高度。第一个值设置宽度，第二个值设置高度。如果只设置一个值，则第二个值会被设置为"auto" ④Length：设置背景图像的高度和宽度，第一个值设置宽度，第二个值设置高度。如果只设置一个值，则第二个值会被设置为"auto"
background-attachment	背景图像是否固定或者随着页面的其余部分滚动，其值为 ①Scroll：默认值，背景图像会随着页面其余部分的滚动而移动 ②Fixed：当页面的其余部分滚动时，背景图像不会移动

示例 8：设置背景图、背景色

```
<!doctype html>
<html>
    <head>
        <title>背景色、背景图</title>
        <style type="text/css">
            #d1{
                width:300px;
                height:130px;
                background-image:url(images/cat.jpg);
            }
            #d2{
                width:300px;
                height:130px;
                background-color:gray;
                background-image:url(images/cat.jpg);
                background-repeat:no-repeat;
            }
            #d3{
                width:300px;
                height:130px;
                background-image:url(images/cat.jpg);
                background-size:100% 100%;
            }
            #d4{
                width:50px;
                height:50px;
                background-image:url(images/cat.jpg);
                background-repeat:no-repeat;
                background-position:-40px -25px;
            }
        </style>
    </head>
    <body>
```

```
        <div id="d1">猫</div><br/>
        <div id="d2"></div><br/>
        <div id="d3"></div><br/>
        <div id="d4"></div>
    </body>
</html>
```

代码解析：

（1）id 为 d1 的 div 运行结果如图 3.7 中的背景图（1）所示。可以看出背景图不占用页面空间，在背景图上可以继续输入其他数据，本例中在背景图上写了一个猫字。还可以看出背景图默认在 x 方向和 y 方向重复显示。但是如果使用<img>标签插入图像，图像则占用页面空间，在插入图像上无法书写其他数据。

（2）id 为 d2 的 div 运行结果如图 3.7 中的背景图（2）所示。背景图的重复可以设置为 no-repeat、repeat-x、repeat-y、repeat。如果同时设置了背景色和背景图，那么背景图会遮住背景色。

（3）id 为 d3 的 div 运行结果如图 3.7 中的背景图（3）所示。background-size: 100% 100%；用于设置背景图的宽度和高度分别为 100%，背景图铺满了 div。

（4）id 为 d4 的 div 运行结果如图 3.7 中的背景图（4）所示。Div 的宽和高都是 50px，background-position: –40px　–25px；表示背景图的 x 方向向左偏移 40px，y 方向向上偏移 25px。

运行结果：

如图 3.7 所示。

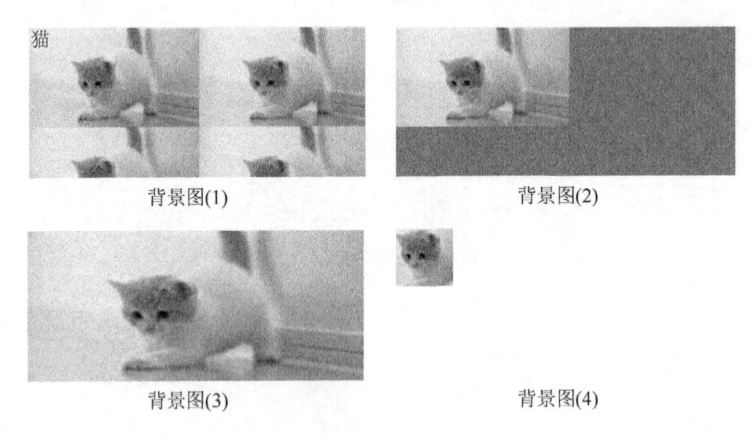

图 3.7　背景图和背景色

有如图 3.8 所示的一幅背景图，这个背景图上有三个图标，每个图标的宽度和高度都是 80px，图标之间的距离也是 80px。使用该背景图制作开发语言列表，以此示例研究背景图的偏移属性。

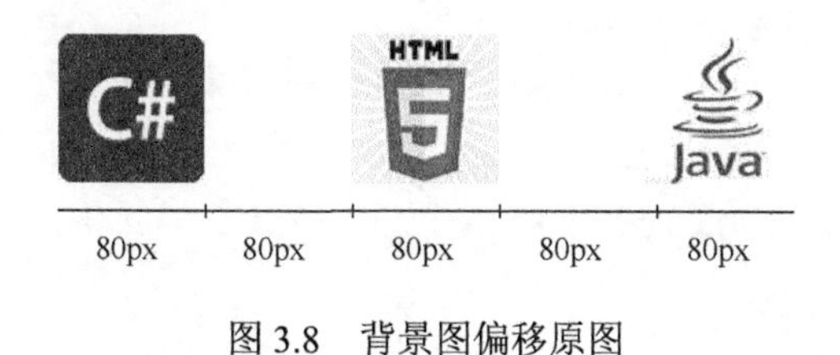

图 3.8　背景图偏移原图

示例 9：背景图的偏移

```
<!doctype html>
<html>
    <head>
        <meta charset="UTF-8"/>
        <style type="text/css">
            .program li{
                list-style:none;
                width:160px;
                height:100px;
                text-align:right;
                line-height:80px;
                font-size:18px;
                font-family:微软雅黑;
            }
            .li1{
                background-image:url(images/bg.png);
                background-repeat:no-repeat;
            }
            .li2{
                background-position:-160px 0px;
            }
            .li3{
                background-position:-320px 0px;
            }
```

```
        </style>
    </head>
    <body>
        <ul class="program">
            <li class="li1">C#编程语言</li>
            <li class="li1 li2">HTML5 编程语言</li>
            <li class="li1 li3">Java 编程语言</li>
        </ul>
    </body>
</html>
```

代码解析：

（1）类选择器 program li 的 list-style：none 定义了 li 不显示列表符号，width 定义了宽度为 160px，height 定义了高度为 100px，text-align 定义了承载的文字水平居右，line-height 定义了承载的文字垂直居中，font-size 定义了字号大小为 18 像素，font-family 定义了微软雅黑的字体。

（2）类选择器 li1 定义了背景图，背景图不重复。

（3）类选择器 li2 定义了背景图向左侧偏移 160px，是 HTML 5 的图标的起点。

（4）类选择器 li3 定义了背景图向左侧偏移 320px，是 Java 的图标的起点。

（5）class = "li1 li2"表示同时使用 li1 和 li2 两个选择器的并集修饰 li 标签。

运行结果：

如图 3.9 所示。

图 3.9　背景图偏移

3.2.3　修饰列表

使用 CSS 和无序列表可实现常见的导航效果，如图 3.10 所示，左侧是原始的无序列表 li，右侧是制作完成的导航。为完成该任务，需要解决以下问题。

（1）li 是块标签，每个 li 单独占一行，需要将 li 转换成行标签，让多个 li 在同一行显示。

（2）每一个 li 前面默认有条目符号•，需要去掉条目符号•。

（3）超链接去掉默认的下划线。

（4）每个 li 的宽度和高度相同。

（5）超链接的文本 li 在水平方向和垂直方向都是居中的。

（6）当鼠标悬停在某个超链接上时，超链接所在的 li 背景色发生变化，以提示用户该链接被激活。

图 3.10　CSS 实现导航效果

示例 10：制作导航

```
<!doctype html>
<html>
    <head>
        <meta charset="UTF-8">
        <title>制作导航</title>
        <style>
            #nav li {
                float:left;
                list-style:none;
                margin-right:5px;
                width:100px;
                height:50px;
                font-size:20px;
                font-family:微软雅黑;
                text-align:center;
                line-height:50px;
```

```
                background-color:#EEE;
            }
            #nav li a {
                display:block;
                text-decoration:none;
            }
            #nav li a:hover{
                background-color:#CCC;
            }
        </style>
    </head>
    <body>
        <div id="nav">
            <ul>
                <li>
                    <a href="javascript:void(0)">公司简介</a>
                </li>
                <li>
                    <a href="javascript:void(0)">技术支持</a>
                </li>
                <li>
                    <a href="javascript:void(0)">产品介绍</a>
                </li>
            </ul>
        </div>
    </body>
</html>
```

代码解析：

（1）#nav li 是后代选择器，选择 id 为 nav 的元素中的 li 标签。

（2）CSS 的 float 属性用于设置标签浮动，其值可以是 left 和 right，即左浮动和右浮动。浮动属性可以将块标签转换为行标签。

（3）CSS 的 list-style 属性用于设置列表的风格，设置其值为 none 表示无风格，即不显示条目符号。list-style 属性值如表 3.4 所示。

表 3.4　列表风格

属性值	方式	语法	示例
none	无风格	list-style:none;	刷牙 洗脸
disc	实心圆（<ul>默认类型）	list-style:disc;	●刷牙 ●洗脸
circle	空心圆	list-style:circle;	○刷牙 ○洗脸
Square	实心正方形	list-style:square;	■刷牙 ■洗脸
decimal	数字（<ol>默认类型）	list-style:decimal	1. 刷牙 2. 洗脸

（4）width 设置每一个 li 宽度为 100px，height 设置每一个 li 高度为 50px，font-size 设置超链接字体为 20px，font-family 设置字体为微软雅黑。

（5）text-align 设置 li 中文字水平方向居中对齐。

（6）line-height 设置 li 中文字垂直方向居中对齐。

（7）background-color 设置 li 的默认背景色为#EEE。

（8）#nav li a 是后代选择器，选择 id 为 nav 的元素中的 li 中的 a 标签。

（9）display：block；标签将 a 标签显示设置为块标签，即 a 标签单独占满 li 的宽度和高度。

（10）text-decoration：none；去掉超链接的默认下划线。

（11）#nav li a：hover 是后代选择器，选择鼠标悬停的 id 为 nav 的元素中的 li 中的 a 标签。

（12）background-color：#CCC；设置鼠标悬停的 a 标签背景色为#CCC。

3.3　任务 3：掌握应用样式的方式

应用样式的方式是指样式的源代码书写的位置。有三种应用样式的方式，分别是行内样式、内部样式、外部样式。

3.3.1　行内样式

行内样式是将样式源代码书写在标签的 style 属性中，行内样式只能由当前标签使用，不具有复用性。

示例 11：行内样式

```
<li>
```

```
    <a href="JavaScript:void(0)"style="color:red;font-size:
10px;">日用百货</a>
  </li>
```

代码解析：

（1）style 为 a 标签定义了行内样式。

（2）JavaScript：void（0）表示空链接，即无跳转的链接。也可以用#表示空链接，但#是链接到当前页面顶端的链接。

3.3.2　内部样式

内部样式是定义在<head>标签中的，使用<style>和</style>标签定义的样式称为内部样式。内部样式在当前页面中可以重复使用。

示例 12：内部样式

```
<head>
<style type="text/css">
…//内部样式定义
</style>
</head>
<body>
   …//HTML 内容
</body>
```

3.3.3　外部样式

外部样式是将样式源代码定义在以 css 为扩展名的文件中，HTML 网页可以通过 Link 标签将外部样式导入。外部样式具有样式代码一次定义、多个 HTML 页面复用的特点。

示例 13：定义外部样式文件 style.css

```
@charset"UTF-8";
.font1{font12px;color:red;}
.font2{font14px;color:blue;}
```

示例 14：调用外部样式文件 style.css

```
<!doctype html>
```

```
<html>
    <head>
    <title>外部样式</title>
    <link href="style.css" rel="stylesheet" type="text/css">
</head>
<body>
    <span class="font1">我使用默认链接样式</span>
    <span class="font2">我使用新闻链接样式</span>
</body>
</html>
```

代码解析：

Link 标签实现导入外部样式文件，被导入的外部样式中定义的选择器可以在 HTML 页面中使用，实现选择器的复用性。

运行结果：

如图 3.11 所示。

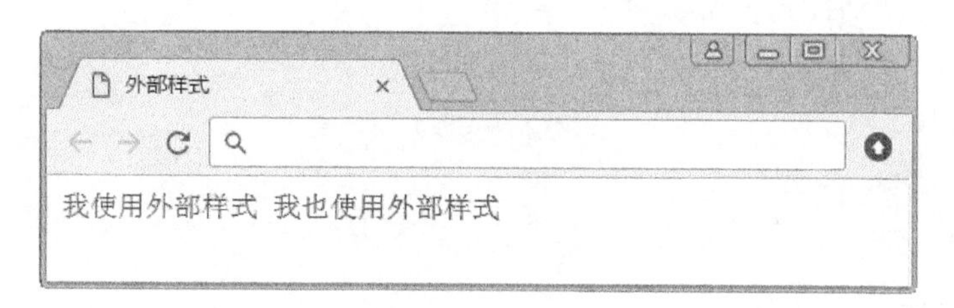

图 3.11　外部样式

3.4　任务 4：掌握 CSS 优先级

3.4.1　样式优先级

样式的优先级遵循就近原则，从低到高依次是浏览器默认设置、外部样式表、内部样式表、行内样式表。

示例 15：样式优先级

第一步：定义外部样式文件 style.css

```
div{
```

```
    font-size:15px;/*外部样式优先级最低*/
}
```

第二步：定义网页文件 Index.html

```
<!doctype html>
<html>
<head>
    <link href="style.css" rel="stylesheet" type="text/css">
    <style>
        .nav div{ font-size:20px;}
    </style>
</head>
<body>
    <div>文字 1</div>
    <div class="nav">
        <div>文字 2</div>
    </div>
    <div class="nav">
        <div style="font-size:30px;">文字 3</div>
    </div>
</body>
</html>
```

代码解析：

（1）在浏览器中按 F12 键，打开调试器，可见文字 1 只被外部样式 style.css 的第 2 行修饰，显示为 15 号字大小，如图 3.12 所示。

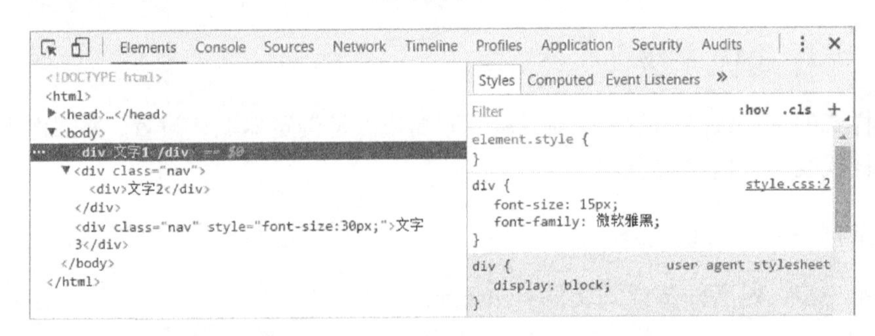

图 3.12　样式优先级

（2）文字 2 被外部样式 style.css 的第 2 行和内部样式 index.html 的第 7 行同时修饰，内部样式优先级高于外部样式优先级，因此显示为内部样式规定的 20 号字大小，如图 3.13 所示。

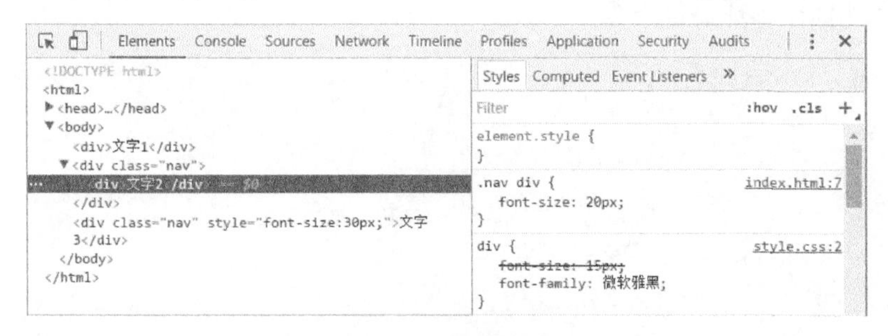

图 3.13　样式优先级

（3）文字 3 被内部样式 element.style、行内样式.nav div 和外部样式 style.css 第 2 行同时修饰，行内样式优先级高于内部样式优先级和外部样式优先级，因此显示行内样式规定的 30 号字大小，如图 3.14 所示。

图 3.14　样式优先级

运行结果：

如图 3.15 所示。

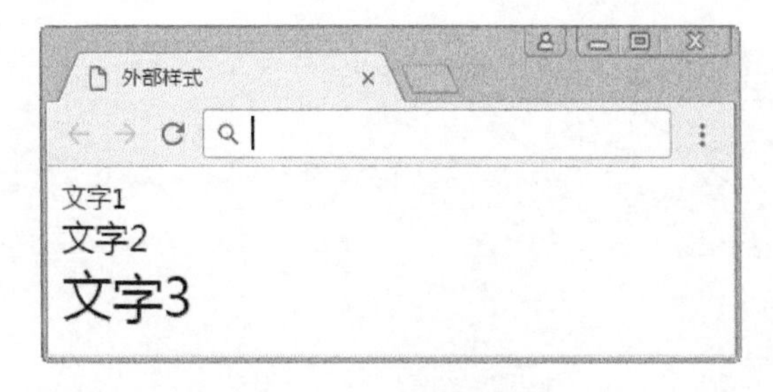

图 3.15　样式优先级

3.4.2　选择器优先级

示例 16：选择器优先级

```
<!doctype html>
<html>
    <head>
        <title>选择器的优先级</title>
        <style>
            #nav_id{
                width:300px;
                background:#ccc;
            }
            .nav{
                height:100px;
                background:red;
            }
            div{
                height:300px;
                border:5px solid green;
                background:blue;
            }
        </style>
    </head>
    <body>
        <div class="nav" id="nav_id">
            <ul>
                <li>
                    <a href="#">购物车</a>
                </li>
            </ul>
        </div>
    </body>
</html>
```

代码解析：

（1）div 同时被 ID 选择器#nav_id、类选择器.nav 和标签选择器 div 修饰。ID 选择器的优先级最高，因此 div 背景色显示为灰色。

（2）类选择器优先级高于标签选择器，因此 div 的高度是 100px。

（3）标签选择器的优先级最低，div 的边框显示为 5px 的绿色实线。

运行结果：

如图 3.16 所示。

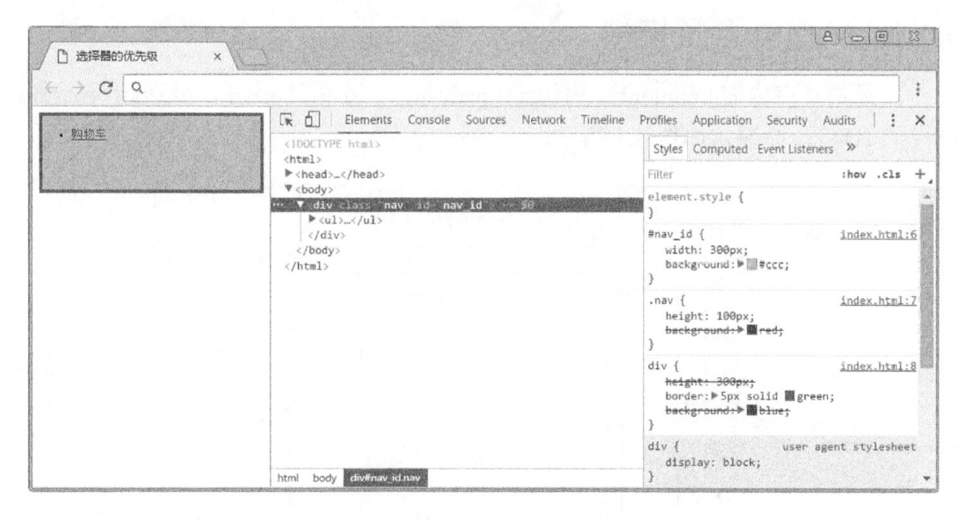

图 3.16　样式优先级

3.4.3　提升样式的优先级

若让优先级低的属性值生效，可以在属性值的后面添加!important 来提升样式的优先级。例如：

```
background: blue !important;
```

第 4 章　盒 子 模 型

CSS 盒子模型是具备内容、内边距（padding）、边框（border）、外边距（margin）属性的 HTML 标签，这些标签就像日常生活中的盒子一样，能够承载内容，因此称为盒子模型，也称为 box 模型。

4.1　任务 1：理解盒子模型

4.1.1　什么是盒子模型

盒子是具有内容（content）、内边距（padding）、边框（border）、外边距（margin）属性的 HMTL 标签，如图 4.1 所示。

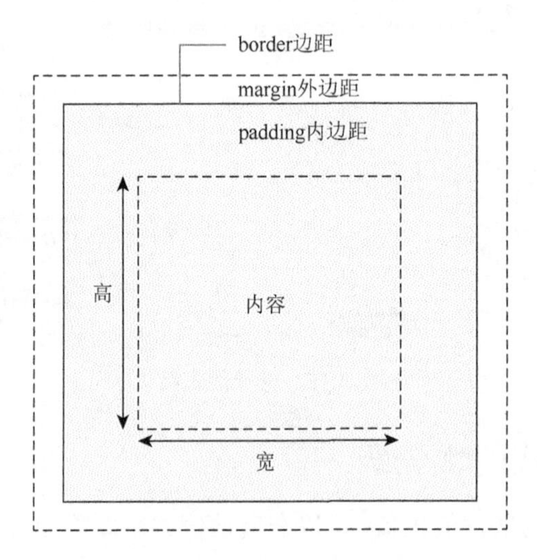

图 4.1　盒子平面模型

让我们俯视这个盒子，它有上下左右四条边，边框有宽度、颜色、风格，上下左右这四部分可同时设置，也可分别设置。内边距是指盒子里的元素到盒子边框的距离。内容就是盒子里的元素。外边距是指盒子周围的其他元素到盒子边框的距离，盒子模型的四个属性总结如下。

（1）内容就是盒子里的元素。

（2）内边距就是盒子里的元素到盒子边框的距离。

（3）边框就是盒子的边框。

（4）外边距就是盒子周围的其他元素到盒子边框的距离。

让我们侧视这个盒子，最底层是外边界 margin，margin 的上层是背景色 background-color，background-color 上面是 background-image，background-image 上层是内边界 padding，padding 上层是盒子里承载的内容 content，content 上层是盒子的边框 border。从侧视看盒子就形成了盒子的 3D 模型，如图 4.2 所示。

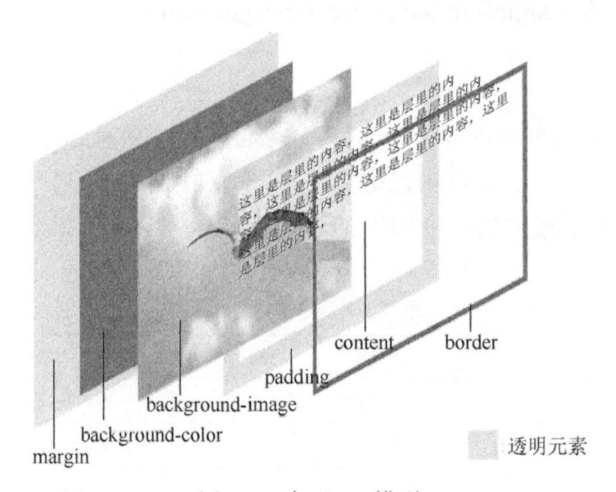

图 4.2　盒子 3D 模型

4.1.2　外边距

外边距的四条边可以分别设置，margin-top 表示上外边距，margin-right 表示右外边距，margin-bottom 表示底外边距，margin-left 表示左外边距，如表 4.1 所示。

表 4.1　盒子外边界属性

属性名称	解释	示例
margin-top	上外边距	margin-top:5px;
margin-right	右外边距	margin-right:5px;
margin-bottom	底外边距	margin-bottom:5px;
margin-left	左外边距	margin-left:5px;
margin	上右下左	margin:1px 2px 3px 4px;
margin	上下、左右	margin:1px 2px;
margin	居中	margin:0 auto;

如果四个外边距使用相同的设置可以使用margin表示，但要同时给出四个值，如 margin:1px 2px 3px 4px；按照上右下左的顺序设置四个边（顺时针顺序）。如果上下外边距设置相同，左右外边距设置相同，可以使用 margin 表示，但要同时给出两个值，如 margin：1px 2px；其值 1px 表示上下外边距，2px 表示左右外边距。如果让一个盒子居中显示可以设置 margin:0 auto；（值为 0 时可以省略 px），0 表示上下外边距为 0，auto 表示左右外边距自动调整为左外边距等于右外边距，即居中，也可以写成 margin-left:auto；margin-right:auto；。

4.1.3 边框

边框设置包括边框宽度 border-width、边框风格 border-style、边框颜色 border-color。边框宽度、风格、颜色可以合并在一起，使用 border 进行设置，如 border：1px solid red;。盒子模型的边框属性如表 4.2 所示。

表 4.2 盒子边框属性

属性名称	解释	示例
border-width	边框宽度	border-width:5px;
border-style	边框风格	border-style:solid;
border-color	边框颜色	border-color:red;
border	宽度、风格、颜色	border:5px solid red;

边框包括四个方向，分别是 border-top、border-right、border-bottom、border-left，盒子边框的四个方向如表 4.3 所示。

表 4.3 盒子边框的四个方向

属性名称	解释	示例
border-top	上边框	border-top-width:5px;
border-right	右边框	border-right-color:red;
border-bottom	底边框	border-bottom-style:dotted;
border-left	左边框	border-left:5px double red;

4.1.4 内边距

内边距的四条边可以分别设置，padding-top 表示上内边距，padding-right 表示右内边距，padding-bottom 表示底内边距，padding-left 表示左内边距，盒子模型的内边距如表 4.4 所示。

表 4.4 盒子模型的内边距

属性名称	解释	示例
padding-top	上内边距	padding-top:5px;
padding-right	右内边距	padding-right:5px;
padding-bottom	底内边距	padding-bottom:5px;
padding-left	左内边距	padding-left:5px;
padding	上右下左	padding:1px 2px 3px 4px;
padding	上下、左右	padding:1px 2px;

如果四个内边距使用相同的设置可以使用 padding 表示，但要同时给出四个值，如 padding：1px 2px 3px 4px；按照上右下左的顺序设置四个边（顺时针顺序）。如果上下内边距设置相同，左右内边距设置相同，可以使用 padding 表示，但要同时给出两个值，如 padding：1px 2px；其值 1px 表示上下内边距，2px 表示左右内边距。

4.1.5 盒子模型实际宽和高

清楚盒子在网页中实际占用的宽度和高度对页面布局是至关重要的，如果盒子的宽度和高度计算错误，会导致页面布局混乱。

盒子高度 = height 属性 + 上下内边距高度 + 上下边框高度

盒子宽度 = width 属性 + 左右内边距宽度 + 左右边框宽度

示例 1：盒子的实际宽度和高度

```
<style>
    #box{
        margin:20px;
        padding:30px;
        border:5px solid gray;
        width:100px;
        height:100px;
    }
</style>
<div id="box"></div>
```

代码解析：

示例 1 中，外边距为 20px，内边距为 30px，边框为 5px，宽度和高度都是 100px。

那么该盒子的实际宽度为 5 + 30 + 100 + 30 + 5 等于 170px，实际的高度为 5 + 30 + 100 + 30 + 5 等于 170px，如图 4.3 所示。

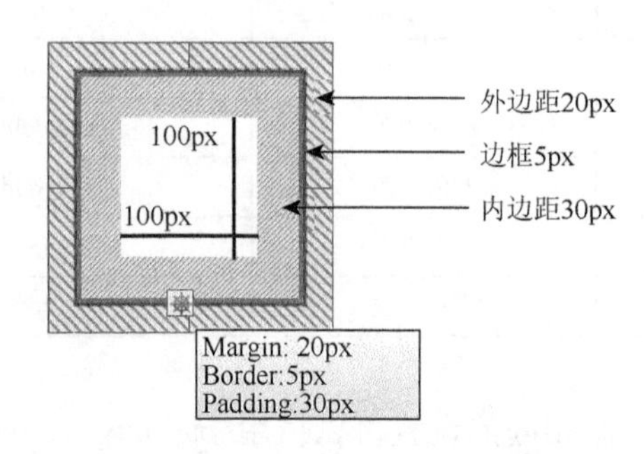

图 4.3　盒子的实际宽度和高度

4.2　任务 2：实现 DIV + CSS 布局

DIV + CSS 布局是目前流行的布局技术，其原理是利用盒子模型的特性，DIV 提供盒子，CSS 决定盒子的大小和位置。

4.2.1　float 属性

块标签是独占一行的，如果多个块标签需要显示在同一行上，就需要将块标签转换为行标签。CSS 的 float 属性用于设置浮动，其值有 left 和 right，即左浮动和右浮动，块标签一旦浮动，块标签就被转换为行标签。

示例 2：盒子浮动

```
<!doctype html>
<html>
    <head>
        <meta charset="UTF-8">
        <title>浮动</title>
        <style>
            div{
                width:100px;
                height:70px;
                background-color:#CCC;
            }
            .left{
```

```
                float:left;
            }
            .right{
                float:right;
            }
        </style>
    </head>
    <body>
        <div class="left">左浮动</div>
        <div class="right">右浮动</div>
    </body>
</html>
```

代码解析：

（1）.left 选择器设置了左浮动，.right 设置了右浮动。
（2）设置浮动后 div 标签就变成了行标签，因此两个 div 显示在同一行。

运行结果：

如图 4.4 所示。

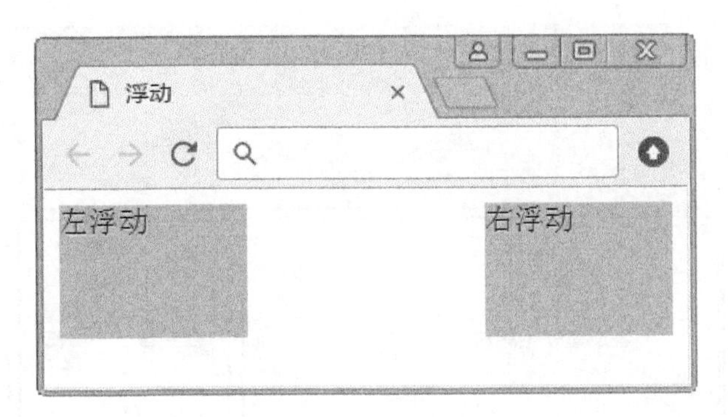

图 4.4　盒子的浮动

4.2.2　盒子的嵌套布局

任何一个盒子的排列方式只有居左（float:left）、居中（margin:0 auto;）和居右（float:right）三种方式，默认居左对齐。

如果一个盒子不是居左、居中、居右，我们称这个盒子是非常规排列的盒子，例如，图 4.5 中的区域和侧边栏属于非常规排列的盒子。

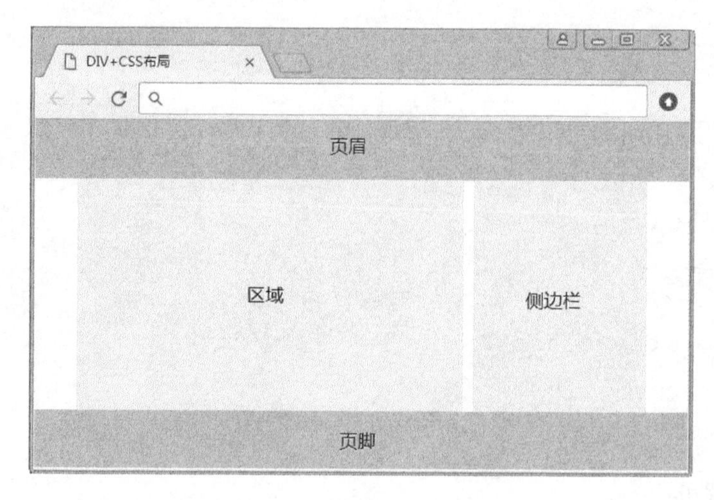

图 4.5　非常规排列的盒子

非常规排列的盒子需要使用盒子嵌套来实现，将子盒子放到一个父盒子中，子盒子的排列是相对于父盒子为参考点的。例如，图 4.5 的布局应该将区域和侧边栏放到一个父盒子中，让父盒子居中，然后让区域在父盒子中居左，侧边栏在父盒子中居右即可，如图 4.6 所示。

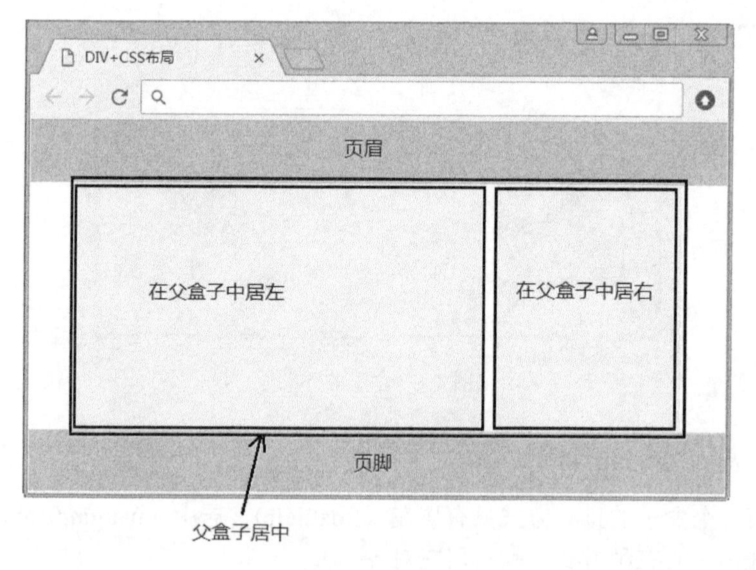

图 4.6　盒子嵌套布局

网页的布局分为页眉、正文、页脚，正文分为区域和侧边栏，如图 4.5 所示，布局的每个部分用 DIV 表示，由 CSS 决定 div 的位置的大小。

示例 3：div + css **实现页面布局**

```
<!doctype html>
<html>
    <head>
        <meta charset="UTF-8">
        <title>DIV+CSS 布局</title>
        <style>
            /*公共样式设置*/
            *{
                margin:0;
                padding:0;
            }
            div{
                overflow:hidden;
            }
            /*布局样式*/
            .header{
                width:100%;
                height:50px;
                background-color:#CCC;
            }
            .main {
                width:500px;
                height:200px;
                margin:0 auto;
            }
            .section{
                width:340px;
                height:200px;
                float:left;
                background-color:#F2F2F2;
            }
```

```
            .aside {
                width:150px;
                height:200px;
                float:right;
                background-color:#F2F2F2;
            }
            .footer{
                width:100%;
                height:50px;
                background-color:#CCC;
            }
        </style>
    </head>
    <body>
        <div class="header"></div>
        <div class="main">
            <div class="section"></div>
            <div class="aside"></div>
        </div>
        <div class="footer"></div>
    </body>
</html>
```

代码解析：

（1）header 选择器定义了页眉，设置页眉宽度为 100%，高度为 50 像素。

（2）main 选择器定义了正文，宽度为 500 像素，高度为 200 像素。

（3）正文内部包括左侧区域 section 和右侧侧边栏 aside，左侧区域在父盒子中居左浮动，右侧侧边栏在父盒子中居右浮动。

（4）footer 选择器定义了页脚，设置页脚宽度为 100%，高度为 50 像素。

（5）运行结果如图 4.5 所示。

第 5 章　页面布局实战

5.1　HTML 5 新增的布局标签

使用 DIV + CSS 布局页面时，所有的盒子都使用 DIV 表示，导致文档结构定义不清晰，HTML 5 中为了解决这个问题，专门添加了页眉、页脚、导航、文章内容等跟结构相关的结构元素标签。我们先看一个普通的页面的布局方式，如图 5.1 所示。

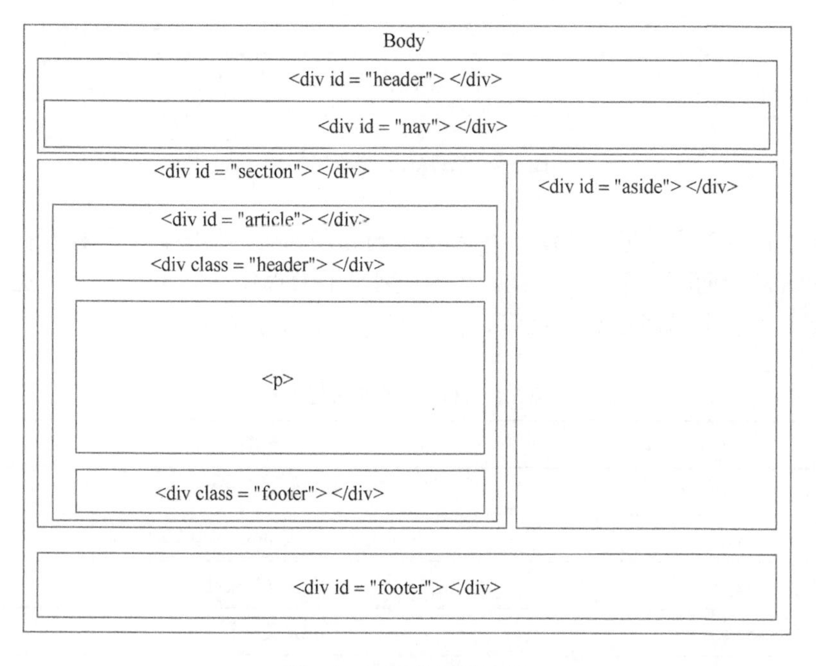

图 5.1　DIV 的页面布局

图 5.1 中我们非常清晰地看到了一个普通的页面会有页眉、导航、文章内容，还有附着的侧边栏、页脚等模块。这些盒子通过 class 进行区分，并通过不同的 CSS 样式来处理。但相对来说 class 不是通用的标准规范，文档结构和内容也不会很清晰，而 HTML 5 为此专门新增了布局标签，如图 5.2 所示。

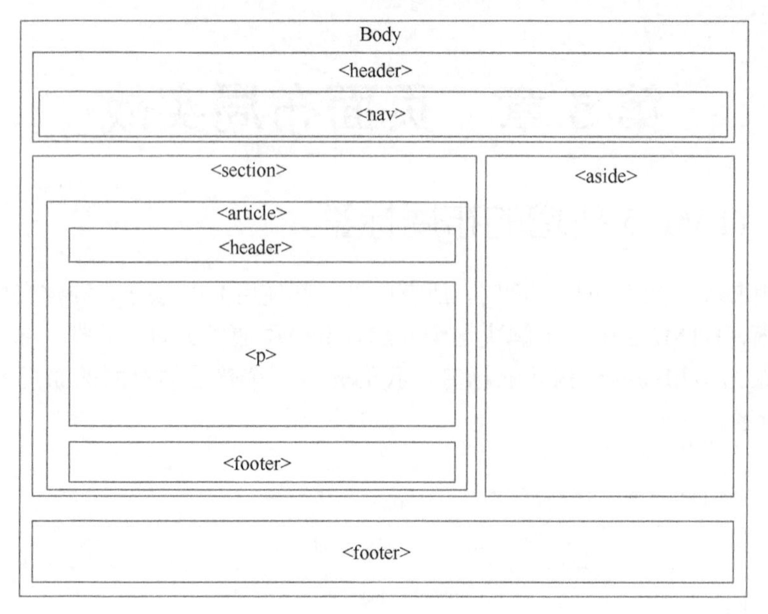

图 5.2　HTML 5 的布局标签

通过图 5.2 发现在 HTML 5 中新增了与布局相关的标签，这些标签在语义上更容易理解，而不至于产生混淆。表 5.1 列出了 HTML 5 的布局标签，这些新增的标签其本质上仍然是 DIV 标签，但是在语义上表述更准确。

表 5.1　HTML 5 的布局标签

标签名称	解释
<article>	标记定义一篇文章
<header>	标记定义一个页面或一个区域的头部
<nav>	标记定义导航链接
<section>	标记定义一个区域
<aside>	标记定义页面内容部分的侧边栏
<hgroup>	标记定义文件中一个区块的相关信息
<figure>	标记定义一组媒体内容以及它们的标题
<figcaption>	标签定义 figure 元素的标题
<footer>	标记定义一个页面或一个区域的底部
<dialog>	标记定义一个对话框

（1）section 标签。section 标签，定义文档中的节。例如，章节、页眉、页脚

或文档中的其他部分。一般用于成节的内容，会在文档流中开始一个新的节，它用来表现普通的文档内容或应用区块，通常由内容及其标题组成，但 section 元素标签并非一个普通的容器元素，它表示一段专题性的内容，一般会带有标题。

（2）article 标签。article 是一个特殊的 section 标签，它比 section 具有更明确的语义，它代表一个独立的、完整的相关内容块，可独立于页面其他内容使用。例如，一篇完整的论坛帖子、一篇博客文章、一个用户评论等。一般来说，article 会有标题部分，通常包含在 header 内，有时也会包含 footer。article 可以嵌套，内层的 article 对外层的 article 标签有隶属关系。例如，一篇博客的文章，可以用 article 显示，文章的评论可以以 article 的形式嵌入其中。

（3）nav 标签。nav 标签代表页面的一个部分，是一个可以作为页面导航的链接组，其中的导航元素链接到其他页面或者当前页面的其他部分，使 html 代码在语义化方面更加精确，同时对于屏幕阅读器等设备的支持也更好。

（4）aside 标签。aside 标签用来装载非正文的内容，被视为页面里面一个单独的部分。它包含的内容与页面的主要内容是分开的，可以被删除，而不会影响到网页的内容、章节或是页面所要传达的信息。例如，广告、成组的链接、侧边栏等。

（5）header 标签。header 标签定义文档的页眉，通常是一些引导和导航信息。它不局限于写在网页头部，也可以写在网页内容里面。通常 header 标签至少包含（但不局限于）一个标题标记（h1～h6），也可以包括 hgroup 标签，还可以包括表格内容、标识、搜索表单、nav 导航等。

（6）footer 标签。footer 标签定义 section 或网页的页脚，包含了与页面、文章或是部分内容有关的信息，例如，文章的作者或者日期。作为页面的页脚时，一般包含了版权、相关文件和链接。它和 header 标签使用基本一样，可以在一个页面中多次使用，如果在一个区段的后面加入 footer，那么它就相当于该区段的页脚了。

（7）hgroup 标签。hgroup 标签是对网页或区段 section 的标题元素（h1～h6）进行组合。例如，若在一区段中有连续的 h 系列的标签元素，则可以用 hgroup 将它们括起来。

（8）figure 标签。可以对元素进行组合，多用于图片与图片描述组合。

5.2　需求描述

使用页面布局技术开发博客首页，页面由页眉、导航、正文、页脚、侧边栏构成，如图 5.3 所示。

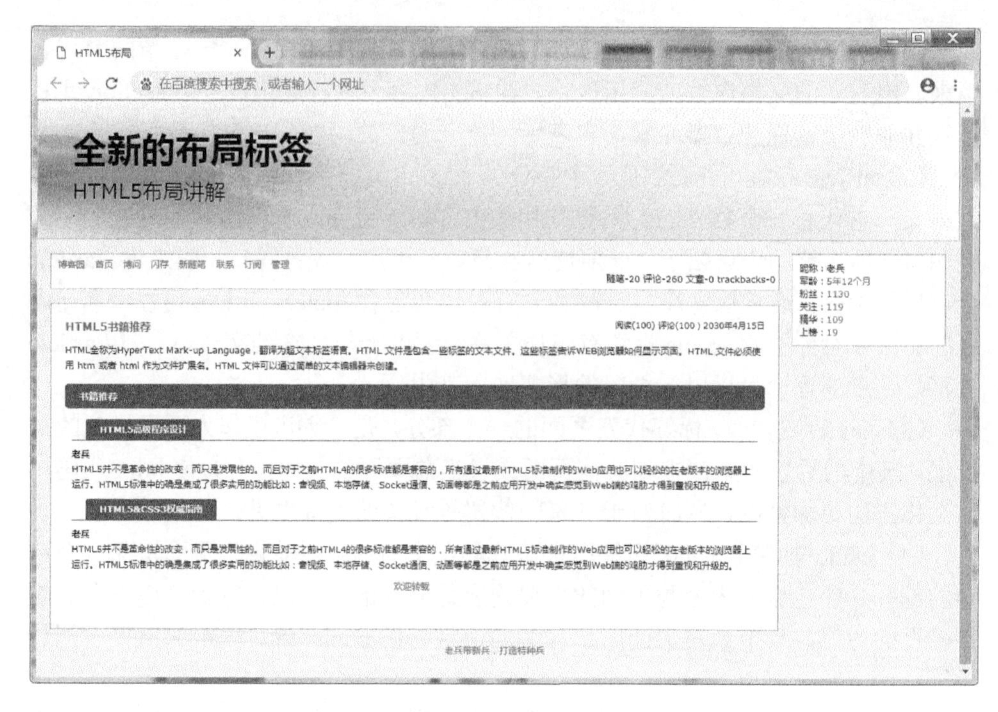

图 5.3　博客首页

5.3　开发环境

（1）DreamWeaver | Sublime | HBuilder。

（2）PhotoShop | Firework。

（3）Chrome |FireFox | IE。

5.4　问题分析

（1）确定开发的根目录，在 C 盘根目录下创建 blog 目录作为开发根目录。

（2）在开发根目录下创建 assets 资源目录，将图片资源、css 资源统一保存到该目录下。

（3）在 assets 目录下创建 img 目录，用于存放图片资源。

（4）在 assets 目录下创建 css 目录，用于存放 css 资源。

（5）在开发根目录下创建页面文件，命名为 index.html，该文件作为博客的首页文件。

（6）在 css 目录下创建 style.css 文件，在该文件中编写 CSS 代码。

（7）将图片资源复制到 assets/img 目录下备用。

5.5 推荐开发过程

页面开发推荐按从上到下、从左到右的顺序开发，每完成一个模块，都要在浏览器中测试通过后再继续开发后面的模块。

对于每个模块的宽度和高度，以及背景颜色等可使用 Photoshop 工具获取数据。

在 HTML 和 CSS 中写好注释，便于阅读和修改。

5.6 参考代码

参考代码：Style.css

```
@charset "UTF-8";
*{
   margin:0;padding:0;
}
h1,h2,h3,h4,h5,h6 {
   font-size:100%;  font-weight:normal;
}
html,body{
   background:none repeat scroll 0 0 #FFFFFF;
   color:#000000;
}
body{
   background-color:#F6F6F6;
   font-family:Verdana,Geneva,Arial,Helvetica,sans-serif;
   font-size:13px;  line-height:1.5;  word-wrap:break-
     word;
}
p{
   line-height:1.7;
}
a{
   text-decoration:none; color:#1A8BC8;
}
a:visited {
```

```
    color:#1A8BC8;
}
li{
    list-style:none;
}
img{
    border:none;
}
footer{
    text-align:center; color:Gray; height:50px
}
.header{
    background-image:url(../img/bg.jpg);     background-
      size:cover;
    height:195px;  border:1px dotted #8B8D72;
}
.header hgroup{
    margin:30px 0 0 50px;
}
.header h1{
    font-size:50px;  font-weight:bold;  text-decoration:
      none;  color:Black;
}
.header h2{
    font-size:30px;
}
.nav{
    margin:20px 260px 20px 20px;background:white;  border:
      1px dotted #8B8D72;
}
.nav ul{
    padding:5px 0 0 5px;
}
.nav li{
    display:inline;  padding:5px 5px 0;
```

```
    }
    .nav aside{
        text-align:right; padding:0 5px 5px;
    }
    .main{
        margin:0 260px 20px 20px; background:white;  border:
1px dotted #8B8D72;
        padding:20px;
    }
    .main article header{
        margin-bottom:10px;
    }
    .main article header h1{
        font-size:16px;  font-weight:bold;
    }
    .main article header h1 a{
        color:#1A8BC8; text-decoration:none;
    }
    .main article header h1 time,.main article header h1 span{
        font-size:12px;  font-weight:normal; float:right;
    }
    .main article section h2{
        background:none repeat #2B6695; border-radius:6px;
          color:#FFFFFF;
        font-size:14px;font-weight:bold;  height:25px;  line-
          height: 25px;
        margin:15px 0 !important;  padding:5px 0 5px 20px;
    }
    .main .book{
        margin:10px;
    }
    .main .book header{
        border-bottom:1px solid #2B6695;
    }
    .main .book .author{
```

```
    font-weight:bold;
}
.main .book h3{
    background:#2B6695;padding:5px 20px; border-radius:
      4px 4px 0 0;
    display:inline-block;margin-left:20px; font-weight:
      bold; color:White;
}
.aside {
    position:absolute; right:20px; top:215px; width:220px;
    border:1px dotted #8B8D72; background:white;
}
.aside .my_info{
    margin:10px; line-height:1.4;
}
```

参考代码：index.html

```
<!doctype html>
<html>
    <head>
        <meta charset="UTF-8">
        <title>HTML 5 布局</title>
        <link href="assets/css/style.css" rel="stylesheet"
          type="text/css">
    </head>
    <body>
        <header class="header">
            <hgroup>
                <h1>全新的布局标签</h1>
                <h2>HTML 5 布局讲解</h2>.
            </hgroup>
        </header>
        <nav class="nav">
            <ul>
                <li><a href="javascript:void(0)">博客园</a>
```

```
                </li>
                <li><a href="javascript:void(0)">首页</a>
                </li>
                <li><a href="javascript:void(0)">博问</a>
                </li>
                <li><a href="javascript:void(0)">闪存</a>
                </li>
                <li><a href="javascript:void(0)">新随笔</a>
                </li>
                <li><a href="javascript:void(0)">联系</a>
                </li>
                <li><a href="javascript:void(0)">订阅</a>
                </li>
                <li><a href="javascript:void(0)">管理</a>
                </li>
            </ul>
            <aside>
                随笔-20 评论-260 文章-0 trackbacks-0
            </aside>
        </nav>
        <div class="main">
            <article>
                <header>
                    <h1>
                        <a href="javascript:void(0)">HTML 5
                          书籍推荐</a>
                        <time pubdate="pubdate" value="2030-
                          04-15">2030-4-15</time>
                        <span>阅读(100) 评论(100)</span>
                    </h1>
                </header>
                <p>
                HTML 全称为 Hyper Text Mark-up Language，翻译
为超文本标签语言。HTML 文件是包含一些标签的文本文件。这些标签告诉 Web 浏
览器如何显示页面。HTML 文件必须使用 htm 或者 html 作为文件扩展名。HTML
```

```
文件可以通过简单的文本编辑器来创建。
                </p>
                <section>
                    <h2>书籍推荐</h2>
                    <article class="book">
                        <header>
                            <h3>HTML 5 高级程序设计</h3>
                        </header>
                        <div class="author">老兵</div>
                        <p>
                            HTML 5 并不是革命性的改变，而只是发展性
的。而且对于之前 HTML 4 的很多标准都是兼容的，所有通过最新 HTML 5 标准
制作的 Web 应用也可以轻松地在老版本的浏览器上运行。HTML 5 标准集成了很
多实用的功能，例如，音视频、本地存储、Socket 通信、动画等都是之前应用
开发中确实感觉到 Web 端的鸡肋才得到重视和升级的。
                            </p>
                    </article>
                    <article class="book">
                        <header>
                            <h3>HTML 5,CSS3 权威指南</h3>
                        </header>
                        <div class="author">老兵</div>
                        <p>
                            HTML 5 并不是革命性的改变，而只是发展性
的。而且对于之前 HTML 4 的很多标准都是兼容的，所有通过最新 HTML 5 标准
制作的 Web 应用也可以轻松地在老版本的浏览器上运行。HTML 5 标准集成了很
多实用的功能，例如，音视频、本地存储、Socket 通信、动画等都是之前应用
开发中确实感觉到 Web 端的鸡肋才得到重视和升级的。
                        </p>
                    </article>
                </section>
                <footer>欢迎转载</footer>
            </article>
        </div>
        <aside class="aside">
```

```
        <div class="my_info">
            昵称：老兵<br> 军龄：
            <a href="javascript:void(0)">5 年 12 个月</a>
              <br>粉丝：
            <a href="javascript:void(0)">1130</a><br>
              关注：
            <a href="javascript:void(0)">119</a><br>精华：
            <a href="javascript:void(0)">109</a><br>上榜：
            <a href="javascript:void(0)">19</a>
            <div id="p_b_follow">
            </div>
        </div>
      </aside>
      <footer>老兵带新兵，打造特种兵</footer>
    </body>
</html>
```

第 6 章　走进 Java

6.1　任务 1：Java 开发环境搭建

步骤：

（1）安装 JDK。

（2）配置环境变量。

（3）检测配置是否正确。

6.1.1　下载并安装 JDK

Java 程序的编译、运行离不开 JDK（java development kit）环境。JDK 是用于开发 Java 应用程序的开发包，它提供了编译、运行 Java 程序所需要的各种资源。

Oracle 官方网站提供最新的 JDK 安装文件的下载地址，网址是 http://www.oracle.com，本书使用 JDK1.8.0_121 版本。下载 JDK 后，双击 JDK 安装文件，开始安装，在安装过程中使用所有的默认设置，直到安装完成。安装完成后，在系统盘的“C：\Program Files（x86）\Java\jdk1.8.0_121”目录下，会有以下文件和文件夹，如图 6.1 所示。

名称	修改日期	类型	大小
bin	2019/3/18 18:28	文件夹	
db	2019/3/18 18:28	文件夹	
include	2019/3/18 18:28	文件夹	
jre	2019/3/18 18:28	文件夹	
lib	2019/3/18 18:28	文件夹	
COPYRIGHT	2019/12/12 18:38	文件	4 KB
javafx-src.zip	2019/3/18 18:28	ZIP 文件	4,975 KB
LICENSE	2019/3/18 18:28	文件	1 KB
README.html	2019/3/18 18:28	HTML 文件	1 KB
release	2019/3/18 18:28	文件	1 KB
src.zip	2019/12/12 18:38	ZIP 文件	20,760 KB
THIRDPARTYLICENSEREADME.txt	2019/3/18 18:28	文本文档	173 KB
THIRDPARTYLICENSEREADME-JAVAF...	2019/3/18 18:28	文本文档	108 KB

图 6.1　JDK 目录结构

这个目录就是 JDK 的安装根目录，对其说明如下。

bin 目录：存放编译、运行 Java 程序的可执行文件。

lib 目录：存放 Java 的类库文件。

jre 目录：存放 Java 运行时的环境文件。

6.1.2　配置环境变量

JDK 安装后要对 JDK 进行环境变量配置，环境变量需要配置 3 个属性，分别是 JAVA_HOME、CLASSPATH、PATH，如表 6.1 所示。

表 6.1　JDK 环境变量配置

变量名	变量值
JAVA_HOME	JDK 的安装根目录
CLASSPATH	JAVA_HOME 下 lib 目录中的所有 jar 文件和当前目录
PATH	JAVA_HOME 下 bin 目录中所有的文件

假设 JDK 的安装目录为“C：\Program Files（x86）\Java\jdk1.8.0_121”，环境变量配置如表 6.2 所示。

表 6.2　JDK 环境变量配置示例

变量名	变量值
JAVA_HOME	C:\Program Files\Java\jdk1.8.0_121
CLASSPATH	%JAVA_HOME%\lib
PATH	%JAVA_HOME%\bin

具体的配置步骤如下所示。

（1）鼠标右击我的电脑，选择“属性”菜单，找到“高级系统设置”选项，如图 6.2 所示。

（2）单击“高级系统设置”，在弹出的对话框中选择“高级”选项卡，在“高级”选项卡中选择“环境变量”，如图 6.3 所示。

（3）在单击“环境变量”弹出的对话框中单击“系统变量”下的“新建”按钮。在弹出的新建对话框中输入变量名“JAVA_HOME”，变量值是 JDK 安装的根目录，例如，“C:\Program Files\Java\jdk1.8.0_121”，如图 6.4 所示。

图 6.2　配置环境变量

图 6.3　选择环境变量

（4）同样的方法创建 CLASSPATH 环境变量，如图 6.5 所示。

（5）接下来配置 PATH 变量，PATH 变量是系统中已经存在的，在 PATH 变量原有配置内容的最后面输入分号，在分号后面配置 JDK 的 PATH 属性值，如图 6.6 所示。

图 6.4　配置环境变量 JAVA_HOME

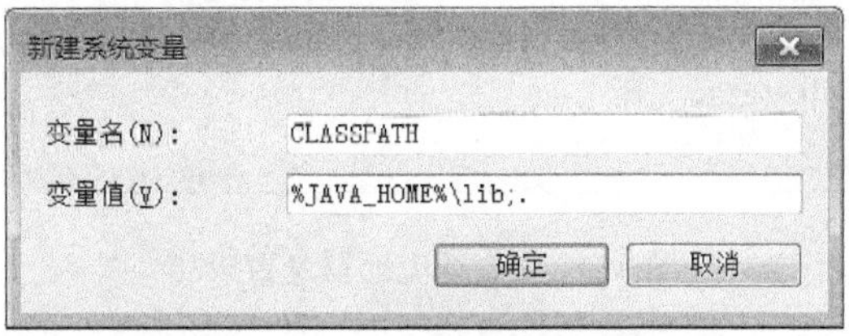

新建系统变量
变量名(N): CLASSPATH
变量值(V): %JAVA_HOME%\lib;.
确定　取消

图 6.5　配置环境变量 CLASSPATH

编辑系统变量
变量名(N): Path
变量值(V): .les\TortoiseGit\bin;%JAVA_HOME%\bin
确定　取消

图 6.6　配置环境变量 PATH

6.1.3　检测开发环境搭建是否正确

配置环境变量后，可以通过控制台测试 JDK 配置是否正确。按 WIN + R 键，然后在运行窗口中输入 cmd 命令，按回车键，打开控制台，如图 6.7 所示。

在控制台中输入 java-version 命令，然后按回车键，提示如图 6.8 所示的界面表示配置成功。

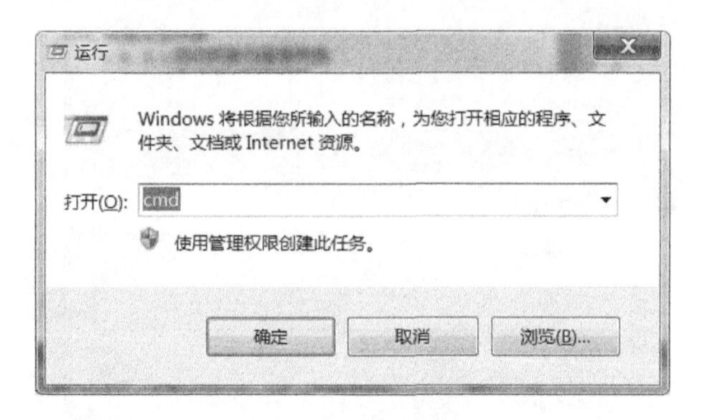

图 6.7　打开控制台

```
管理员: C:\Windows\system32\cmd.exe
Microsoft Windows [版本 6.1.7601]
版权所有 (c) 2009 Microsoft Corporation。保留所有权利。

C:\Users\Administrator>java -version
java version "1.8.0_121"
Java(TM) SE Runtime Environment (build 1.8.0_121-b13)
Java HotSpot(TM) 64-Bit Server VM (build 25.121-b13, mixed mode)

C:\Users\Administrator>_
```

图 6.8　检查环境配置是否成功

6.2　任务 2：使用记事本开发 Java 程序

开发 Java 程序的步骤如下所示。

（1）创建源文件。

（2）编译源文件。

（3）运行字节码文件。

6.2.1　创建源文件

Java 源文件是以.java 为扩展名的文本文件。使用记事本或 editplus 等文本编辑器可以编写 Java 源程序。打开记事本，在记事本中输入下列代码。

```
public class Introduce{
    public static void main(String[] args){
        System.out.println("姓名：宋江");
        System.out.println("绰号：孝义黑三郎");
```

```
        }
    }
```

代码解析：

（1）public class Introduce{}是 Java 程序的主体框架，代码都写在这个框架内，其中 class 是定义类的关键字，Introduce 是类名，整个类的所有代码都在一对大括号中，即“{”与“}”中，“{”表示类的开始，“}”表示类的结束。

（2）main()方法是 Java 程序执行的入口，其写法固定为 public static void main（String[] args）。

（3）System.out.println()是向控制台输出内容。

（4）Java 程序区分大小写，例如，System 与 system 是不同的。

（5）将该文件保存到 C 盘的根目录下，命名为 Introduce.java。

6.2.2　编译源文件

打开控制台，切换到 C 盘根目录下，使用 javac 命令将 Introduce.java 源文件编译为字节码文件，如图 6.9 所示，编译成功后会在 Introduce.java 同级目录下生成 Introduce.class 字节码文件。

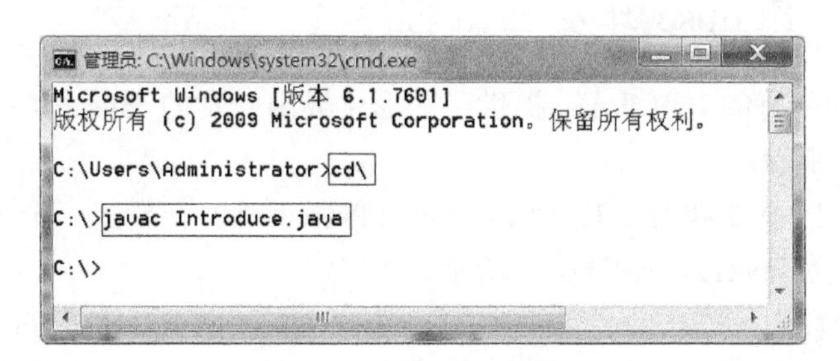

图 6.9　编译 Java 源文件

6.2.3　运行字节码文件

Java 是解释器命令，用于执行字节码文件，并输出执行结果，如图 6.10 所示。

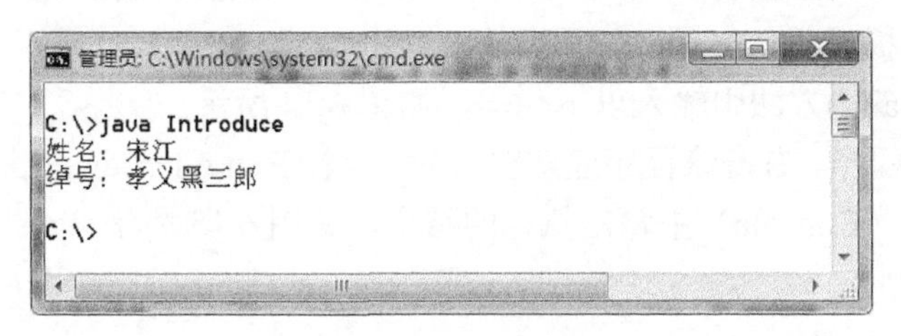

图 6.10　运行字节码文件

6.3　任务 3：使用 Eclipse 开发 Java 程序

6.3.1　Eclipse 开发环境搭建

作为一名 Java 程序开发人员，可以选择的集成开发环境 IDE（integrated development environment）非常多，IDE 中包含了开发环境、调试环境、测试环境，可以很方便地实现 Java 程序开发和项目管理，让程序员从复杂烦琐的代码管理、维护中解脱出来，专注于程序功能和业务逻辑的实现，使用 IDE 就能够使得开发工作事半功倍。得益于 Java 是一门开源语言，IDE 有开源免费的，有商用收费的，本书使用 Eclipse 作为 IDE。

重要提示

安装 64 位的 JDK，就必须使用 64 位的 Eclipse；
安装 32 位的 JDK，就必须使用 32 位的 Eclipse。

6.3.2　使用 Eclipse 开发 Java 程序

Eclipse 和所有的 IDE 一样，提供了图形化界面开发的 Java 程序，使用 Eclipse 开发需要以下步骤。

（1）在 Eclipse 中执行 File→New→Java Project 命令，新建一个 Java 项目，自定义项目名称为 java11，如图 6.11 所示。

（2）在项目中，右击 src 目录，执行 new→Class 命令，创建 Java 类。

（3）在弹出的 New Java Class 对话框中，在 Package 文本框中输入包名 cn.itlaobing，在 Name 文本框中输入类名 Introduce，并勾选 public static void main（String []args）复选框，如图 6.12 所示。

（4）单击 Finish 按钮，就会创建一个包名为 cn.itlaobing，类名为 Introduce，并自动生成 main()方法的 Java 程序，Eclipse 就帮助我们创建了类，并且类中已经提供了类的模板代码，如图 6.13 所示。

（5）在 main()方法中输入以下代码，如图 6.14 所示。

（6）执行程序。右击该程序任意空白处，执行 Run As→Java Application 命令，则会在控制台（Console）中输出执行的结果，如图 6.15 所示。

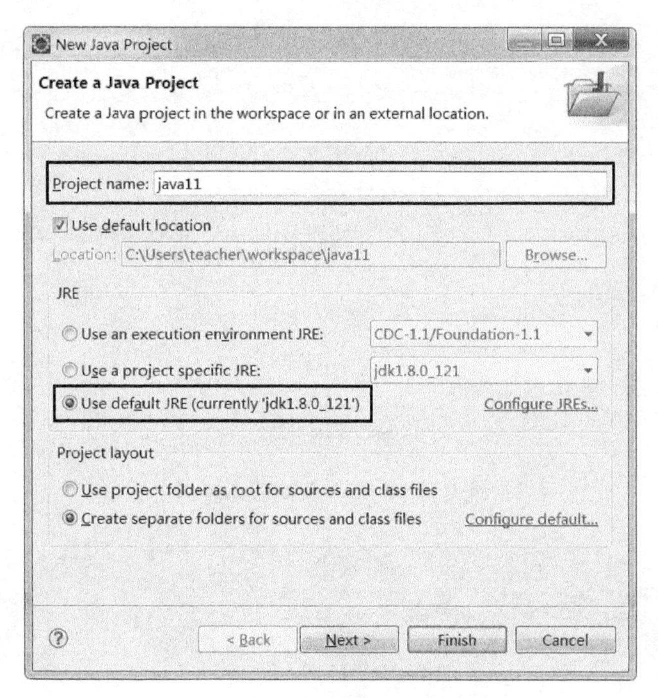

图 6.11 创建 Java 项目

New Java Class
Java Class
Create a new Java class.
Source folder: java1-1/src
Package: cn.itlaobing
Enclosing type:
Name: Introduce
Modifiers: public default private protected
abstract final static
Superclass: java.lang.Object
Interfaces:
Browse...
Add...
Remove
Which method stubs would you like to create?
public static void main(String[] args)
Constructors from superclass
Inherited abstract methods
Do you want to add comments? (Configure templates and default value here)
Generate comments
Finish
Cancel

图 6.12 使用向导创建 Java 项目

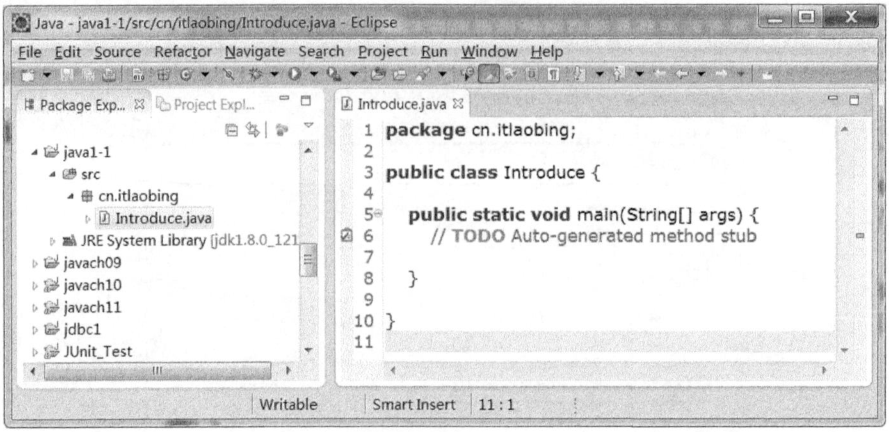

Java - java1-1/src/cn/itlaobing/Introduce.java - Eclipse

File Edit Source Refactor Navigate Search Project Run Window Help

Package Exp... Project Expl...

- java1-1
  - src
    - cn.itlaobing
      - Introduce.java
  - JRE System Library [jdk1.8.0_121
- javach09
- javach10
- javach11
- jdbc1
- JUnit_Test

Introduce.java

```
1  package cn.itlaobing;
2
3  public class Introduce {
4
5      public static void main(String[] args) {
6          // TODO Auto-generated method stub
7
8      }
9
10 }
11
```

Writable　Smart Insert　11 : 1

图 6.13　Eclipse 生成的 Java 类

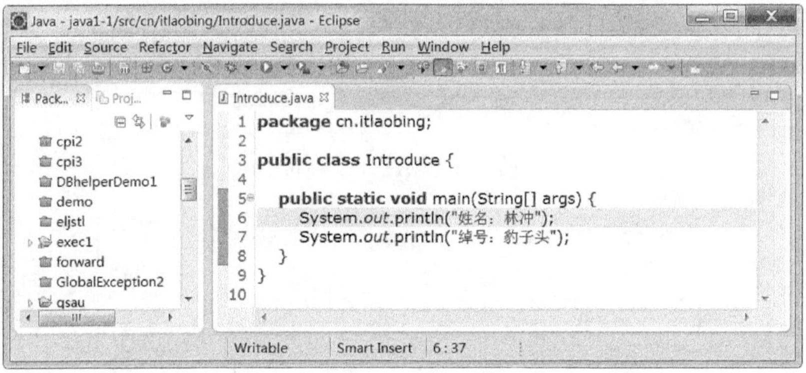

Java - java1-1/src/cn/itlaobing/Introduce.java - Eclipse

File Edit Source Refactor Navigate Search Project Run Window Help

Pack... Proj...

- cpi2
- cpi3
- DBhelperDemo1
- demo
- eljstl
- exec1
- forward
- GlobalException2
- qsau

Introduce.java

```
1  package cn.itlaobing;
2
3  public class Introduce {
4
5      public static void main(String[] args) {
6          System.out.println("姓名：林冲");
7          System.out.println("绰号：豹子头");
8      }
9  }
10
```

Writable　Smart Insert　6 : 37

图 6.14　使用 Eclipse 开发 Java 程序

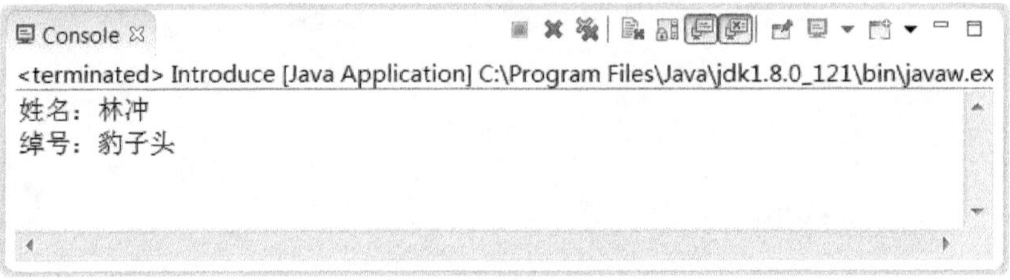

Console

```
<terminated> Introduce [Java Application] C:\Program Files\Java\jdk1.8.0_121\bin\javaw.ex
姓名：林冲
绰号：豹子头
```

图 6.15　在 Eclipse 中运行程序

第7章　流 程 控 制

7.1　任务1：显示个人简历

步骤：

（1）将个人简历信息存储在变量中。

（2）使用输出语句输出变量中的内容。

7.1.1　标识符

在Java中，标识符用来为程序中的常量、变量、方法、类、接口和包命名，标识符命名有4个规则。

（1）标识符由字母、数字、下划线或美元符号组成。

（2）标识符的首字母以字母、下划线或美元符号开头，不能以数字开头。

（3）标识符的命名不能是关键字、布尔值（true、false）和null。

（4）标识符区分大小写，没有长度限制。

7.1.2　关键字

Java中定义了48个关键字，所有的关键字都是小写字母，在开发中不能将关键字定义为标识符，否则会出现编译错误。Java中的48个关键字如表7.1所示。

表7.1　Java中的48个关键字

abstract	class	final	int	public	this	assert	continue
finally	interface	return	throw	boolean	default	float	long
short	throws	break	do	for	native	static	transient
byte	double	if	new	strictfp	try	case	else
implements	package	super	void	catch	enum	import	private
switch	volatile	char	extends	instanceof	protected	synchronized	while

7.1.3　变量的命名

在一个程序中，会定义非常多的标识符，如此多的标识符如何被程序员准确地识别其含义呢？这就要在变量命名规则上做文章，行业内有一个标识符命名的民间规则，称为见名知意，就是根据标识符的名称来识别其含义。例如，age 表示年龄，name 表示姓名等。

标识符的命名多数使用两种方法，分别是帕斯卡命名法和骆驼命名法（也称为驼峰命名法）。帕斯卡命名法是指一个变量由多个单词构成时，每个单词首字母都大写，例如，GetUserName。骆驼命名法是指一个变量由多个单词构成时，第一个单词首字母小写，其余单词首字母都大写，例如，getUserName。

7.1.4　Java 注释

注释是程序开发人员和程序阅读者之间交流的重要手段，是对代码的解释和说明。好的注释可以提高软件的可读性，减少软件的维护成本。Java 提供了单行注释、多行注释。

1）单行注释

单行注释指的是只能书写在一行的注释，是最简单的注释类型，用于对代码进行说明。当只有一行内容需要注释时，一般使用单行注释。在 Eclipse 中按 Ctrl + / 快捷键来添加或者取消注释，通常单行注释定义在代码的前面。

示例 1：单行注释

```
//年龄
int age;
```

2）多行注释

多行注释一般用于描述注释的文字比较多时，使用/*开头，使用*/结尾。在 Eclipse 中输入/*并按回车键，Eclipse 自动补齐多行注释。或者用鼠标选中所有需要多行注释的代码，然后按 Ctrl + Shift + /添加注释。

示例 2：多行注释

```
/*
*输出个人简历
*姓名
*性别
*爱好
*/
public void show(){
//省略部分代码
}
```

7.1.5 数据类型

数据是描述客观事物的数字、字母以及能够输入到计算机中的符号。例如，武松、软件一班、28、170 等都是数据。数据可根据其特点进行分类，例如，武松和软件一班可以归为字符串类，28 和 170 可归为数字类，正是因为这种分类，才出现了数据类型，Java 中有 8 种基本数据类型，如图 7.1 所示。

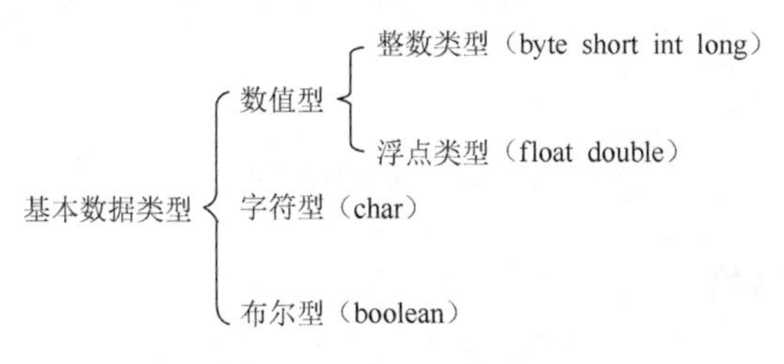

图 7.1 8 种基本数据类型

整数类型的默认值是 0，浮点类型默认值是 0.0，字符型的默认值是'\u0000'，布尔类型的默认值是 false。

基本数据类型的取值范围如表 7.2 所示。

表 7.2 基本数据类型的取值范围

类型	大小	示例	取值范围
boolean	1 字节，8 位	true	true、false
byte	1 字节，8 位有符号数	–100	–128～+127
short	2 字节，16 位有符号数	100	–32768～+32767
int	4 字节，32 位有符号数	150	–2147483648～+2147483647
long	8 字节，64 位有符号数	10000	$-2^{63}\sim+2^{63}-1$
char	2 字节，16 位 unicode 字符	'a'	0～65535
float	4 字节，32 位有符号数	3.14f	$-3.4\times10^{38}\sim3.4\times10^{38}$
double	8 字节，64 位有符号数	2.4e3d	$-1.7\times10^{308}\sim1.7\times10^{308}$

7.1.6 数据类型转换

不同的基本数据类型之间进行运算时需要进行类型转换。除布尔类型外，所有的基本数据类型进行运算时都需要考虑类型转换，主要应用在算术运算时和赋值运算时。

1. 算术运算时

存储的位数越多，类型的级别越高。基本数据类型的级别及其转换如图 7.2 所示，byte 级别最低，double 级别最高。

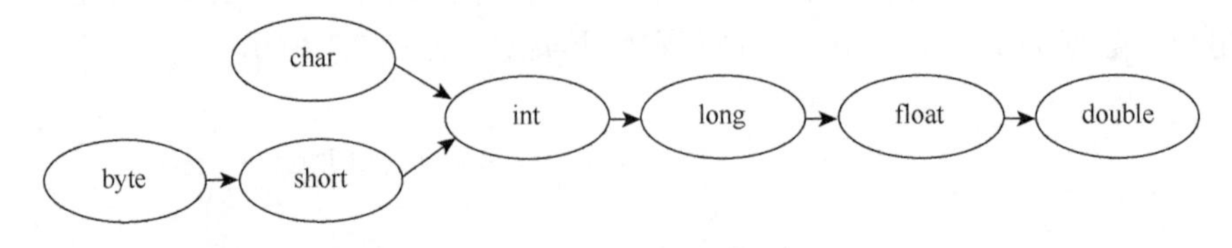

图 7.2　类型转换图

示例 3：类型转换

（1）5 + 6 + 7L + 'a'。
（2）5 + 6.7 * 8 + 'a'。

代码解析：

第一个表达式中，数字 5 和 6 是 int 类型，7L 是 long 类型，而'a'是 char 类型。首先两个 int 类型相加，结果是 int 类型，然后 int 类型和 long 类型相加，自动转换为 long 类型，而 long 类型和 char 类型相加，结果依然是 long 类型，该表达式结果为 long 类型。同理，第二个表达式中 6.7 是 double 类型，所以第二个表达式最终运算的结果是 double 类型。

不同类型的操作数，首先自动转换为表达式中最高级别的数据类型，然后进行运算，运算的结果是最高级别的数据类型，简称低级别自动转换为高级别。

2. 赋值运算时

赋值运算时，数据类型的转换有自动类型转换和强制类型转换。

（1）自动类型转换。将低级别的类型赋值给高级别类型时将进行自动类型转换。

示例 4：自动类型转换

```
byte b=7;
int i=b;    //b 自动转换为 int 类型
```

（2）强制类型转换。将高级别的类型赋值给低级别的类型时，必须进行强制类型转换。在 Java 中使用一对小括号进行强制类型转换。

示例5：强制类型转换

```
int i=786;
byte b=(byte)i;
short s=(short)i;  //强制类型转换
```

示例6：显示个人简历

要求：使用变量存储简历信息，使用输出语句显示简历信息。

```
package cn.itlaobing;
public class Introduce{
    public static void main(String[]args){
        //定义变量，存储简历信息
        String name="武松";
        int age=20;
        String school="西安交通大学";
        //输出简历信息
        System.out.println("**********简历信息**********");
        System.out.println("    姓        名："+ name);
        System.out.println("    年        龄："+ age);
        System.out.println("    毕业院校："+school);
        System.out.println("***************************");
    }
}
```

运行结果：

如图7.3所示。

```
Console
<terminated> Introduce [Java Application] C:\Program Files\Java\jdk1.8.0_121\bin\javaw.exe (2019年
********** 简历信息 **********
  姓      名：武松
  年      龄：20
  毕业院校：西安交通大学
***************************
```

图7.3　显示个人简历

7.2　任务 2：实现成绩管理

步骤：

（1）从键盘上输入成绩信息。

（2）将成绩信息存储到变量中。

（3）输出成绩信息。

7.2.1　从键盘输入数据

实现成绩管理，首先要使用 Scanner 类的方法获取用户从键盘上输入的数据。Scanner 类位于 java.util 包中，使用之前必须导入该类，Scanner 类的使用步骤如下所示。

（1）导入 Scanner 类。

```
import java.util.Scanner;
```

（2）创建 Scanner 对象。

```
Scanner input=new Scanner(System.in);
```

（3）从键盘上获取用户输入的数据。

表 7.3 罗列了 Scanner 类常用的方法，通过这些方法可以接收用户从键盘上输入的整数、浮点数、字符串等数据。

表 7.3　Scanner 类常用的方法

方法名称	说明
String next()	获得一个字符串
int nextInt()	获得一个整数
double nextDouble()	获得一个双精度浮点数

7.2.2　实现成绩管理

示例 7：实现成绩管理

要求从键盘上输入学生姓名、数学成绩、语文成绩，然后输出学生的成绩信息，实现步骤如下所示。

（1）导入 Scanner 类。

（2）定义变量存储学生姓名、数学、语文成绩。

（3）定义 Scanner 变量。

（4）使用 Scanner 输入数据，将数据保存到变量中。

（5）输出成绩信息。

```
package cn.itlaobing;
import java.util.Scanner; //导入 Scanner 类
public class ScoreManager{
    public static void main(String[] args){
        String name;   //定义变量存储学生姓名
        int math;      //定义变量存储数学成绩
        int chinese;   //定义变量存储语文成绩
        Scanner input=new Scanner(System.in);  //从键盘上接
                                                  收数据
        System.out.println("请输入学生姓名");
        name=input.next();
        System.out.println("请输入数学成绩");
        math=input.nextInt();
        System.out.println("请输入语文成绩");
        chinese=input.nextInt();
        //输出成绩信息
        System.out.println("学生姓名："+name);
        System.out.println("该生数学成绩是："+math);
        System.out.println("该生语文成绩是："+chinese);
    }
}
```

代码解析：

（1）当程序运行到 input 对象调用 next()或者 nextInt()等输入数据的方法时，程序将暂时停止运行，等待用户从键盘上输入数据，按回车键表示数据输入结束，将输入的数据赋值给变量，程序恢复执行。

（2）String 类型表示字符串。

运行结果：

如图 7.4 所示。

```
Console
<terminated> ScoreManager [Java Application] C:\Program Files\Java\jdk1.8.0_121\bin\java
请输入学生姓名
李逵
请输入数学成绩
80
请输入语文成绩
90
学生姓名：李逵
该生数学成绩是：80
该生语文成绩是：90
```

图 7.4　成绩管理运行结果

7.3　任务 3：判断成绩取值范围

步骤：

（1）从控制台获取成绩。

（2）将成绩保存到变量中。

（3）使用流程控制结构判断取值范围。

7.3.1　程序流程控制

程序的基本结构包括顺序结构、选择结构和循环结构。顺序结构按照语句的书写次序顺序执行，选择结构根据条件是否满足来选择执行对应的程序段，循环结构在给定条件下重复执行某个程序段，程序的流程控制结构如图 7.5 所示。

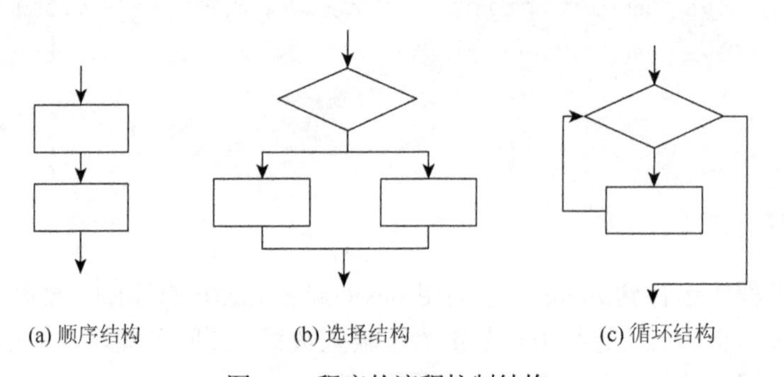

(a) 顺序结构　　(b) 选择结构　　(c) 循环结构

图 7.5　程序的流程控制结构

顺序结构：指程序从上向下依次执行每一条语句的结构，中间没有任何的判断、跳转、循环。

选择结构：根据条件判断的结果来选择执行不同的代码块。选择结构可以细分为单分支结构、双分支结构、多分支结构。Java 语言使用 if 或 switch 语句实现选择结构。

循环结构：根据判断条件来重复性地执行某段代码。Java 语言提供了 while、do-while、for 语句实现循环结构。JDK1.5 新增了 foreach 循环，用于迭代数组和集合。

7.3.2　if 控制语句

if 控制语句共有 3 种不同的形式，分别是单分支结构、双分支结构、多分支结构。下面介绍单分支 if 结构、双分支 if 结构、多分支 if 结构和嵌套 if 控制语句。

1. 单分支 if 结构

单分支 if 结构的语法规则如下所示。

```
If(表达式){
    语句
}
```

语法解析：

（1）if 是 Java 语言中的关键字。

（2）表达式是布尔类型的表达式，其值为 true 或 false。

（3）语句必须被{}包含，如果语句只有一行代码，可以省略{}，但是不建议省略{}，因为大多数公司的编码规范中要求不允许省略{}，目的是便于代码阅读。

单分支 if 结构流程图如图 7.6 所示。

if 语句执行步骤如下所示。

（1）对表达式的结果进行判断。

（2）如果表达式结果为 true，则执行语句。

（3）如果表达式的结果为 false，则跳过语句。

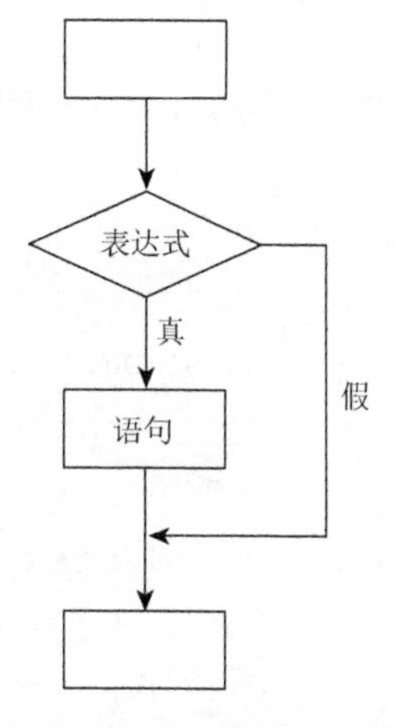

图 7.6　单分支 if 结构流程图

示例 8：单分支 if 语句

从键盘上输入学生考试的成绩，如果成绩大于等于 60 分，则输出考试通过，核心代码如下所示。

```
public static void main(String[]
args){
    Scanner input=new Scanner(System.
      in);
    System.out.println("请输入学生成绩");
    int score=input.nextInt();
    if(score>=60){
```

```
        System.out.println("考试通过");
    }
}
```

2. 双分支 if 结构

双分支 if 结构的语法规则如下所示。

```
if(表达式){
    语句 1
}else{
    语句 2
}
```

语法解析：

（1）当表达式为 true 时，执行语句 1。

（2）当表达式为 false 时，执行语句 2。

双分支 if 结构流程图如图 7.7 所示。

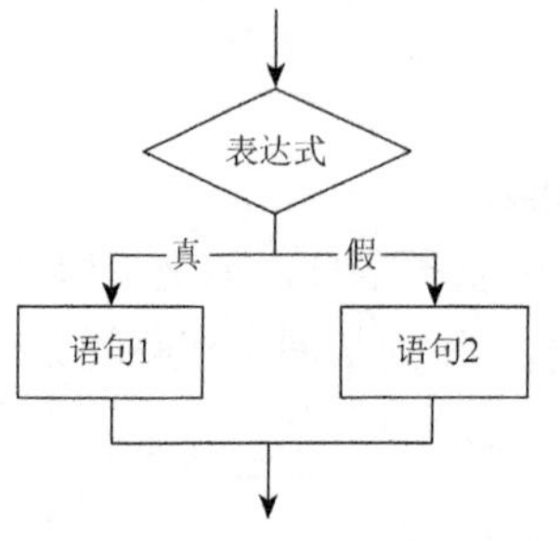

图 7.7　双分支 if 结构流程图

示例 9：双分支 if 语句

从键盘上输入学生考试的成绩，如果成绩大于等于 60 分，则输出考试通过，否则输出考试未通过，核心代码如下所示。

```
public static void main(String[] args){
    Scanner input =new Scanner(System.in);
    System.out.println("请输入学生成绩");
    int score=input.nextInt();
    if(score>=60){
        System.out.println("考试通过");
    }else{
        System.out.println("考试未通过");
    }
}
```

3. 多分支 if 结构

多分支 if 结构的语法规则如下所示。

```
if(表达式 1){
    语句 1
}else if(表达式 2){
    语句 2
}else{
    语句 3
}
```

语法解析：

（1）当表达式 1 为 true 时，执行语句 1。
（2）当表达式 2 为 true 时，执行语句 2。
（3）当表达式 1 和表达式 2 都为 false 时，执行语句 3。
多分支 if 结构流程图如图 7.8 所示。

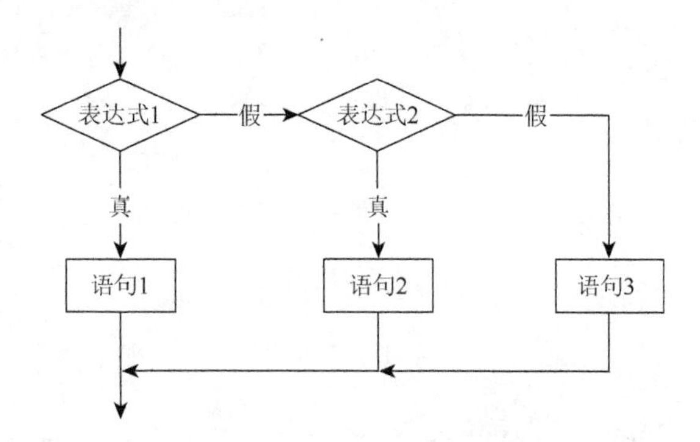

图 7.8　多分支 if 结构流程图

示例 10：多分支 if 语句

从键盘上输入学生考试的成绩，成绩大于等于 90 分，小于等于 100 分，输出 A，成绩大于等于 80 分，输出 B，成绩大于等于 70 分，输出 C，成绩大于等于 60 分，输出 D，成绩小于 60 分，输出 E，核心代码如下所示。

```
public static void main(String[]args){
    Scanner input =new Scanner(System.in);
    System.out.println("请输入学生成绩");
    int score = input.nextInt();
    if(score>=90 && score<=100){
        System.out.println("A");
    }else if(score>=80){
        System.out.println("B");
```

```
    }else if(score>=70){
        System.out.println("C");
    }else if(score>=60){
        System.out.println("D");
    }else{
        System.out.println("E");
    }
}
```

4. 嵌套 if 控制语句

在一个 if 语句中又包含了一个或多个 if 语句，称为嵌套的 if 语句，嵌套的 if 语句增强了程序的灵活性，能够解决一些复杂的业务逻辑。

嵌套 if 结构的语法规则如下所示。

```
if(表达式 1){
    if(表达式 2){
            语句 1
    }else{
            语句 2
    }
    }else{
        if(表达式 3){
            语句 3
    }else{
            语句 4
    }
}
```

语法解析：

（1）对表达式 1 的结果进行判断。

（2）如果表达式 1 的结果为 true，再对表达式 2 进行判断，如果表达式 2 的结果为 true，则执行语句 1，如果表达式 2 的结果为 false，则执行语句 2。

（3）如果表达式 1 的结果为 false，再对表达式 3 进行判断，如果表达式 3 的结果为 true，则执行语句 3，如果表达式 3 的结果为 false，则执行语句 4。

示例 11：嵌套 if 语句

判断是否是闰年。从键盘上输入一个年份，判断输入的年份是否是闰年。闰年的规律为四年一闰，百年不闰，四百年再闰，其简单计算方法要满足如下两个条件：

（1）能被4整除而不能被100整除（如2004年就是闰年，1800年就不是闰年）。

（2）能被400整除，如2000年是闰年。

```
public static void main(String[] args){
    Scanner input=new Scanner(System.in);
    System.out.println("请输入年份");
    int year=input.nextInt();
    if (year % 4==0){
        if (year % 100==0){
            if(year % 400==0){
                System.out.println("是闰年");
            }else{
                System.out.println("不是闰年");
            }
        }else{
            System.out.println("是闰年");
        }
    }else{
        System.out.println("不是闰年");
    }
}
```

7.3.3 switch 语句

Java 还提供了 switch 语句（开关语句），用于实现多分支选择结构，它和多分支 if 语句结构在某些情况下是可以相互替代的。

switch 语句的语法规则如下所示。

```
switch(表达式){
    case 常量1:
    语句
    break;
    case 常量2:
    语句
    break;
    …
```

```
    default:
    语句
    break;
}
```

语法解析：

（1）switch、case、break、default 是关键字。

（2）case 用于从上到下依次与表达式进行匹配。

（3）break 用于终止 switch 的执行。

（4）case 后如果没有 break，程序将继续向下执行，直到遇到 break 语句或 switch 结束。

（5）default 语句是可选项，当条件都不匹配时，执行 default 选项。

（6）JDK7.0 及其以后的版本中 switch 后面的表达式允许是 int、byte、short、char、枚举类型、String 类型；JDK7.0 之前的版本中 switch 后面的表达式允许是 int、byte、short、char、枚举类型，不支持 String 类型。

switch 结构流程图如图 7.9 所示。

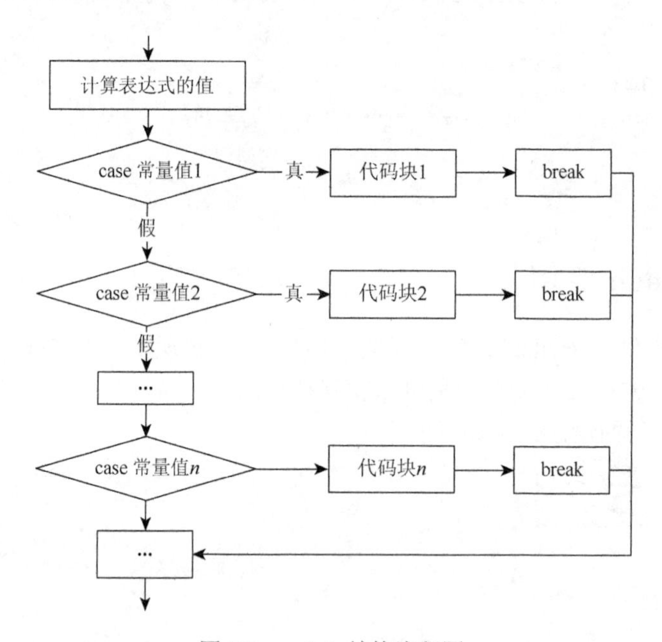

图 7.9 switch 结构流程图

示例 12：switch 语句

从键盘上输入学生考试的成绩，成绩大于等于 90 分，小于等于 100 分，输出

A，成绩大于等于 80 分，输出 B，成绩大于等于 70 分，输出 C，成绩大于等于 60 分，输出 D，成绩小于 60 分，输出 E，核心代码如下所示。

```
public static void main(String[] args){
    Scanner input=new Scanner(System.in);
    System.out.println("请输入成绩");
    int score=input.nextInt();
    switch(score/10){
    case 10:
    case 9:
        System.out.println("A");
        break;
    case 8:
        System.out.println("B");
        break;
    case 7:
        System.out.println("C");
        break;
    case 6:
        System.out.println("D");
        break;
    default:
            System.out.println("E");
    }
}
```

代码解析：

score/10 的结果是 int 类型，例如，score 为 76，那么 score/10 的结果为 7，然后与 case 后面的常量进行匹配，输出结果是 C 级。

7.4 任务 4：计算学生的平均分

步骤：

（1）从键盘上输入学生姓名。

（2）使用循环接收一名学生的 5 门课成绩，求出平均分和总分。

（3）使用多重循环接收若干名学生，每名学生 5 门课的成绩，求出平均分和总分。

7.4.1 循环结构

Java 中的循环控制语句有 while 循环、do-while 循环、for 循环。循环结构的特点是在给定的循环条件成立时，反复执行某段程序，直到循环条件不成立。

一个循环是由四部分构成的，分别是循环变量、循环条件、循环体、改变循环变量的值。

（1）循环变量用于控制循环次数。

（2）循环条件用来判断循环是否继续。

（3）循环体是循环条件为 true 时，要执行的代码块。

（4）只有循环变量的值能够改变，循环才有结束的时候，否则是死循环。

7.4.2 while 循环结构

while 循环的语法规则如下所示。

```
循环变量初始化
while(循环条件){
    循环体
}
```

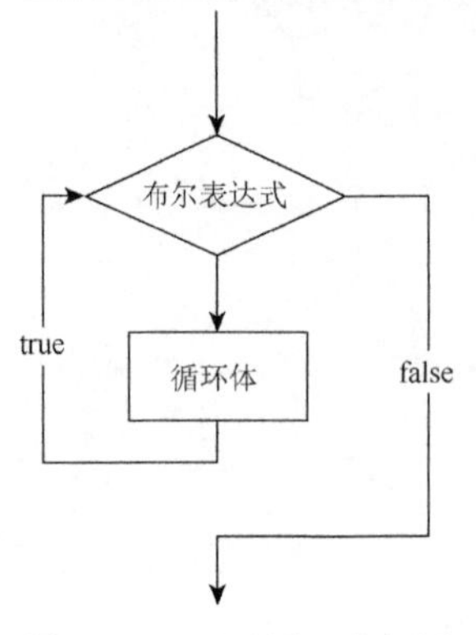

图 7.10 while 循环流程图

语法解析：

（1）关键字 while 后的小括号中的内容是循环条件。

（2）循环条件是一个布尔类型的表达式，它的值为 true 时执行循环体，它的值为 false 时终止循环。

（3）大括号中的语句是循环体。

（4）while 循环是先判断条件是否成立，再决定是否执行循环体。如果第一次循环时，循环条件为 false，那么循环将一次也不执行。

while 循环流程图如图 7.10 所示。

示例 13：while 循环

使用 while 循环，求 1 + 2 + 3 + … + 100 的和。

```
public static void main(String[] args){
    int i=1,sum=0;
    while(i<=100){
        sum+=i;
```

```
        i++;
    }
    System.out.println("1+2+3+…+100 的和是"+sum);
}
```

代码解析

（1）i 是循环变量，sum 存放求和的数据。

（2）i<=100 是循环条件，当 i<=100 时，执行循环体。

（3）sum += i 是累计求和。

（4）i ++ 是改变循环变量的值，使得循环有机会终止。

7.4.3 do-while 循环结构

do-while 循环的语法规则如下所示。

```
循环变量初始化
do{
    循环体
}while(循环条件);
```

语法解析：

（1）do-while 循环以 do 开头。

（2）一对大括号中是循环体。

（3）while 关键字和后面的小括号中是循环条件。

（4）do-while 循环是先执行一遍循环体，然后再判断循环条件是否成立，即使循环条件不成立，那么也至少执行了一遍循环体。

do-while 循环流程图如图 7.11 所示。

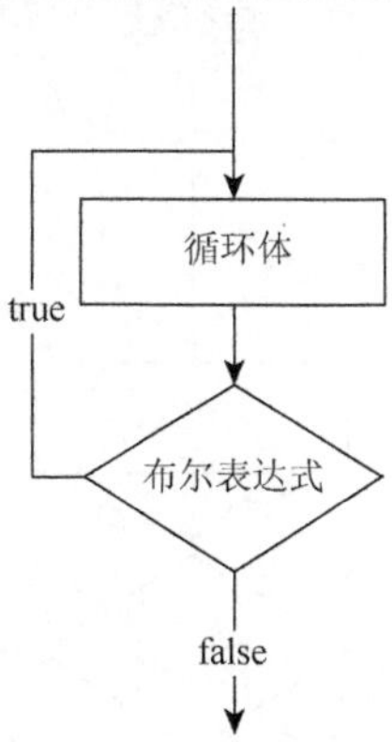

循环体
true
布尔表达式
false

图 7.11 do-while 循环流程图

示例 14：do-while 循环

使用 do-while 循环，求 1 + 2 + 3 + … + 100 的和。

```
public static void main(String[]
  args){
    int i=1,sum=0;
    do {
        sum+=i;
        i++;
```

```
    } while(i<=100);
    System.out.println("1+2+3+…+100 的和是"+sum);
}
```

代码解析：

（1）i 是循环变量，sum 存放求和的数据。

（2）i< = 100 是循环条件，当 i< = 100 时，执行循环体。

（3）sum+ = i 是累计求和。

（4）i ++ 是改变循环变量的值，使得循环有机会终止。

7.4.4　for 循环结构

for 循环的语法规则如下所示。

```
for(表达式 1;表达式 2;表达式 3){
    循环体
}
```

更直观的可以表示为

```
for(循环变量初始化;循环条件;改变循环变量的值){
    循环体
}
```

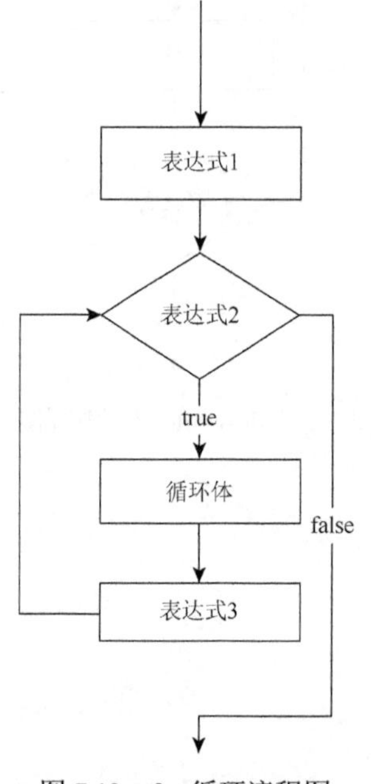

图 7.12　for 循环流程图

语法解析：

（1）for 循环以关键字 for 开头。

（2）一对大括号中是循环体。

（3）表达式 1 是循环变量初始化，表达式 2 是循环条件，表达式 3 是改变循环变量的值。

（4）无论循环执行多少次，表达式 1 只执行一次。

for 循环流程图如图 7.12 所示。

示例 15：for 循环语句

使用 for 循环，求 1 + 2 + 3 + … + 100 的和。

```
public static void main(String[] args){
    int sum=0;
    for(int i=0;i<101;i++){
        sum+=i;
    }
```

```
    System.out.println("1+2+3+…+100
      的和是"+sum);
}
```

代码解析：

（1）i 是循环变量，sum 存放求和的数据。

（2）i< = 100 是循环条件，当 i< = 100 时，执行循环体。

（3）sum+ = i 是累计求和。

（4）i + + 是改变循环变量的值，使得循环有机会终止。

示例 16：求平均分和总分

输入一名学生的姓名和 5 门课的成绩，计算出该生的平均分和总分，并在控制台中显示成绩。

```
public static void main(String[] args){
    //定义变量存储数据
    String name;//name 存储学生的姓名
    int sum=0;//sum 存储总分
    double avg=0;//avg 存储平均分
    int score;//score 存储某门课的成绩

    //输入数据并计算
    Scanner input=new Scanner(System.in);
    System.out.println("请输入学生的姓名");
    name=input.next();
    for(int i=0;i<5;i++){
        System.out.println("请输入第"+(i+1)+"门课的成绩");
        score=input.nextInt();
        sum+=score;
    }
    avg=sum/5;

    //输出数据
    System.out.println(name+"的总分是"+sum);
    System.out.println(name+"的平均分是"+avg);
}
```

7.4.5 多重循环

多重循环是指在一个循环语句的循环体中再包含循环语句，也称为嵌套循环。被包含的循环语句称为内循环，包含其他循环语句的循环称为外循环。

多重循环语句的语法格式如下所示。

```
while(循环条件){
    循环语句 1
    for(;;){
        循环语句 2
    }
}
```

（1）while 循环是外循环，for 循环是内循环。

（2）外循环每循环一次，内循环就从头到尾完整地循环一遍。

（3）while 循环、do-while 循环、for 循环都可以相互嵌套。

示例 17：计算学生平均分

输入若干名学生的姓名和每个学生 5 门课的成绩，计算出每名学生的总分和平均分，并在控制台中显示成绩。

思路：外循环控制学生人数，内循环控制每个学生的 5 门课。

```
public static void main(String[]args){
    String over=null;
    Scanner input=new Scanner(System.in);
    //外循环控制人数
    do {
        String name;
        int sum=0;
        double avg=0;
        int score;
        System.out.println("请输入学生的姓名");
        name=input.next();
        //内循环控制每个人的 5 门课
        for(int i=0;i<5;i++){
            System.out.println("请输入第"+(i+1)+"门课的成绩");
            score=input.nextInt();
            sum+=score;
```

```
        }
        avg=sum/5;
        System.out.println(name+"的总分是"+sum);
        System.out.println(name+"的平均分是"+avg);
        System.out.println("继续输入吗？(y/n)");
        over=input.next();
    } while("y".equals(over)||"Y".equals(over));
    System.out.println("程序已退出");
}
```

代码解析：

（1）String over 变量是外循环的循环变量，当 over 的值是 Y 或 y 时，外循环继续循环，否则外循环终止。

（2）String 类型的变量判断是否相等的方法是调用 equals（）方法，在后续章节中将详细讲解，此处仅做了解。

运行结果：

如图 7.13 所示。

图 7.13　计算若干名学生每人 5 门课的平均分和总分

7.4.6　循环语句对比

for、while、do-while 循环，这三种循环在使用时有什么区别呢？如何鉴别用哪一种循环来解决开发中的问题呢？表 7.4 给出了三种循环在使用上的区别。

表 7.4　三种循环在使用上的区别

循环	特点	使用场合
for	先判断，后执行	适合用在已知循环次数的情况下
while	先判断，后执行	适合先判断，后执行的情况下
do-while	先执行，后判断	适合先执行，后判断的情况下

循环语句中支持 2 种类型的跳转语句：break、continue，使用这些语句，可以控制循环的执行。

7.4.7　跳转语句 break

break 语句只允许用在循环语句中和 switch 语句中。在循环中的作用是终止当前循环，在 switch 语句中的作用是终止 switch 语句。

示例 18：break 语句

使用 while 循环计算 1 + 2 + 3 + …，当和超过 100 时，结束循环，输出一共相加了多少个数。

```
public static void main(String[] args){
    int sum=0;
    int i=1;
    while(true){
        sum+=i;
        if(sum>100){
            break;
        }
        i++;
    }
    System.out.println("1+2+3+…加到第"+i+"个数时，和超过了
      100");
}
```

代码解析：

（1）while（true）中表达式永远为真，从这里看是死循环。

（2）当 sum＞100 时，执行 break 语句，break 终止 while 循环的执行，避免死循环。

7.4.8 跳转语句 continue

continue 语句的作用是强制循环提前返回，也就是说让循环跳过本次循环中剩余的代码，然后开始下一次循环。

示例 19：continue 语句

计算 1～100 中，除了 7 的倍数以外的所有数的和。

```
public static void main(String[] args){
    int sum=0;
    for(int i=1;i<=100;i++){
        if(i % 7==0){
            continue;
        }
        sum+=i;
    }
    System.out.println("1+2+3+…+100 去除 7 的倍数的和是"+sum);
}
```

代码解析：

当 i% 7＝＝0 时，执行 continue 语句，循环中 continue 后面的代码将不被执行，进入下一次循环，7 的倍数没有被累加。

7.4.9 程序调试

为了找出程序中的问题所在，希望程序在需要的地方暂停下来，以便查看程序运行到这里时变量的值是什么，还希望逐步地运行程序，跟踪程序的运行过程，看看哪些语句已经执行，哪些语句还没有执行，当前执行到哪一行语句。

满足暂停程序、观察变量和逐条执行语句等功能的工具和方法统称为程序调试。程序调试是每个程序开发人员必须掌握的技能，程序调试能够帮助开发人员排查程序错误的原因。程序中的错误或缺陷称为 bug，程序调试称为 debug，就是发现并解决问题的意思。

示例 20：调试程序

从键盘输入字符串并显示，直到输入 bye 为止，要求使用 break 语句实现。

```
public static void main(String[] args){
    String str="";
```

```
        Scanner input=new Scanner(System.in);
        while(true){
            System.out.println("请输入字符串:");
            str=input.next();
            System.out.println("你输入的字符串是:"+str);
            if("bye".equals(str)){
                break;
            }
        }
        System.out.println("输入结束");
    }
```

代码解析：

（1）Java 中判断两个字符串是否相等，使用 equals（）方法，不使用==。

（2）==是判断内存地址是否相等。

运行该程序发现只要输入的不是 bye，程序就不会结束，如果需要将程序暂停到 if 判断的位置，查看 equals（）方法的结果，该怎么办呢？可以使用断点调试解决这个问题，断点一般用来在调试时设置程序停在某一处，以便发现程序的错误。

调试程序的方法和步骤如下所示。

（1）设置断点。设置断点的方法是在想设置断点的代码行左侧的侧边栏处双击，就会出现一个圆形的断点标记，再次双击即可取消。

（2）启动调试。启动调试的方法是单击启动调试按钮，以调试模式运行程序，Eclipse 进入调试视图，进入调试视图后 Eclipse 右上角的视图模式按钮中的 Debug 按钮凸起 Debug Java ，单击 Java 按钮返回到开发视图。在调试模式中，程序运行到具有断点的代码行时，程序就会暂时停止运行。

（3）跟踪程序。跟踪程序就是根据按键控制程序执行过程，按键有 F5、F6。

①F5 键是单步跳入，会进入本行代码内部执行，如果本行是调用方法，则进入被调用方法内部执行。

②F6 键是单步跳过，仅执行本行代码，执行完则跳到下一行代码。

代码运行到哪一行，左侧边栏就会有一个蓝色的小箭头指示，同时该行代码的背景色变成淡绿色，如图 7.14 所示。

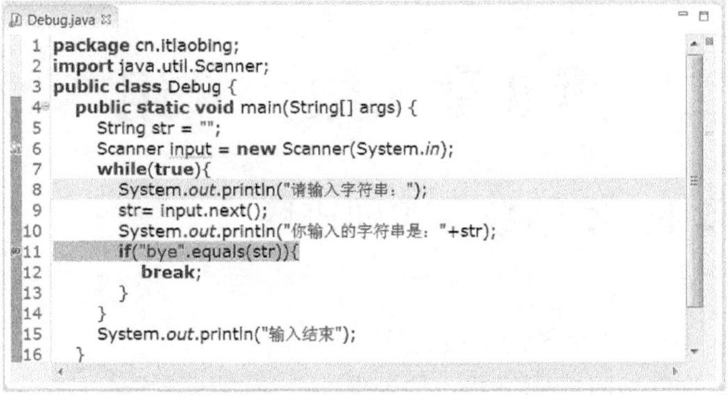

```
Debug.java
1 package cn.itlaobing;
2 import java.util.Scanner;
3 public class Debug {
4     public static void main(String[] args) {
5         String str = "";
6         Scanner input = new Scanner(System.in);
7         while(true){
8             System.out.println("请输入字符串：");
9             str= input.next();
10            System.out.println("你输入的字符串是："+str);
11            if("bye".equals(str)){
12                break;
13            }
14        }
15        System.out.println("输入结束");
16    }
```

图 7.14　调试程序

通常的程序调试经验是在单步执行过程中，观察变量的值是否是预期的值，进而判断程序错误的原因。程序运行期间，变量的值都会呈现在 Variables 面板中，单击 windows→Show View→Variables 可以打开 Variables 面板，如图 7.15 所示。

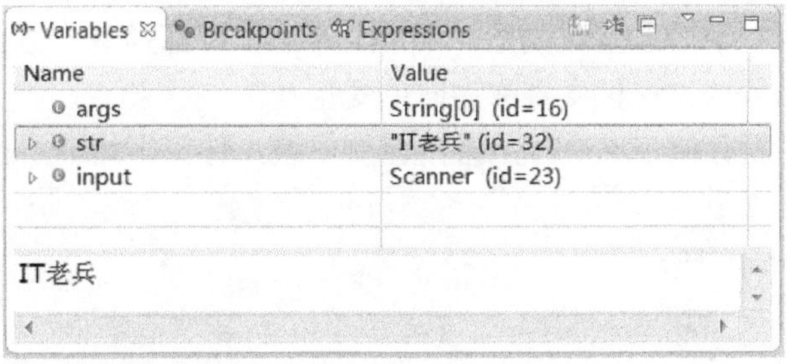

Variables　Breakpoints　Expressions

Name	Value
args	String[0] (id=16)
str	"IT老兵" (id=32)
input	Scanner (id=23)

IT老兵

图 7.15　Variables 观察变量面板

第 8 章　数　　组

8.1　任务 1：使用数组实现排序

步骤：

（1）创建一个长度为 5 的整型数组。

（2）定义两个 float 类型变量，用于保存总成绩、平均分。

（3）定义两个 int 类型变量，用于保存最高分、最低分。

（4）从控制台接收 5 个学生的成绩。

（5）通过循环计算总成绩。

（6）通过遍历比较元素大小，得到最高分和最低分。

8.1.1　数组的相关概念

在前面章节中学习的整数类型、单精度浮点型等都是基本数据类型，通过一个变量表示一个数据，这种变量称为简单变量。

使用简单变量存储 100 个学生某门课的成绩，计算平均分，代码如下。

```
int score1=80;
int score2=78;
int score3=69;
//此处省略 94 个变量
int score98=80;
int score99=78;
int score100=69;
int average=(score1+score2+…+score100)/100;
```

要处理 100 个学生的成绩，共声明了 100 个变量，这种编码缺陷是非常明显的，定义的变量数量太多，如果要存储 10000 个学生成绩呢，是不是更麻烦？

在实际应用中，经常需要处理具有相同类型的一批数据，为此，在 Java 中，除了简单变量，还引入了数组，即用一个变量表示一组相同类型的数据，首先介绍一些与数组相关的概念。

（1）什么是数组。数组是具有相同数据类型且按一定次序排列的一组变量的集合体。即用一个变量名表示一批数据，Java 为数组在内存中分配一段连续的空间，这段空间中存储数据的个数是固定的，如图 8.1 所示。

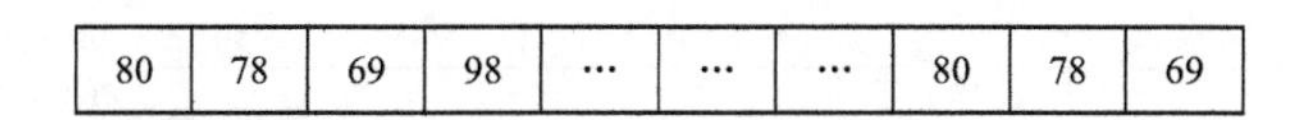

80	78	69	98	…	…	…	80	78	69

图 8.1　数组的存储方式

（2）什么是数组元素。构成一个数组的每一个数据称为数组元素。

（3）什么是数组下标。

下标是数组元素在数组中的位置，在一个数组中，数组下标是用整数表示的，从 0 开始，依次累加 1。

（4）什么是数组大小。数组中元素的个数称为数组的大小，也称为数组的长度。

使用数组共分为四步，第 1 步为定义数组、第 2 步为数组元素分配内存、第 3 步为数组元素初始化、第 4 步为使用数组。

8.1.2　第 1 步：定义数组

Java 中定义数组有两种语法格式：

```
数据类型 数组名[];
```

或

```
数据类型[]数组名;
```

语法解析：

（1）数组是什么数据类型，数组的元素就是什么数据类型。

（2）数组的特征是[]。

定义数组本质上就是向 JVM 申请内存，JVM 将内存划分为几个区域，其中包含了堆和栈，不同的区域存储不同类别的数据。定义数组时，JVM 将数组的名称存储在栈中，栈是一个先进后出的数据结构。

示例 1：定义数组

定义一个 int 类型的数组，命名为 score。

```
int score[];
//或者
int []score;
```

定义数组时，JVM 在栈中为数组名称分配内存，至于将哪个内存单元分配给数组名是由 JVM 决定的，开发人员无须关心。本例中数组名称 score 被分配在内存地址编号为 0xFF16 的内存空间中，由于数组是引用类型，因此 score 的默认值是 null，如图 8.2 所示。

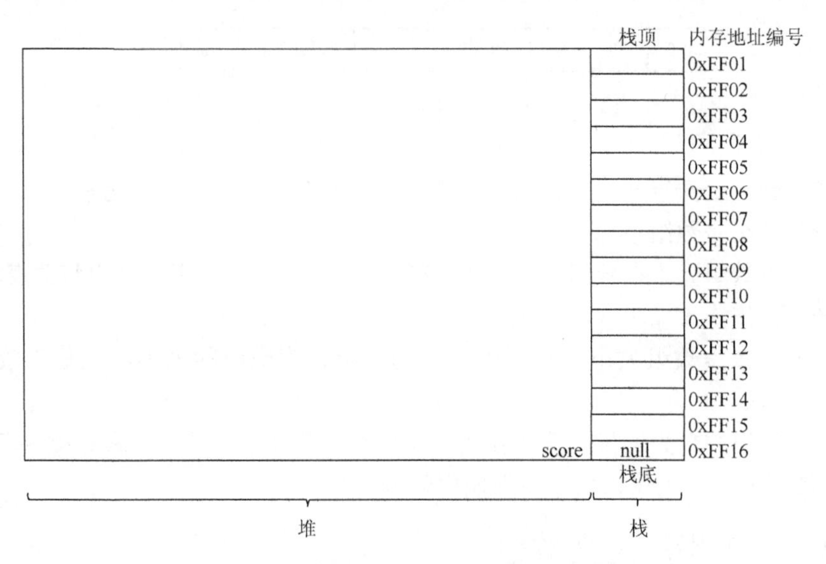

图 8.2 数组名称在内存中的分配

8.1.3 第 2 步：为数组元素分配内存

声明一个数组时仅为数组指定了数组名称和元素的类型，并未指定数组元素的个数，也没有为数组元素分配内存，由于没有为数组元素分配内存，此时无法使用数组存储数据。要让系统为数组元素分配存储空间，必须指出数组元素的个数，并通过 new 运算符为数组元素分配内存空间。

为数组元素分配空间的语法格式：

```
数组名=new 数据类型[数组长度];
```

例如：

```
score=new int[5];
```

定义数组和为数组元素分配内存，这两步可以合并在一起写，例如

```
int[]score=new int[5];
```

定义数组相当于一次定义了多个变量，每一个数组元素就是一个变量，数组元素是用数组名[下标]来表示的，下标介于0到数组长度-1 之间。例如，score[0]表示数组中第一个元素。

示例 2：为数组元素分配内存

```
int[]score=new int[5];
```

代码解析：

（1）为数组元素分配内存，如图 8.3 所示。

（2）[5]表示数组的长度为 5，即 score 数组包含 5 个元素。

（3）new 在 Java 中就是分配内存的意思，也就是程序向 JVM 申请连续的、可以存放 5 个 int 类型变量的内存空间。new 申请的内存被分配在堆中，至于申请的内存空间的地址编号则是由 JVM 决定的，开发人员无须关心，本例中使用 0xAA01～0xAA05 表示为数组元素分配的内存空间。

（4）等号“=”表示将 new 申请的内存空间的首地址赋值给数组 score，数组 score 的值变成了 0xAA01，即 score 变量指向 new 分配的内存空间中，可以理解为数组名 score 代表了申请的 5 个元素。

（5）向数组中存储数据时，数据是存储在数组元素的内存空间中，即数据存储在 score[0]、score[1]、score[2]、score[3]、score[4]中。

（6）数组是什么类型，数组元素就是什么类型。由于 score 数组是 int 类型的，因此 score 数组的元素也是 int 类型的，由于 int 类型的变量默认值是 0，因此每个 score 数组元素的默认值是 0。

（7）int 类型的数组是引用类型，int 数组的元素是基本类型。

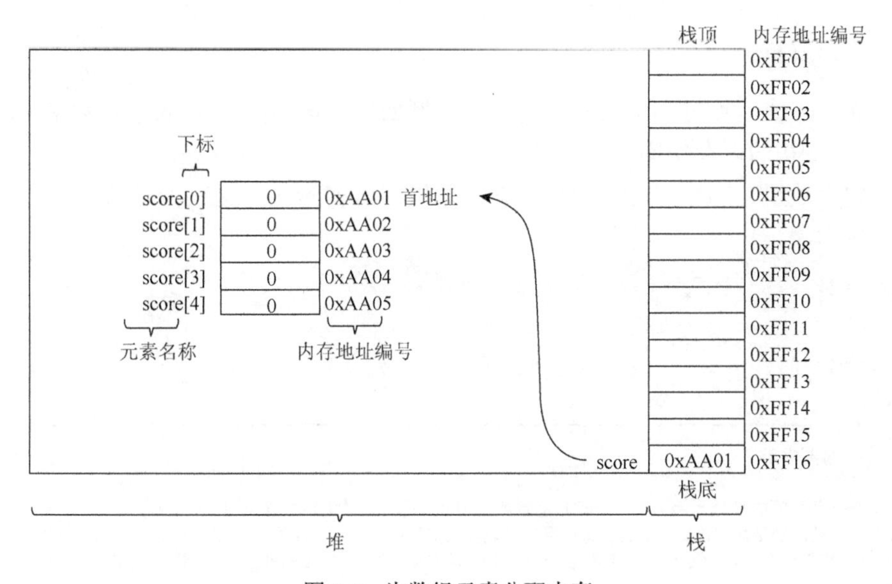

图 8.3　为数组元素分配内存

8.1.4　第 3 步：数组元素初始化

数组声明并为数组元素分配空间完成后，必须为数组元素初始化后才能使用数组元素。如果没有为数组元素初始化，那么数组元素也是有默认值的，各种类型数组元素的默认值见表 8.1。

表 8.1 数组元素分配的初始值

数组元素类型	默认初始值
byte，short，int，long	0
float，double	0.0
char	'\u0000'
boolean	false
引用数据类型	null

示例 3：数组元素初始化

```
score[0]=67;
score[1]=78;
score[2]=65;
score[3]=88;
score[4]=79;
```

代码解析：

通过赋值运算符为数组元素初始化，例如，score[0] = 67，表示将数字 67 存储到 score[0]的内存空间中。

定义数组、为数组元素分配内存、数组元素初始化，这三步可以合并在一起写，例如，

```
int []score=new int[]{12,56,34,78};
或
int []score={12,56,34,78};
```

重要提示

（1）Java 将数据类型分为两大类，一类是基本数据类型，另一类是引用数据类型。
（2）它们的区别是基本数据类型的变量中存储的是真实的数据，而引用类型的变量中存储的是内存地址编号。如示例 2 中数组名 score 就是引用类型，其值 0xFF16 是内存地址编号。score[0]是基本数据类型，其值是真实数据 67。
（3）引用类型的变量其实就是 C 语言中的指针。在 C 语言中指针就是一个变量，只不过该变量存储的不是真实数据，而是内存地址编号。

8.1.5 第 4 步：使用数组

使用数组通常都是求数组中的最大值、最小值、总和、平均值、遍历数组元素、数组元素排序、数组中元素的数量等操作。

示例 4：求数组中的最大值

思路：

（1）定义 max 变量，用于存储最大值，默认数组第一个元素是最大值。

（2）数组的 length 属性用于获取数组元素的个数，从数组第二个元素依次与 max 进行比较，将大的数存储在 max 中。

（3）输出 max 的值。

```
public static void main(String[] args){
    int []score=new int [] {67,78,65,88,79};
    int max=score[0];
    for(int i=1;i<score.length;i++){
        if(score[i]>max){
            max=score[i];
        }
    }
    System.out.println("最大值是"+max);
}
```

> **编码经验**
>
> 通常都使用 for 循环为数组初始化，将 for 循环的循环变量作为数组的下标使用，如示例 4 所示，将 for 循环的循环变量 i 当作数组的下标。

示例 5：求数组中的最小值

思路：

（1）定义 min 变量，用于存储最小值，默认认为数组第一个元素是最小值。

（2）数组的 length 属性用于获取数组元素的个数，从数组第二个元素依次与 min 进行比较，将小的数存储在 min 中。

（3）输出 min 的值。

```
public static void main(String[] args){
    int []score=new int [] {67,78,65,88,79};
    int min=score[0];
    for(int i=1;i<score.length;i++){
        if(score[i]<min){
            min=score[i];
```

```
        }
    }
    System.out.println("最小值是"+min);
}
```

示例 6：求数组中元素的和

思路：

（1）定义 sum 变量，用于存储数组元素的和，默认值是 0。

（2）数组的 length 属性用于获取数组元素的个数，从数组第一个元素依次累加到变量 sum 中。

（3）输出 sum 的值。

```
public static void main(String[]args){
    int[]score=new int[]{67,78,65,88,79};
    int sum=0;
    for(int i=0;i<score.length;i++){
        sum+=score[i];
    }
    System.out.println("和是"+sum);
}
```

示例 7：求数组中元素的平均值

思路：

（1）定义 avg 变量，用于存储数组元素的平均值，定义 sum 变量存储数组元素的和。

（2）数组的 length 属性用于获取数组元素的个数，从数组第一个元素依次累加到变量 sum 中。

（3）使用 sum 除以数组的个数，赋值给 avg 变量。

（4）输出 avg 的值。

```
public static void main(String[]args){
    int[]score=new int[]{67,78,65,88,79};
    int avg,sum=0;
    for(int i=0;i<score.length;i++){
        sum+=score[i];
    }
    avg=sum/score.length;
```

```
    System.out.println("平均值是"+avg);
}
```

示例 8：遍历数组元素

遍历数组是指将数组中的每一个元素都访问一遍，也称为迭代数组。通常使用 for 循环遍历数组，这是因为 for 循环的循环变量与数组元素的下标可以一一对应，因此将 for 循环的循环变量作为数组的下标使用。

```
public static void main(String[]args){
    int[]score=new int[]{67,78,65,88,79};
    for(int i=0;i<score.length;i++){
        System.out.println("第"+(i+1)+"个元素是"+score[i]);
    }
}
```

示例 9：数组元素排序

排序算法有多种，常用的排序算法有冒泡排序、插入排序、选择排序、快速排序、堆排序、归并排序、希尔排序、二叉树排序、计数排序等。在所有的排序算法中，冒泡排序是最重要的一种排序算法。

冒泡排序：假设排序小聪、小美、小黑、小莉、小薇的身高，他们的身高如图 8.4 所示。冒泡排序的算法是通过对相邻元素的大小进行比较，每一轮将一个最小或最大的数放到队列的最后面，冒泡排序算法如图 8.5 所示。

图 8.4　五个人的身高

从键盘上输入 5 名学生的身高，使用冒泡排序算法，按照从高到低排序输出每一个学生的身高。

```
public static void main(String[] args){
    java.util.Scanner input=new java.util.Scanner (System.in);
    //存储五个人的身高
    int[] height=new int[5];
    //循环输入五个人的身高
```

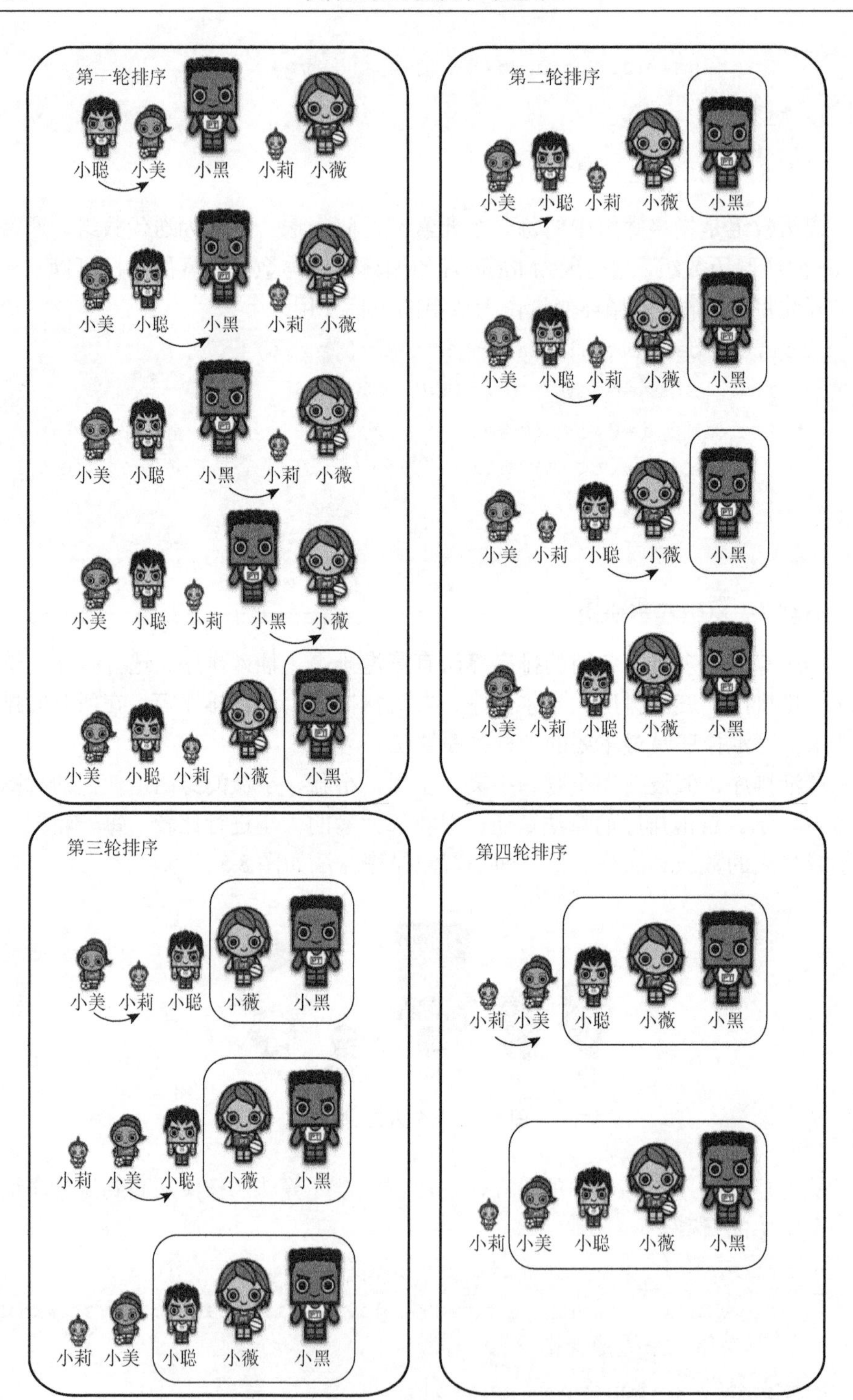
第一轮排序
小聪 小美 小黑 小莉 小薇
小美 小聪 小黑 小莉 小薇
小美 小聪 小黑 小莉 小薇
小美 小聪 小莉 小黑 小薇
小美 小聪 小莉 小薇 小黑
第二轮排序
小美 小聪 小莉 小薇 小黑
小美 小聪 小莉 小薇 小黑
小美 小莉 小聪 小薇 小黑
小美 小莉 小聪 小薇 小黑
第三轮排序
小美 小莉 小聪 小薇 小黑
小莉 小美 小聪 小薇 小黑
小莉 小美 小聪 小薇 小黑
第四轮排序
小莉 小美 小聪 小薇 小黑
小莉 小美 小聪 小薇 小黑

图 8.5　冒泡排序算法

```
    for(int i=0;i<height.length;i++){
        System.out.println("请输入第"+(i+1)+"个新兵的身高:");
        height[i]=input.nextInt();
    }
    //定义临时变量
    int temp;
    //进行冒泡排序
for(int i=0;i<height.length-1;i++){//外循环控制比较多少轮
    for(int j=0;j<height.length-1-i;j++){//内循环控制每轮比
      较多少次
        if(height[j]>height[j+1]){
            //进行两数交换
            temp=height[j];
            height[j]=height[j+1];
            height[j+1]=temp;
        }
    }
}
//将排序后结果进行输出
System.out.println("从低到高排序后的输出:");
for(int i=0;i<height.length;i++){
        System.out.println(height[i]);
  }
}
```

8.2　任务 2：使用数组的常见问题

数组是编程中常用的存储数据的数据结构，如果使用不当，容易出现一些异常，在这里对数组常见的异常做一个归纳总结。

8.2.1　下标越界异常

示例 10：下标越界异常

分析下面的代码，运行时会出现什么异常。

```
public static void main(String[] args){
```

```
    int []score=new int [] {67,78,65,88,79};
    System.out.println("第 5 个学生的成绩是"+score[5]);
}
```

运行程序，显示如图 8.6 所示的异常。

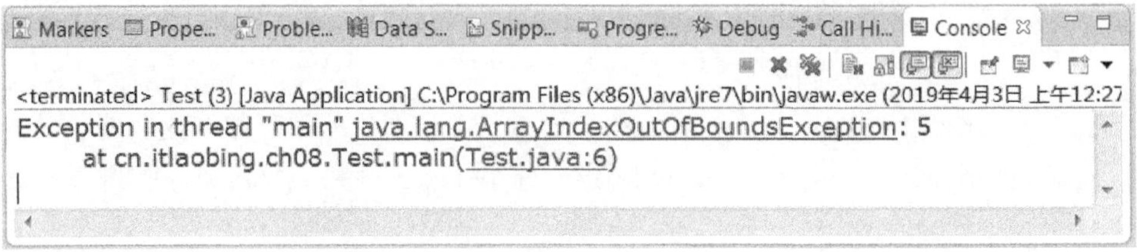

```
Markers  Prope...  Proble...  Data S...  Snipp...  Progre...  Debug  Call Hi...  Console
<terminated> Test (3) [Java Application] C:\Program Files (x86)\Java\jre7\bin\javaw.exe (2019年4月3日 上午12:27
Exception in thread "main" java.lang.ArrayIndexOutOfBoundsException: 5
      at cn.itlaobing.ch08.Test.main(Test.java:6)
```

图 8.6　下标越界异常

系统提示运行该程序时发生了 java.lang.ArrayIndexOutOfBoundsException 异常，这个异常表示数组的下标越界了，数组下标的界限是 0～数组长度减 1 内的整数，数组下标超出这个范围的值就会发生下标越界异常。

本例中 score 数组有 5 个元素，下标界限为 0～4，而向控制台输出下标为 5 的元素已经越界，因此 JVM 抛出下标越界异常。

8.2.2　没有分配内存空间

示例 11：没有分配内存空间

分析下面的代码，运行时会出现什么异常？

```
public static void main(String[] args){
    int []score=null;
    System.out.println("第 1 个学生的成绩是"+score[0]);
}
```

运行程序，显示如图 8.7 所示的异常。

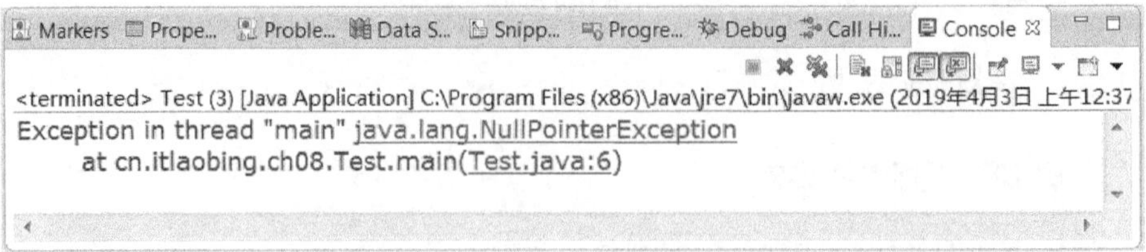

```
Markers  Prope...  Proble...  Data S...  Snipp...  Progre...  Debug  Call Hi...  Console
<terminated> Test (3) [Java Application] C:\Program Files (x86)\Java\jre7\bin\javaw.exe (2019年4月3日 上午12:37
Exception in thread "main" java.lang.NullPointerException
      at cn.itlaobing.ch08.Test.main(Test.java:6)
```

图 8.7　空指针异常

系统提示运行该程序时发生了 java.lang.NullPointerException 异常，这个异常表示空指针异常。这个程序只为数组名称在栈中分配了内存，但是并没有在堆中为数组元素分配内存。当输出 score[0]时，表示输出数组 score 指向内存空间中的第一个元素，但是数组 score 并没有指向任何内存空间，因此 score 是空指向（即 score 的值是 null），因此 JVM 抛出空指针异常，如图 8.8 所示。解决的办法是为数组元素分配内存，并让数组 score 指向到数组元素，代码修改为 int []score = new int[5]；即可。

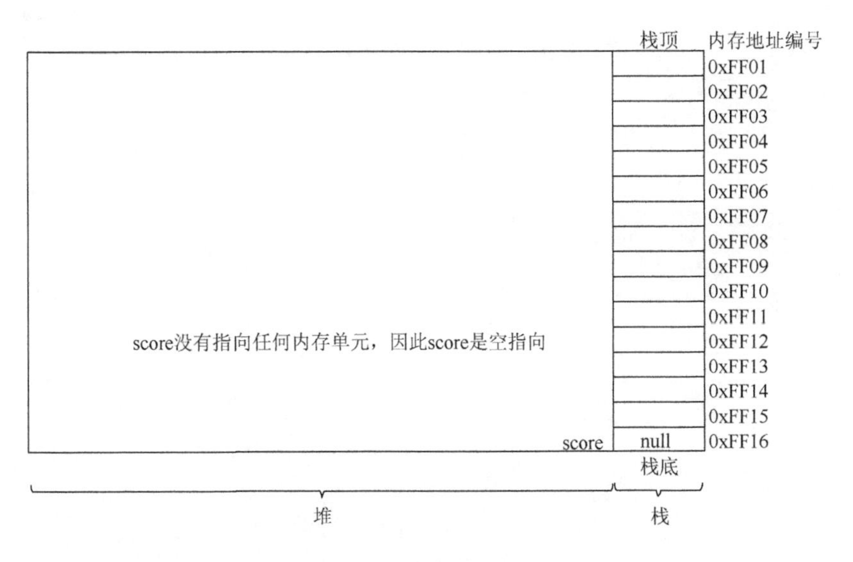

图 8.8　空指针异常

8.2.3　语法错误

示例 12：语法错误

```
public static void main(String[] args){
    /*等号左边的中括号中不允许写长度,应改为 int array1[]=new int[]
     {1,2,3};*/
    int array1[3]=new int[] {1,2,3};

    /*直接为数组元素初始化时不允许指定数组长度,应改为 int array2=
     new int [] {1,2,3};*/
    int array2=new int [3]{1,2,3};
```

```
    /*直接初始化数组元素的代码必须写在一行,应改为 int array3[]=
      new int[] {1,2,3};*/
    int array3[];
    array3={1,2,3};
}
```

第9章　方　　法

9.1　任务1：学生成绩管理

步骤：

（1）在main（）方法中，使用硬编码实现输入三名学生的成绩，计算每名学生的平均分。

（2）运行main（）方法，实现学生成绩管理。

9.1.1　对方法的理解

方法是完成特定功能的、相对独立的程序段。与其他编程语言中的子程序、函数等概念相当。方法一旦定义，就可以在不同的程序段中多次调用，故方法可以增强程序结构的清晰度，提高编程效率。方法的知识点涉及方法声明、方法调用、方法参数、方法返回值。

方法可分为JDK提供的方法和开发人员自定义的方法。在之前的学习中我们已经多次使用JDK提供的方法，例如，

```
System.out.println();
```

其中，println（）就是一个方法，方法的特征是小括号，即（）。

本章主要讲解自定义方法。

9.1.2　方法的声明

在Java中方法声明的语法规则如下所示。

```
[修饰符]返回值类型方法名称([参数表]){
    //方法体
}
```

语法解析：

（1）方法声明包括方法头和方法体两部分，其中方法头确定方法的名称、形式参数的名称和类型、返回值的类型、访问限制；其中方法体由括在花括号内的语句组成，这些语句实现方法的功能。

（2）修饰符可以是公共访问修饰符public、私有访问修饰符private、保护访问修饰符protected。

（3）返回值类型反映方法完成其功能后返回的运算结果的数据类型，如果方

法没有返回值，使用 void 关键字声明。

（4）方法名称要符合标识符命名规则，不要与 Java 中的关键字重名。

（5）参数表指定在调用该方法时，应该传递的参数的个数和数据类型，参数表中可以包含多个参数，相邻的两个参数之间用逗号隔开。

（6）方法也可以没有参数，称为无参方法。

（7）对于有返回值的方法，其方法体中至少有一条 return 语句，形式如下：

```
return 表达式;
```

当调用该方法时，方法的返回值就是 return 后面的表达式。

（8）return 返回值的类型必须与方法声明的返回值类型一致。

（9）方法不能嵌套，不能在一个方法中声明另外一个方法。

示例 1：声明方法

声明方法，实现返回两个 double 类型参数的和。

```
public static double add(double d1,double d2){
return d1+d2;
}
```

代码解析：

示例 1 定义了一个方法，名称是 add，方法有两个参数，分别是 double 类型的 d1 和 double 类型的 d2，方法有 double 类型的返回值，方法体实现了返回 d1 + d2 的和。

示例 2：学生成绩管理

分别输入三个学生的 Java 成绩、SQL 成绩、Oracle 成绩，然后分别计算三个同学的平均成绩。

```
public static void main(String[] args){
    java.util.Scanner input=new java.util.Scanner(System.in);
    //第一个学生的成绩
    int java1=0;
    int sql1=0;
    int oracle1=0;
    System.out.println("请输入 Java 成绩:");
    java1=input.nextInt();
    System.out.println("请输入 SQL 成绩:");
    sql1=input.nextInt();
```

```
    System.out.println("请输入 Oracle 成绩:");
    oracle1=input.nextInt();
    double result1=(java1+sql1+oracle1)* 1.0/3;
    System.out.println("第一个新兵的平均成绩是:"+result1);
    //第二个学生的成绩
    int java2=0;
    int sql2=0;
    int oracle2=0;
    System.out.println("请输入 Java 成绩:");
    java2=input.nextInt();
    System.out.println("请输入 SQL 成绩:");
    sql2=input.nextInt();
    System.out.println("请输入 Oracle 成绩:");
    oracle2=input.nextInt();
    double result2=(java2+sql2+oracle2)* 1.0/3;
    System.out.println("第二个新兵的平均成绩是:"+result2);
    //第三个学生的成绩
    int java3=0;
    int sql3=0;
    int oracle3=0;
    System.out.println("请输入 Java 成绩:");
    java3=input.nextInt();
    System.out.println("请输入 SQL 成绩:");
    sql3=input.nextInt();
    System.out.println("请输入 Oracle 成绩:");
    oracle3=input.nextInt();
    double result3=(java3+sql3+oracle3)*1.0/3;
    System.out.println("第三个新兵的平均成绩是:"+result3);
}
```

代码解析：

（1）在上面的示例中看到代码分为三部分，并且三部分的功能是一样的，这是典型的代码冗余。

（2）正常完成这个任务的编程思路是使用数组和循环实现，本例没有使用数组和循环实现是为方法的讲解做铺垫。

9.2 任务 2：重构学生成绩管理

步骤：

（1）声明学生成绩管理的方法，合理设计方法的参数和返回值。

（2）调用学生成绩管理的方法，接收方法返回值，实现学生成绩管理。

9.2.1 方法的调用

调用方法，即执行该方法。发出调用的方法称为主调方法，被调用的方法称为被调方法。将上面的任务重构成方法，将重复的代码编写在方法内部，每输入一个学生成绩，只要将方法调用一次，方法内部的程序就执行一遍。

示例 3：第一次重构任务 1，方法调用

```
//定义方法
public static void average(){
    int java=0;
    int sql=0;
    int oracle=0;
    java.util.Scanner input=new java.util.Scanner(System.in);
    System.out.print("请输入 Java 成绩:");
    java=input.nextInt();
    System.out.print("请输入 SQL 成绩:");
    sql=input.nextInt();
    System.out.print("请输入 Oracle 成绩:");
    oracle=input.nextInt();
    double result1=(java+sql+oracle)* 1.0/3;
    System.out.println("该新兵的平均成绩是:"+result1);
}
public static void main(String[] args){
    average();//第一次方法调用，计算第一个学生成绩
    average();//第二次方法调用，计算第二个学生成绩
    average();//第三次方法调用，计算第三个学生成绩
}
```

代码解析：

（1）public static void average（）声明了一个没有参数，没有返回值的方法。

（2）在 main 方法中调用了 3 次 average（）方法，因此 average（）被执行 3 次，使得方法中的语句被重复使用 3 次。

（3）发出调用的方法称为主调方法（main 方法），被调用的方法称为被调方法（average 方法）。

（4）方法可以实现代码的重复使用。

9.2.2　方法的返回值

方法的设计遵循功能单一原则，即一个方法只做一件事。示例 3 中 average（）方法既包含了输入成绩的功能，也包含了输出成绩的功能，违背了方法功能单一原则。为此重构示例 4，将 average（）方法中输出成绩的功能移除，将成绩返回给主调方法，由主调方法输出成绩。

被调方法通过 return 语句将数据返回给主调方法，一个方法只能返回一个数据给主调方法。return 语句后面的返回值必须与方法声明的返回值类型一致。

示例 4：第二次重构任务 1，方法的返回值

```
public static double average(){
    int java=0;
    int sql=0;
    int oracle=0;
    java.util.Scanner input=new java.util.Scanner(System.in);
    System.out.print("请输入 Java 成绩:");
    java=input.nextInt();
    System.out.print("请输入 SQL 成绩:");
    sql=input.nextInt();
    System.out.print("请输入 Oracle 成绩:");
    oracle=input.nextInt();
    double result1=(java+sql+oracle)* 1.0/3;
    return result1;
}
public static void main(String[]args){
    double result1=average();//第一次方法调用
    double result2=average();//第二次方法调用
```

```
    double result3=average();//第三次方法调用
    System.out.println("第一名学生的成绩是"+result1);
    System.out.println("第二名学生的成绩是"+result2);
    System.out.println("第三名学生的成绩是"+result3);
}
```

代码解析：

（1）average（）方法中定义了返回 double 类型的数据。

（2）average（）方法中使用 return 语句将 double 类型的数据 result1 返回给主调方法。

（3）main（）方法中通过赋值语句 double result1=average（）；将 average（）方法的返回值赋值给 result1。

（4）最后在 main（）方法中输出学生的成绩。

9.2.3　方法的参数

方法就是去做一件事情，做事情的结果就是方法的返回值，那么方法的参数就是做事的前提条件。也就是说，如果方法定义中有参数，那么调用方法时，一定要满足参数定义才能调用。

在设计方法时，每次调用方法都变化的数据设计成方法参数，不变化的数据设计到方法内部。

被调方法中的参数称为形式参数，主调方法中的参数称为实际参数。当主调方法调用被调方法时，是将主调方法的实际参数传递给被调方法的形式参数，形式参数与实际参数必须在个数、类型、顺序上一致。

示例 4 中当输入学生成绩时并未提示输入的是第几个学生的成绩，将示例 4 重构，在 main（）中调用 average（）方法时，向 average（）方法传递参数，这个参数用于告知 average（）方法输入的是第几个学生的成绩。

示例 5：第三次重构方法任务 1，方法参数

```
public static double average(int count){
    int java=0;
    int sql=0;
    int oracle=0;
    java.util.Scanner input=new java.util.Scanner(System.in);
    System.out.print("请输入第"+count+"个学生的 Java 成绩：");
    java=input.nextInt();
```

```
        System.out.print("请输入第"+count+"个学生的 SQL 成绩: ");
        sql=input.nextInt();
        System.out.print("请输入第"+count+"个学生的 Oracle 成绩: ");
        oracle=input.nextInt();
        double avg=(java+sql+oracle)* 1.0/3;
        return avg;
    }
    public static void main(String[] args){
        double avg[]=new double[3];
        for(int i=1;i<=avg.length;i++){
            avg[i-1]=average(i);
        }
        for(int i=0;i<avg.length;i++){
            System.out.println("第"+(i+1)+"名学生的平均成绩是
              "+avg[i]);
        }
    }
```

代码解析：

（1）average（）方法中定义了 int 类型的形式参数 count，这个参数表示第几个学生。

（2）main（）方法中定义了 double 类型的数组，用来存储三个学生的平均成绩。

（3）main（）方法通过 for 循环，调用三次 average（）方法，每次调用 average（）方法时，main（）方法的实际参数 i 传递给 average（）方法的形式参数 count，average（）方法内部提示用户输入的是第 count 名学生的成绩。

（4）最后在 main（）方法中输出学生的平均成绩。

（5）形参与实参的调用关系如图 9.1 所示。

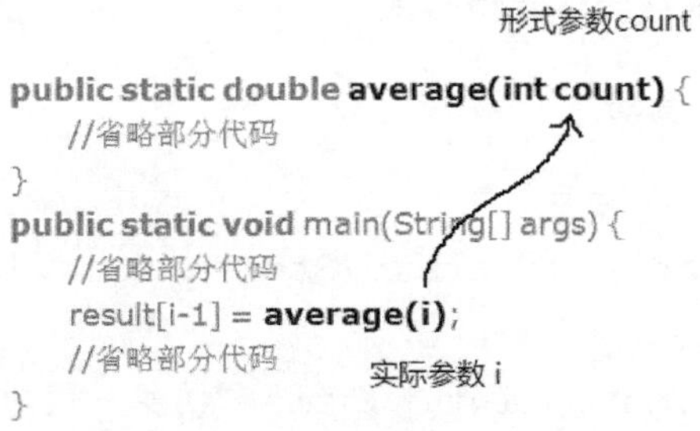

形式参数count

```
public static double average(int count) {
    //省略部分代码
}
public static void main(String[] args) {
    //省略部分代码
    result[i-1] = average(i);
    //省略部分代码
}
```

实际参数 i

图 9.1　形式参数传递给实际参数

9.2.4 变量的作用域和生命周期

变量的作用域就是指一个变量定义后，在程序的什么地方能够使用。变量的生命周期是指变量什么时候分配内存，什么时候从内存中回收。

在 Java 中一对大括号{ }表示代码块。在 Java 中，使用大括号的地方有类定义、方法定义、方法中的循环、判断等，一个变量的作用域只被限制在当前变量所在的代码块中（也就是包含该变量的，离该变量最近的大括号）。

方法中定义的变量，称为局部变量，方法的形式参数也是方法的局部变量，只能在当前方法中使用，包括当前方法中的判断语句块、循环语句块。在判断语句块中声明的变量只能在当前判断语句块中使用，在当前判断语句块之外不能正常使用，对循环语句块也是一样的。

变量的生命周期就是从变量声明到变量终结，普通变量的生命周期与作用域范围一致，一个变量在当前语句块结束时，变量被系统回收。

阅读下面的代码，分析结果。

```
public static void main(String[] args){
    for(int i=0;i<5;i++){


    }
    System.out.println("i="+i);
}
```

上面的代码无法编译，原因是变量 i 是在 for 循环中定义的，也就是说 i 的作用域是 for 循环内部，而输出语句中输出的 i 已经超出了 i 的作用域。

9.2.5 方法可变参数

在 Java 程序设计中，当遇到不确定数量的方法参数时，可以使用数组作为方法的参数。在 Java 5.0 中，允许定义可变参数，这里的可变是指参数的数量可变。定义方法时，在最后一个形参的类型后增加三点（…），则表明该形参可以接受多个参数值，多个参数值被当作数组传入。

示例 6：方法可变参数

```
1   //定义方法可变参数
2   public static void sum(String name,int… scores){
3       int sum=0;
4       System.out.println(name+"的第一门功课成绩是:"+scores
        [0]);
```

```
5       for(int i=0;i<scores.length;i++){
6           sum+=scores[i];
7       }
8       System.out.println(name+"的总成绩是:"+sum);
9   }
10  public static void main(String[] args){
11      //调用方法可变参数
12      sum("宋江",90,70,88,98);
13      //调用方法可变参数
14      int[]scores={80,60,69,66,77};
15      sum("晁盖",scores);
16  }
```

运行结果：

宋江的第一门功课成绩是：90
宋江的总成绩是：346
晁盖的第一门功课成绩是：80
晁盖的总成绩是：352

代码解析：

（1）第12行代码中的“宋江”传给第2行的name属性，90，70，88，98被封装到int类型的数组中，然后将数组传给第2行的可变参数scores。

（2）第15行代码中的“晁盖”传给第2行的name属性，scores传给第2行的可变参数 scores。方法可变参数内部是一个数组，可以为其传入数组名、多个值、null或者不传入任何值。

第 10 章　String 对象

10.1　任务 1：字符串操作

步骤：

（1）以字符串类型获取信息。

（2）使用 String 类的方法修改信息。

10.1.1　字符串常用的 API

在编程开发中，经常需要对字符串进行各种操作，熟练掌握字符串的各种操作，对提高编程技巧很有帮助。

Java 使用 String 类存储字符串。

要学习字符串的操作，首先要了解字符串的组成。字符串内部使用 char 数组来保存字符串的内容，数组中的每一位存放一个字符，char 数组的长度也就是字符串的长度，图 10.1 以字符串 Hello World 为例说明字符串在内存中的分配。

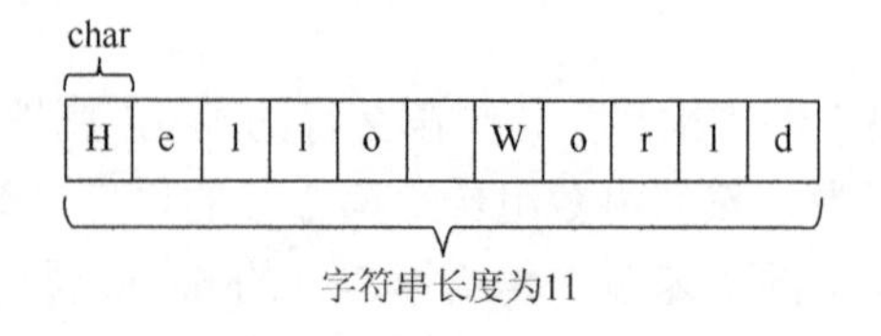

图 10.1　字符串 Hello World 示例

表 10.1 中列出了字符串中提供的常用操作方法，通过这些方法可以实现对字符串的连接、截取、替换、查找、比较等各种操作，更多操作查看 JDK 文档。

表 10.1　字符串常用操作方法

返回类型	方法名称	作用
boolean	equals（String）	比较两个字符串是否相等
boolean	equalsIgnoreCase（String）	忽略大小写，比较两个字符串是否相等
int	length（）	获取字符串的长度

续表

返回类型	方法名称	作用
char	charAt（int）	获取字符串中的一个字符
int	indexOf（String）	判断传入字符串在原字符串中第一次出现的位置
int	lastIndexOf（String）	判断传入字符串在原字符串中最后一次出现的位置
boolean	startsWith（String）	判断原字符串是否以传入字符串开头
boolean	endsWith（String）	判断原字符串是否以传入字符串结尾
int	compareTo（String）	判断两个字符串的大小
String	toLowerCase（）	获取小写字符串
String	toUpperCase（）	获取大写字符串
String	substring（int）	截取字符串，从传入参数位置开始截取到末尾
String	substring（int，int）	截取字符串，从参数 1 位置开始截取到参数 2 位置
String	trim（）	去掉字符串首尾的空格
String[]	split（String）	将原字符串按照传入参数分割为字符串数组
String	replace（String，String）	将字符串中指定的内容替换成另外的内容

10.1.2　字符串的连接

字符串可以进行加法运算，作用是将两个字符串连接在一起，也可以将字符串与基本类型变量做加法运算，系统会先将基本类型转换为字符串型后进行连接操作。

在 Java 中将两个字符串连接在一起可以使用加号连接，也可以使用 concat（）方法连接。

示例 1：字符串连接

使用加号将用户信息的姓和名连接在一起，显示姓名。

```
public static void main(String[]args){
    String firstName="李";
    String lastName="逵";
    String fullName=firstName+lastName;
    System.out.println("姓名是"+fullName);
}
```

运行结果：

姓名是李逵

示例 2：字符串连接

使用 concat（）方法将用户信息的姓和名连接在一起，显示姓名。

```
public static void main(String[]args){
    String firstName="李";
    String lastName="逵";
    String fullName=firstName.concat(lastName);
    System.out.println("姓名是"+fullName);
}
```

运行结果：

姓名是李逵

10.1.3　字符串的比较

字符串也可以进行是否相等的比较，但不能直接使用==运算符，而是要使用 equals（）方法进行比较。

示例 3：字符串比较

比较两个用户的毕业院校是否相同。

```
public static void main(String[] args){
    String school1="交通大学";
    String school2="交通大学";
    boolean isSame=school1.equals(school2);
    System.out.println("两个学校是否相同的比较结果是"+isSame);
}
```

运行结果：

两个学校是否相同的比较结果是 true

用户名一般都是不区分大小写的，例如，用户名 itLaoBing 和 itlaobing 认为是相同的用户名。Java 中提供了 equalsIgnoreCase（）方法，用于忽略大小写比较两个字符串是否相同。

示例 4：字符串忽略大小写比较

忽略大小写比较两个用户的用户名是否相同。

```
public static void main(String[] args){
String username1="itLaoBing";
String username2="itlaobing";
boolean isSame=username1.equalsIgnoreCase(username2);
System.out.println("两个用户名比较的结果是"+isSame);
}
```

运行结果：

两个用户名比较的结果是 true

10.1.4　字符串的长度

String 类的 length（）方法可以获取字符串是由多少个字符构成的。

示例 5：获取字符串的长度

验证用户名长度：从键盘上输入用户名，对用户名进行验证，合法的用户名长度为 6～20。如果在这个区间内，输出用户名长度合法，否则输出用户名长度不合法。

```
public static void main(String[] args){
    Scanner input=new Scanner(System.in);
    System.out.println("请输入用户名");
    String name=input.next();
    if(name.length()>=6 && name.length()<=20){
        System.out.println("用户名长度合法");
    }else{
        System.out.println("用户名长度不合法");
    }
}
```

10.1.5　字符串查找

String 类的 indexOf（）方法用于在一个字符串中从前向后查找另外一个字符串，如果找到了返回另外一个字符串的下标，找不到返回–1。

String 类的 lastIndexOf（）方法用于在一个字符串中从后向前查找另外一个字符串，如果找到了返回另外一个字符串的下标，找不到返回-1。

String 类的 startWith（）用于判断一个字符串是否以另外一个字符串开头。

Stirng 类的 endWith（）用于判断一个字符串是否以另外一个字符串结尾。

String 类的 toLowerCase（）用于将字符串变成小写字母。

String 类的 toUpperCase 用于将字符串变成大写字母。

String 类的 split（）方法用于将一个字符串以给定的分隔符分割成多个字符串，并将分割后的字符串保存到一个数组中，返回这个数组名。

示例 6：在字符串中查找其他字符串

验证用户的 email 是否合法：从键盘上输入 email，对 email 进行验证，合法的 email 的条件如下所示。

（1）必须包含“@”和“.”。

（2）“@”必须在“.”的前面。

（3）“@”只能出现一次。

（4）不能以“@”开头。

（5）不能以“.”结尾。

```
public static void main(String[] args){
    Scanner input=new Scanner(System.in);
    System.out.println("请输入 email");
    String email=input.next();
    email=email.toLowerCase();
    int atIndex=email.indexOf("@");
    int dotIndex=email.indexOf(".");
    //必须包含"@"和"."
    if(atIndex==-1 || dotIndex==-1){
        System.out.println("email 非法,不存在@或.");
        return;
    }
    //"@"必须在"."的前面
    if(atIndex>dotIndex){
        System.out.println("email 非法,不允许@在.的后面");
        return;
    }
    //"@"不在开头和结尾,并且只能出现一次
```

```
    if(email.startsWith("@")==true || email.endsWith(".")){
        System.out.println("email 非法,不能以@开头,不能以.结尾");
        return;
    }
    //"@"只能出现一次
    String array[]=email.split("@");
    if(array.length !=2){
        System.out.println("email 非法,要求@有且只有一个");
        return;
    }
    System.out.println("email 合法");
}
```

10.1.6　字符串截取

String 类的 subString（int，int）方法用于字符串内容的截取，第一个参数是从第几位开始截取，第二个参数是截取到第几位，如果没有给定第二个参数，默认截取到最后一位。

示例 7：字符串截取

截取文件名：将给定的用户头像文件路径中的文件名截取出来。

```
public static void main(String[] args){
    String path="C:\\HTML\\front\\assets\\img\\pc\\logo.
      png";
    int startIndex=path.lastIndexOf("\\");
    int endIndex=path.lastIndexOf(".");
    String fileName=path.substring(startIndex+1,endIndex);
    System.out.println(path+"路径中的文件是:"+fileName);
}
```

运行结果：

C：\HTML\front\assets\img\pc\logo.png 路径中的文件是：logo

代码解析：

path 的值中包含了\\，在 Java 中\表示转义字符，常用的转义字符如表 10.2 所示。

表 10.2　转义字符

转义字符	说明
\\	输出\
\t	制表位
\n	换行

10.1.7　字符串格式化

String 类的 format( )方法用于创建格式化的字符串以及连接多个字符串对象。format 方法定义是 format（String，format，Object··· args）；第一个参数是被格式化的字符串，第二个参数是替换格式符的字符串，其中的···表示方法可变参数，即参数的个数根据格式符的个数来确定。字符串格式化就是使用第二个可变参数中的值按照顺序替换第一个参数中的格式符。format 方法的格式符定义如表 10.3 所示。

表 10.3　字符串格式符

格式符	说明	示例
%s	字符串类型	"李逵"
%c	字符类型	'm'
%b	布尔类型	true
%d	整数类型（十进制）	100
%x	整数类型（十六进制）	FF
%o	整数类型（八进制）	77
%f	浮点类型	99.99

示例 8：字符格式化

```
public static void main(String[] args){
    String str=null;
    str=String.format("见过,%s 及%s","晁天王","众位头领");
    System.out.println(str);
    str=String.format("字母 a 的大写是:%c",'A');
    System.out.println(str);
```

```
        str=String.format("3>7 的结果是:%b",3>7);
        System.out.println(str);
        str=String.format("100 的一半是:%d",100/2);
        System.out.println(str);
        //使用 printf()方法代替 format 方法来格式化字符串
        System.out.printf("50 元的书打 8.5 折扣是:%f 元",50*0.85);
    }
```

运行结果：

见过，晁天王及众位头领
字母 a 的大写是：A
3＞7 的结果是：false
100 的一半是：50
50 元的书打 8.5 折扣是：42.500000 元

10.2　任务 2：计算业务员的绩效

步骤：
（1）以字符串类存储业务员的绩效数据。
（2）将绩效数据转换成基本类型，然后进行算术运算。
（3）输出运算的结果。

在实际应用中，我们经常会遇到字符串类型与基本类型的转换操作。在 Web 开发中，Java 程序从界面上获取数据都是以 String 类型获取的，例如，学生成绩 80 在 Web 中是以 String 类型获取的，如果成绩需要参与算术运算，那么就需要将 String 类型的成绩转换成 int 类型后才能参与算术运算。

10.2.1　String 类型转换成基本类型

将字符串类型转换为基本类型，需要使用基本类型的包装类。Java 为每一种基本类型都提供了对应的包装类，包装类提供了一些常用的操作，其中就包括将字符串类型转换成基本类型。基本类型的包装类及其转换方法如表 10.4 所示。

表 10.4　包装类及其转换方法

基本类型	包装类	方法名称	作用
boolean	Boolean	parseBoolean（String）	将字符串转换为 boolean 型
byte	Byte	parseByte（String）	将字符串转换为 byte 型

续表

基本类型	包装类	方法名称	作用
short	Short	parseShort（String）	将字符串转换为 short 型
int	Integer	parseInt（String）	将字符串转换为 int 型
long	Long	parseLong（String）	将字符串转换为 long 型
float	Float	parseFloat（String）	将字符串转换为 float 型
double	Double	parseDouble（String）	将字符串转换为 double 型

示例 9：String 转基本类型

计算业务员的绩效数据：工资 = 基本工资 + 基础奖金*基础奖金得分 + 考核奖金*考核奖金得分 + 全勤补助。

```
public static void main(String[] args){
    String name="燕青";
    String marry="false";//是否已婚
    String gender="M";//性别
    String base="5000";//基本工资
    String comm1="300";//基础奖金
    String res1="0.85";//基础奖金考核得分
    String comm2="400";//考核奖金
    String res2="0.9";//考核奖金得分
    String comm3="100";//全勤补助

    boolean b_marry=Boolean.parseBoolean(marry);
    char c_gener=gender.charAt(0);
    int i_base=Integer.parseInt(base);
    short s_comm1=Short.parseShort(comm1);
    float f_res1=Float.parseFloat(res1);
    long l_comm2=Long.parseLong(comm2);
    double d_res2=Double.parseDouble(res2);
    byte b_comm3=Byte.parseByte(comm3);

    //计算总收入
    double sum=i_base+s_comm1 * f_res1+l_comm2 * d_res2+b_
      comm3;
```

```
    System.out.println(name+", 性别 ("+c_gener+")"+", 婚否
      ("+b_marry+"),总工资="+sum);
}
```

运行结果：

燕青，性别（M），婚否（false），总工资 = 5715.0

代码解析：

（1）基本类型中除了 char 类型以外，其他 7 种基本类型使用各自的包装类调用 parseXxx（）方法将 String 类型转换为基本类型。

（2）char 类型的转换可以通过 String 类的 charAt（index）方法完成。

如 char ch = "Hello World".charAt（6）运行结果输出 W。

10.2.2　基本类型转换为 String 类型

String 类型的数据参与算术运算时，需要将 String 类型转换为基本类型，基本类型的数据在界面上显示时需要将数据转换成 String 类型后输出在界面上。

八种基本类型的数据转换成 String 类型有两种方法。

（1）通过“+”将基本类型与 String 类型连接，将基本类型转换成 String 类型。

（2）通过 String.valueOf（基本类型数据）方法将基本类型转换成 String 类型。

计算业务员的绩效

步骤：

（1）使用基本数据类型存储业务员的绩效数据。

（2）将绩效数据格式化成字符串。

（3）输出字符串。

```
public static void main(String[] args){
    String name="燕青";
    boolean b_marry=false;//是否已婚
    char c_gener='M';//性别
    int i_base=5000;//基本工资
    short s_comm1=300;//基础奖金
    float f_res1=0.85F;//基础奖金考核得分
    long l_comm2=400L;//考核奖金
    double d_res2=0.9D;//考核奖金得分
    byte b_comm3=100;//全勤补助
```

```
    //基本类型转换为 String 类型方法 1,使用加号连接
    System.out.println("*******方法 1 输出结果******");
    System.out.println("姓名:"+name);
    System.out.println("是否已婚"+b_marry);
    System.out.println("性别"+c_gener);
    System.out.println("基本工资"+i_base);
    System.out.println("基础奖金"+s_comm1);
    System.out.println("基础奖金考核得分"+f_res1);
    System.out.println("考核奖金"+l_comm2);
    System.out.println("考核奖金得分"+d_res2);
    System.out.println("全勤补助"+b_comm3);

    //基本类型转换为 String 类型方法 2,使用 String.valueOf()
    System.out.println("*******方法 2 输出结果******");
    String marry=String.valueOf(b_marry);
    String gender=String.valueOf(c_gener);
    String base=String.valueOf(i_base);
    String comm1=String.valueOf(s_comm1);
    String res1=String.valueOf(f_res1);
    String comm2=String.valueOf(l_comm2);
    String res2=String.valueOf(d_res2);
    String comm3=String.valueOf(b_comm3);

    System.out.println("姓名:"+name);
    System.out.println("是否已婚"+marry);
    System.out.println("性别"+gender);
    System.out.println("基本工资"+base);
    System.out.println("基础奖金"+comm1);
    System.out.println("基础奖金考核得分"+res1);
    System.out.println("考核奖金"+comm2);
    System.out.println("考核奖金得分"+res2);
    System.out.println("全勤补助"+comm3);
}
```

运行结果：

```
*******方法 1 输出结果******
姓名：燕青
是否已婚 false
性别 M
基本工资 5000
基础奖金 300
基础奖金考核得分 0.85
考核奖金 400
考核奖金得分 0.9
全勤补助 100
*******方法 2 输出结果******
姓名：燕青
是否已婚 false
性别 M
基本工资 5000
基础奖金 300
基础奖金考核得分 0.85
考核奖金 400
考核奖金得分 0.9
全勤补助 100
```

第 11 章　面向对象基础

11.1　任务 1：实现类的基本操作

步骤：

（1）创建人类。

（2）抽象出人类的属性和方法。

（3）创建人类的对象。

（4）使用对象为属性赋值和采用相关调用方法。

（5）输出信息。

11.1.1　面向对象

面向对象程序设计（object oriented programming，OOP）是一种基于对象概念的软件开发方法，是目前软件开发的主流方法。

面向对象有三大特性：封装、继承、多态。

11.1.2　什么是对象

什么是对象呢？在面向对象的世界中认为万事万物皆是对象。也就是说能看得见，摸得着的任何物品都是对象，例如，猫、狗、鸭子、订单、商品等。在面向对象的世界中，从两个方面去认识对象，一是对象有什么状态，二是对象有什么行为。对象的状态是指对象本身固有的属性，例如，猫有年龄、体重、毛色；对象的行为是指对象具有哪些功能，例如，猫有捉老鼠、上树、跳跃等行为。

对象的简单理解就是真实存在的具体的个体。

11.1.3　什么是类

什么是类呢？类是具有相同的状态和相同的行为的一组对象的集合。例如，有学号、有姓名、有身高的状态，有听课、有做作业的行为的所有对象可以归纳为同一类，称其为学生类。日常生活中我们经常不知不觉地进行分类，例如，好人、英雄、数据类型。在编程的世界中，用属性表示对象的状态，用方法表示对象的行为。要创建对象必须先定义类，通过类可以实例化出对象。类是对象的模板，对象是类的具体实例。

类简单的理解就是代表多个个体的统称，而不是具体个体。

11.1.4　类和对象的关系

类和对象的关系就如同模具和用这个模具制作出来的物品之间的关系。一个类给出它的全部对象的一个统一的定义，而它的每个对象则是符合这种定义的一个实例，因此类和对象的关系就是抽象和具体的关系。类是多个对象进行综合抽象的结果，实例是类的一个具体个体。

11.1.5　定义类

类是由属性和方法两部分构成的，可以使用类图来表示类的构成，图 11.1 是一幅类图，类图中描述了类的名字是人类，人类的属性包括姓名和年龄，类的方法包括工作。

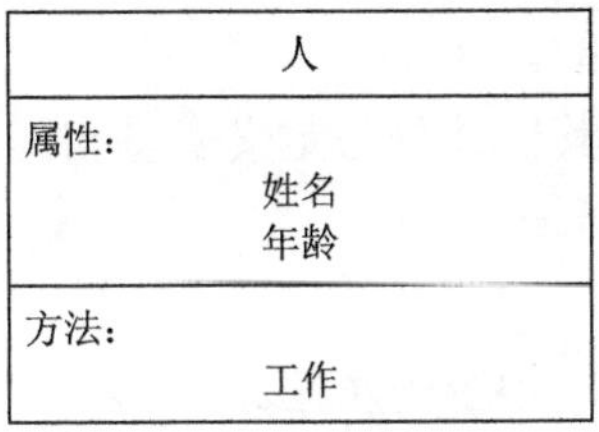

人
属性： 姓名 年龄
方法： 工作

图 11.1　类的构成

面向对象设计的过程就是抽象的过程，也是设计类的过程，一般分为三步完成。

（1）发现类，类定义了对象将会拥有的特性（属性）和行为（方法）。

（2）发现类的属性，对象所拥有的特性在类中的表示称为类的属性。

（3）发现类的方法，对象执行的操作称为类的方法。

定义类的语法格式如下：

```
[访问修饰符] class 类名{
    成员变量声明;//即属性
    成员方法声明;//即行为
}
```

语法解析：

（1）访问修饰符如 public、private 等是可选的。

（2）class 是声明类的关键字。

（3）按照命名规范，应使用帕斯卡命名法，因此类名首字母大写。

示例 1：定义类

定义一个人类

```
public class Person {
    //省略类内部的具体代码
}
```

定义类就是定义了一个新的数据类型，这个数据类型的名称就是类名。

11.1.6　类的属性

类的内部包含属性和方法。对象所拥有的特征在类中表示时称为类的属性，属性使用变量表示。

定义属性的语法格式如下：

```
[访问修饰符]数据类型属性名;
```

语法解析：

（1）访问修饰符是可选的。

（2）除了访问修饰符，其他部分与定义变量相同。

示例 2：定义类的属性

创建人类，并为人类添加相应的属性。

分析如下：

人都有姓名、性别和年龄，因此这 3 个特征就可以称为人类的属性。当然人类还有很多其他属性，根据程序的需要来定义类的属性。

```
public class Person {//定义人类
    public String name;//定义姓名属性
    public String gender;//定义性别属性
    public int age;//定义年龄属性
}
```

11.1.7　类的方法

对象执行操作的行为称为类的方法。例如，人有工作的行为，因此工作就是人类的一个方法。当然人类还有很多其他行为，根据程序需要定义类的方法。

示例 3：定义类的方法

在人类中定义工作的方法，用于描述人的行为。

```
public class Person {//定义人类
    public String name;//定义姓名属性
    public String gender;//定义性别属性
```

```
    public int age;//定义年龄属性
    //定义工作方法
    public void work(){
        System.out.println(this.name+"的工作理念:工作让生活
          更美好");
    }
}
```

11.1.8　创建对象

类是一类事物的集合和抽象，代表着这类事物共有的属性和行为。一个对象称为类的一个实例，是类一次实例化的结果。例如，宋江是一个人类的具体对象。

类的对象可以调用类中的成员，如调用类的属性、调用类的方法等。

创建对象的语法格式如下：

```
类名对象名=new 类名();
```

语法解析：

（1）new 是关键字，称为实例化。

（2）左边的类名为对象的数据类型。

（3）右边的类名（）称为类的构造方法。

示例 4：创建对象

创建 Person 类的对象

```
Person songjiang=new Person();
```

代码解析：

（1）使用 new 运算符实例化了一个 Person 对象。

（2）实例化的结果是产生了一个 Person 类的实例，这个实例的名称是 songjiang。

一个对象是由两部分构成的，一是对象的指针（也称对象的引用），二是对象的实例，如图 11.2 所示。

图 11.2　对象的构成

创建对象就是定义了一个新的变量，变量名就是对象名，变量的类型就是被实例化的类。

11.1.9 使用对象

在 Java 中，要引用对象的属性和方法，需要使用成员运算符“.”。

使用对象的语法格式如下：

```
对象名.属性//引用对象的属性
对象名.方法名()//引用对象的方法
```

示例 5：使用对象

为对象的属性赋值，调用对象的方法。

```
public class Person {//定义人类
    public String name;//定义姓名属性
    public String gender;//定义性别属性
    public int age;//定义年龄属性
    //定义工作方法
    public void work(){
        System.out.println(this.name+"的工作理念:工作让生活更美好");
    }
    public static void main(String[] args){
        Person songjiang=new Person();//实例化对象songjiang
        songjiang.name="宋江";//为对象的name属性赋值
        songjiang.gender="男";//为对象的gender属性赋值
        songjiang.age=22;//为对象的age属性赋值
        songjiang.work();//调用对象的work()方法
    }
}
```

运行结果：

如图 11.3 所示。

图 11.3 输出结果

new 是实例化对象，实例化对象就是定义变量，定义变量时 JVM 就要为变量分配内存，因此实例化的过程就是为对象分配内存的过程。那么 JVM 是如何为对象分配内存的呢？分多少内存呢？分在内存哪个区域呢？

JVM 将内存分为几个区域，其中包括了堆和栈。对象的指针分配在栈中，对象的实例分配在堆中，对象有多少个属性就分配多大的内存，对象的内存分配如图 11.4 所示。

对象指针的值是对象实例内存首地址的地址编号，例如，songjiang 的值是 0xGG01，因此说对象的引用指向对象的实例。当为对象的属性赋值时，是将属性的值存储在对象的实例内存空间中。例如，执行 songjiang.name = "宋江"时，是将“宋江”存储到对象 songjiang 指向的内存空间 0xGG01 内存地址中。

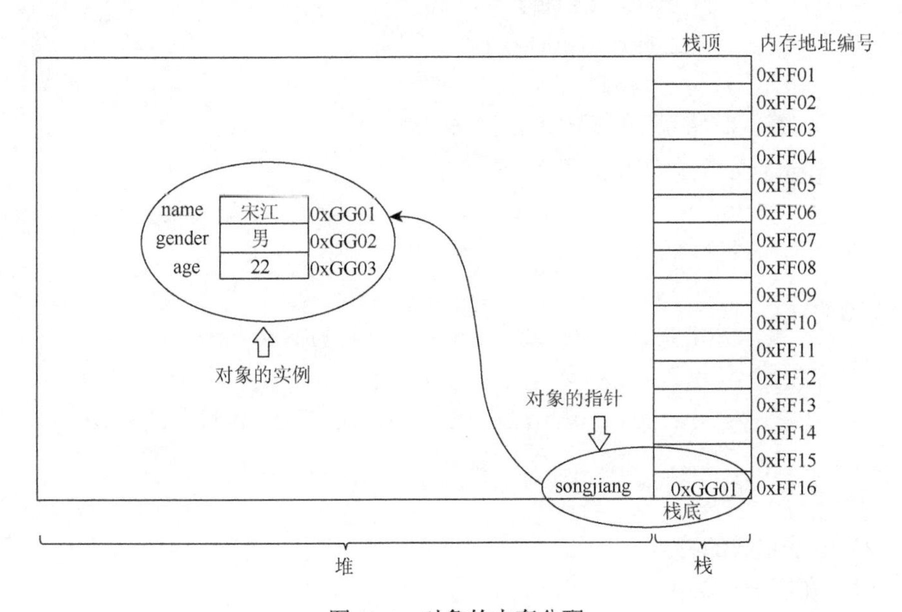

图 11.4　对象的内存分配

11.2　任务 2：升级类的功能

步骤：

（1）创建人类对象。

（2）使用带参数的成员方法和成员变量。

（3）使用方法重载定义工作的方法。

类的成员包括属性和方法，也称作成员变量和成员方法。

11.2.1 方法重载

1）方法重载的定义

方法重载是指在一个类中定义多个同名的方法，但要求每个方法具有不同的参数类型或参数个数或参数顺序。

示例 6：方法重载

定义一个不带参数的 work（）方法，再定义一个带有参数的 work（）方法，形成 work（）方法的两次重载。

```
public class Person {
    public String name;
    public String gender;
    public int age;
    //第一种重载:无参的工作方法
    public void work(){
        System.out.println(this.name+"的工作理念:工作让生活
          更美好");
    }
    //第二种重载:带一个String类型参数的工作方法
    public void work(String contect){
        System.out.println(this.name+"的工作理念:"+contect);
    }
}
```

2）方法重载的特点

（1）在同一个类中。

（2）参数的个数或者类型或者顺序不同。

（3）与返回值无关，方法的返回值不能作为方法是否构成重载的依据。

3）方法重载的调用

方法重载在调用时，根据实参与形参在类型、个数、顺序一一匹配的规则调用。

示例 7：方法重载的调用

当 work（）方法形成方法重载后，对象名后面使用“.”调用方法时，会出现如图 11.5 所示的提示信息，提示有两种 work（）方法的重载可供选择，而且在弹出的代码智能提示中给出返回类型和参数的信息，使用↑和↓键或者单击，都可以选择所要调用的方法。

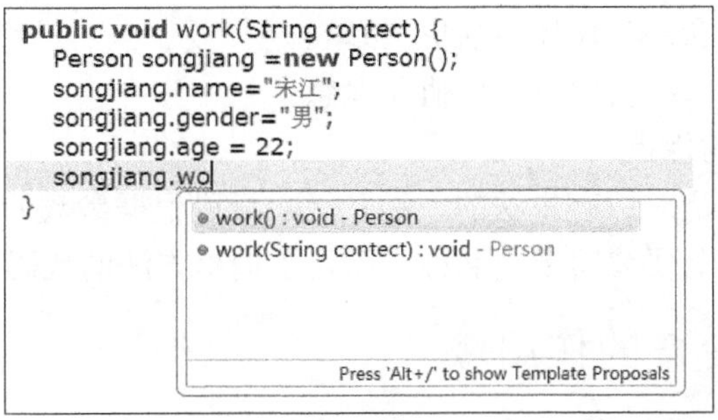

```
public void work(String contect) {
    Person songjiang =new Person();
    songjiang.name="宋江";
    songjiang.gender="男";
    songjiang.age = 22;
    songjiang.wo
}
        work() : void - Person
        work(String contect) : void - Person

                          Press 'Alt+/' to show Template Proposals
```

图 11.5 代码智能提示

```
public class Person {
    public String name;
    public String gender;
    public int age;
    //第一种重载:无参的工作方法
    public void work(){
        System.out.println(this.name+"的工作理念:工作让生活
          更美好");
    }
    //第二种重载:带参的工作方法
    public void work(String contect){
        System.out.println(this.name+"的工作理念:"+contect);
    }
    public static void main(String[] args){
        Person songjiang=new Person();
        songjiang.name="宋江";
        songjiang.gender="男";
        songjiang.age=22;
        songjiang.work();//调用没有参数的方法
        songjiang.work("实现自身价值和理想");//调用带有一个
          String 参数的方法
    }
```

```
    }
```

运行结果：

宋江的工作理念：工作让生活更美好
宋江的工作理念：实现自身价值和理想

4）方法重载的优点

方法重载其实是对原有方法的一种升级，可以根据参数的不同，采用不同的实现方法，而且不需要编写多个名称，简化了调用方法的代码。

11.2.2 成员变量的作用域

类中的属性是直接定义在类的内部，定义在方法外部的变量称为成员变量。在下面的代码中，Person 类中的 name、gender 既不属于 eat（）方法，也不属于 work（）方法，而是属于 Person 类本身的属性，它们都是 Person 类的成员变量，成员变量的作用域是整个类。成员变量可以在定义时初始化，例如，gender 在定义时初始化为男，表示性别默认为男。

示例 8：成员变量与局部变量

```
public class Person {
    public String name;//定义姓名属性
    public String gender="男";//定义性别属性
    public int age;//定义年龄属性
    public void work(){
        int age=0;
    }
    public void eat(String name){
    }
}
```

11.2.3 局部变量的作用域

局部变量就是定义在方法内部的变量。示例 8 中 work（）方法中的变量就是局部变量，局部变量只能在方法内部使用。

示例 8 中成员变量 age 与局部变量 age 虽然变量名称相同，但却不是同一个变量，局部变量在使用之前必须初始化，否则编译出错。

11.2.4 成员变量与局部变量的区别

（1）作用域不同。局部变量的作用域仅限定于定义它的方法，在该方法外无法被访问。成员变量的作用域是在整个类内，所有的成员方法都可以使用它。如果访问权限允许，还可以在类外部使用成员变量。

（2）初始值不同。对于成员变量，如果在类定义中没有给它赋予初始值，Java 会给它赋一个默认值，byte、short、int、long 类型的默认值是 0，boolean 类型的默认值是 false，char 类型的默认值是'\u0000'，float、double 类型的默认值是 0.0，引用类型的默认值是 null。但是 Java 不会给局部变量赋初始值，因此局部变量在使用前必须初始化。

（3）优先级不同。局部变量可以和成员变量名相同，并且在使用时局部变量有更高的优先级。

（4）在同一个方法中不允许有同名的局部变量，在不同的方法中可以有同名的局部变量。

11.2.5 构造方法

在 Java 中，当类创建一个对象时会自动调用该类的构造方法，构造方法分为默认构造方法和自定义的构造方法。

构造方法的作用是为成员变量初始化。

定义构造方法的语法格式如下：

```
[访问修饰符]方法名([参数列表]){
    //省略方法体的代码
}
```

语法解析：

（1）构造方法没有返回值。

（2）默认构造方法没有参数。

（3）构造方法的方法名必须与类名相同。

示例 9：定义构造方法

为 Person 类定义一个构造方法。

```
public class Person {
    public int age;
    public String name;
    public Person(){
        this.name="宋江";
```

```
        this.age=22;
    }
}
```

代码解析：

示例 9 所示的 Person 的构造方法的作用是当有 Person 类的对象创建时，将这个对象的 name 属性设置为宋江，将这个对象的 age 属性设置为 22。

当开发人员没有编写自定义的构造方法时，Java 会自动添加默认构造方法，默认构造方法没有参数，默认构造方法为所有的成员变量赋默认值。当开发人员自定义了一个或多个构造方法时，则 Java 不会自动添加默认构造方法。

11.2.6 构造方法的重载

构造方法重载是指在同一个类中定义的多个构造方法，这些构造方法形成了构造方法的重载。

示例 10：构造方法重载

使用构造方法重载和普通方法重载等技术实现信息输出。

```
public class Person {
    public String name;
    public String gender;
    public int age;
    //第一种构造方法重载:定义无参构造方法
    public Person(){
        this.name="宋江";
    }
    //第二种构造方法重载:定义带参构造方法
    public Person(String name){
        this.name=name;
    }
    //第一种 work()方法重载:无参的 work()方法
    public void work(){
        System.out.println(this.name+"的工作理念:工作让生活
          更美好");
    }
    //第二种 work()方法重载:带参的 work()方法
```

```
    public void work(String contect){
        System.out.println(this.name+","+this.gender+","
          +this.age
            +"岁的工作理念:"+contect);
    }
    public static void main(String[] args){
        Person person=new Person("宋江");//调用 Person 带有
          参数构造方法创建对象
        System.out.println("大家好,欢迎"+person.name+"的到
          来");
        Scanner scanner=new Scanner(System.in);
        System.out.println("请选择性别:(1、男,2、女)");
        switch(scanner.nextInt()){
        case 1:
            person.gender="男";//为 person 对象的性别属性赋值
            break;
        case 2:
            person.gender="女";//为 person 对象的性别属性赋值
            break;
        default:
            System.out.println("输入错误");
            return;
        }
        System.out.println("请输入年龄");
        person.age=scanner.nextInt();//为 person 对象的年龄
          属性赋值
        person.work();//调用无参的 work()方法
        System.out.println("请重新输入您的工作理念");
        String contect=scanner.next();
        person.work(contect);//调用带参的 work()方法
    }
}
```

运行结果：

大家好，欢迎宋江的到来

请选择性别：（1、男，2、女）

1

请输入年龄

22

宋江的工作理念：工作让生活更美好

请重新输入您的工作理念

快乐工作，快乐生活

宋江，男，22 岁的工作理念：快乐工作，快乐生活

11.2.7 this 关键字

在示例 10 中用到了 this 关键字，this 是什么含义呢？它还有什么其他用法呢？

this 关键字是对一个对象的默认引用。每个实例方法内部都有一个 this 引用变量，指向调用这个方法的对象。

this 使用举例如下。

（1）使用 this 调用成员变量，解决成员变量与局部变量的同名冲突。

```
public class Person {
   public String name;//定义成员变量 name
   public void setName(String name){
      /*成员变量与局部变量同名,this.name 表示成员变量,name 表
        示局部变量*/
      this.name=name;
   }
}
public class Person {
   public String name;//定义成员变量 name
   public void setName(String str){
      //成员变量与局部变量不同名,this 可以省略
      name=str;
   }
}
```

（2）使用 this 调用成员方法

```
public class Person {
   public void eat(){
   }
   public void work(){
```

```
        this.eat();//this 调用成员方法,可以省略 this
    }
}
```

（3）使用 this 调用重载的构造方法，只能在构造方法中使用，且必须是构造方法的第一条语句。

```
public class Person {
    public String name;
    public int age;
    public Person(String name){
        this.name=name;
    }
    public Person(String name,int age){
        this(name);//调用重载的构造方法
        this.age=age;
    }
}
```

11.3　任务 3：在控制台输出人员信息

步骤：

（1）将 Person 类属性私有化。

（2）为私有属性添加 getter/setter 方法。

（3）设置必要的读取限制。

11.3.1　封装概述

封装是面向对象的三大特征之一。

Java 中封装的实质就是将类的状态信息（成员变量）隐藏在类的内部，不允许外部程序直接访问，而是通过该类提供的方法来实现对隐藏信息（成员变量）的操作和访问。

封装反映了事物相对的独立性，有效地避免了外部错误对此对象的影响，并且能对对象使用者由于大意产生的错误操作起到预防作用。同样面向对象编程提倡对象之间实现松耦合关系。

封装的好处在于隐藏类的实现细节，让使用者只能通过程序员规定的方法来访问数据，可以方便地加入存取控制修饰符，来限制不合理的操作。

11.3.2 封装属性

1）修改属性的可见性

示例 11：封装第 1 步，属性私有化

将 Person 类中的属性由 public 修改为 private。

```
public class Person {
    private int age;
    private String name;
    private String gender;
}
```

代码解析：

将 public 修改为 private 后，其他类就无法访问了，如果访问则需要进行封装的第二步。

2）设置 getter/setter 方法

为属性添加 getter/setter 方法，可以手动添加，也可以用组合键 Shift + Alt + S 为成员变量添加 getter/setter 方法。

示例 12：封装第 2 步，添加 get 和 set 方法

为 Person 类中的私有属性添加 gettet/setter 方法。

```
public class Person {
    private String name;
    private int age;
    private String gender;
    public String getName(){
        return name;
    }
    public void setName(String name){
        this.name=name;
    }
    public int getAge(){
        return age;
    }
    public void setAge(int age){
```

```
        this.age=age;
    }
    public String getGender(){
        return gender;
    }
    public void setGender(String gender){
        this.gender=gender;
    }
}
```

3）设置属性的存取限制

此时，还没有对属性值设置合法性检查，需要在 setter 方法中进一步地利用条件判断语句进行赋值限制。

示例 13：封装第 3 步，设置写限制

为 setter 方法设置限制。

```
public class Person {
    //定义成员变量
    private String name;
    private int age;
    private String gender;
    //定义 getter/setter 方法
    public String getName(){
        return name;
    }
    public void setName(String name){
        this.name=name;
    }
    public int getAge(){
        return age;
    }
    public void setAge(int age){
        if(age<0 || age>150){
            System.out.println("输出错误,年龄"+age+"不合法,
              请重新输入");
            return;
```

```
        }
        this.age=age;
    }
    public String getGender(){
        return gender;
    }
    public void setGender(String gender){
        if("男".equals(gender)|| "女".equals(gender)){
            this.gender=gender;
        } else {
            System.out.println("性别不合法");
        }
    }
    //定义构造方法
    public Person(String name,int age,String gender){
        this.name=name;
        this.age=age;
        this.gender=gender;
    }
    public Person(){
        this.name="无名氏";
        this.age=18;
        this.gender="男";
    }
    //定义自我介绍方法
    public void say(){
        System.out.println("自我介绍一下,姓名:"+this.name+",
          性别:"+this.gender
            +",年龄:"+this.age);
    }
    //定义main()方法
    public static void main(String[] args){
        Person person=new Person();
        person.setName("李逵");
        person.setGender("男");
```

```
        person.setAge(20);
        person.say();
    }
}
```

代码解析：

通过 setter 方法中设置限制，避免了性别和年龄的误操作输入问题，这就是一个封装典型的实例。

11.4　任务 4：使用包改进信息输出

步骤：

（1）新建包。

（2）将定义好的类分别存放到不同的包中。

（3）导入包。

11.4.1　包的概述

Java 中的包也是一种封装的机制。

包主要有以下 3 个方面的作用。

（1）存放类：包中能够存放类，易于找到和使用相应的类文件。

（2）防止命名冲突：Java 中只有在不同的包中的类才能重名。不同的程序员命名同名的类名在所难免，有了包类就容易管理了。A 程序员定义了类 Sort，封装在 a 包中，B 程序员定义了类 Sort，封装在 b 包中。在使用时，为了区别 A 程序员和 B 程序员定义的 Sort 类，可以通过包名区分开来，如 a.Sort 和 b.Sort 分别对应 A 程序员和 B 程序员定义的类。

（3）包允许在更广的范围内保护类、数据和方法。根据访问规则，包外的代码有可能不能访问该类。

11.4.2　包的定义

定义包的语法格式如下：

```
package 包名;
```

语法解析：

（1）package 是关键字。

（2）包的声明必须是 Java 源文件中的第一条非注释性的语句，而且一个源文件只能有一个包声明语句，设计的包需要与文件系统结构相对应，因此，在命名包时要遵守以下编码规范。

①一个唯一的包名前缀通常是全部小写的ASCII字母，并且是一个顶级域名com、edu、gov、net及org，通常使用域名的倒序。例如，域名为itlaobing.com，可以声明包为com.itlaobing.projectname.mypackage。

②包名的后续部分projectname.mypackage依据不同公司的内部管理规范不同而不同，这类命名规范可以以特定目录名的组成来区分部门、项目。

示例14：定义包

下面的代码中为Person类定义了包cn.itlaobing。

```
package com.itlaobing;
public class Person {
//省略类内部的代码
}
```

定义包后，Java会在硬盘上生成与包一一对应的目录，如图11.6所示，声明的com包在硬盘上生成了com目录，声明的子包itlaobing在com目录中生成了子目录itlaobing，定义的类Person在子目录itlaobing中生成了Person.java文件。

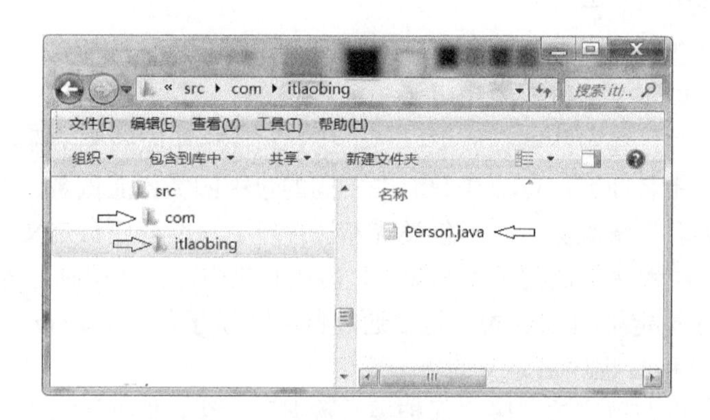

图11.6 包名与目录名一一对应

11.4.3 包的使用

示例15：引用包

使用包将Person类和TestPerson类进行分类。将Person类定义在com.itlaobing.pack1包中，TestPerson类定义在com.itlaobing.pack2包中，TestPerson类用于测试Person类。TestPerson类需要使用Person类，使用import语句将Person类导入到TestPerson类中。

```
//将Person类定义在com.itlaobing. pack1包中
```

```
package com.itlaobing.pack1;
    public class Person {
    //定义成员变量
    private String name;
    private int age;
    private String gender;
    //省略部分代码

    //定义自我介绍方法
    public void say(){
        System.out.println("自我介绍一下,姓名:"+this.name+",
          性别:"+this.gender
            +",年龄:"+this.age);
    }
}
//将 TestPerson 类定义在 com. itlaobing. pack2 包中
package com.itlaobing.pack2;
import com.itlaobing.pack1.Person;
//使用 Person 类时,使用 import 将 Person 类导入
public class TestPerson {
    public static void main(String[] args){
        Person person=new Person();
        person.setName("李逵");
        person.setGender("男");
        person.setAge(20);
        person.say();
    }
}
```

运行结果：

自我介绍一下，姓名：李逵，性别：男，年龄：20

11.5　任务 5：使用访问修饰符

步骤：

（1）使用访问修饰符修饰类。

（2）使用访问修饰符修饰类成员。

包实际上是一种访问控制机制，通过包来限制和制约类之间的访问关系，访问修饰符也同样可以限制和制约类之间的访问关系。

Java 中的封装是通过访问修饰符实现的，访问修饰符有 4 个，分别是 public、protected、默认、private。

11.5.1　public 访问修饰符

被 public 修饰的成员变量和成员方法可以在所有类中访问。在某类中访问某成员变量是指在该类的方法中给该成员变量赋值和取值，在某类中访问成员方法是指在该类的方法中调用该成员方法。所以在所有类的方法中，可以使用被 public 修饰的成员变量和成员方法。

11.5.2　protected 访问修饰符

被 protected 修饰的成员变量和成员方法可以在声明它的类中访问，可以在该类的子类中访问，也可以在与该类位于同一个包中的类访问，但不能在位于其他包的非子类中访问。

11.5.3　缺省访问修饰符

缺省指不使用权限修饰符。不使用权限修饰符修饰的成员变量和成员方法可以在声明它的类中访问，也可以在与该类位于同一个包中的类访问，但不能在位于其他包的类中访问。

11.5.4　private 访问修饰符

private 修饰的成员变量和成员方法只能在声明它们的类中访问，而不能在其他类（包括子类）中访问。

11.5.5　类的访问修饰符

Java 中类的访问修饰符只有两个，分别是 public 和默认修饰符，如表 11.1 所示。

表 11.1　类的访问修饰符

修饰符＼作用域	同一包中	不同包中
public	可以使用	可以使用
默认修饰符	可以使用	不可以使用

11.5.6 类成员的访问修饰符

Java 中类成员的访问修饰符如表 11.2 所示。

表 11.2 类成员的访问修饰符

位置	public	protected	缺省修饰符	private
同类访问	√	√	√	√
同包其他类访问	√	√	√	×
同包子类访问	√	√	√	×
不同包子类访问	√	√	×	×
不同包非子类访问	√	×	×	×

提示

访问修饰符不能用于方法中声明的变量或形式参数，因为方法中声明的变量或形式参数的作用域仅限于该方法，在方法外是不可见的，在其他类无法访问。

11.6 任务 6：类成员与实例成员

类中使用 static 关键字修饰的成员属于类成员，没有使用 static 修饰的成员属于实例成员。

11.6.1 类成员

一个类可以创建 *n* 个对象，如果 *n* 个对象中的某些数据需要 *n* 个对象共用，就需要使用 static 关键字修饰这些数据。

Java 中，一般情况下调用类的成员都需要先创建类的对象，然后通过类的对象进行调用。使用 static 关键字可以实现通过类名加“.”直接调用类的成员，不需要创建类的对象，但是类的对象也是可以调用的。

1）static 修饰属性

使用 static 修饰的属性称为静态属性或类变量，没有使用 static 修饰的属性称为实例变量。使用 static 修饰的属性属于类，不属于具体的某个对象。类属性在程序运行期间类名首次出现时初始化，即使没有创建对象，类属性也是存在的。

示例 16：静态属性

将 Person 类的 name、gender、age 属性定义为实例属性，新建一个 static 修饰的属性，并调用。

分析如下。

使用 static 修饰的属性不依赖于任何对象，用类名直接加“.”调用即可。

```
public class Person {
    //定义成员变量
    private String name;
    private int age;
    public static int PERSON_LIVE;//类变量:人的生命次数
    //……省略部分代码

    public static void main(String[] args){
        Person.PERSON_LIVE=1;//所有人的生命都只有一次
        Person person=new Person();
        person.setName("李逵");
        person.setAge(20);
        person.say();
    }
}
```

在实际开发中，用 static 关键字修饰属性的最常用的场景就是定义使用 final 关键字修饰的常量。使用 final 关键字修饰的常量在整个程序运行期间都不能改变其值，和具体的对象没有关系，因此使用 static 修饰，如“static final int PERSON_LIVE = 1;”。

提示

（1）常量名的所有字母都用大写。
（2）声明常量时必须直接初始化。

2）static 修饰方法

用 static 修饰的方法称为静态方法或者类方法，不使用 static 修饰的方法称为实例方法。类方法不依赖于任何对象，用类名直接加“.”调用即可，对象名也可以调用。使用 static 修饰的方法属于类，不属于具体的某个对象。类方法在程序运行期间类名首次出现时初始化，即使没有创建对象，类方法也是存在的。

示例 17：静态方法

在 Person 类中定义静态的 showDetails（）方法，并调用。

```
public class Person {
```

```
    //定义静态方法
    public static void showDetails(String name,int age){
        System.out.println("自我介绍一下,姓名:"+name+",年
          龄:"+age);
    }
    public static void main(String[] args){
        Person.showDetails("李逵",20);//类名直接调用静态方法
        Person person=new Person();
        //对象名调用静态方法,不推荐这种用法
        person.showDetails("阮小二",19);
    }
}
```

提示

（1）静态方法中不能直接访问实例变量和实例方法。
（2）在实例方法中可以直接调用类中定义的静态变量和静态方法。

11.6.2　实例成员

实例成员是没有使用 static 关键字修饰的成员，实例成员在每次实例化对象时分配内存，每个实例对象的成员都有自己的内存空间。

第 12 章　继承和多态

12.1　任务 1：使用继承定义部门类

步骤：

（1）收集类中公共部分。

（2）将公共部分抽象成新的类。

12.1.1　继承的基本概念

继承是面向对象的三大特征之一。

继承可以解决编程中代码冗余的问题，是实现代码重用的重要手段之一。继承是软件可重用性的一种表现，新类可以在不增加自身代码的情况下，通过从现有类中继承其属性和方法，来充实自身内容，这种现象或行为就称为继承。此时新类称为子类，现有类称为父类。继承最基本的作用就是使得代码可以重用，增加软件的可扩展性。

Java 中只支持单继承，即一个类只能有一个直接父类。

继承的语法规则如下：

```
[访问修饰符] class 子类名 extends 父类名{
    子类成员变量
    子类成员方法
}
```

语法解析：

（1）访问修饰符如果是 public，那么该类在整个项目中可见。

（2）如果不写访问修饰符，则该类只在当前包中可见。

（3）在 Java 中，子类可以从父类继承以下内容。

①可以继承 public 和 protected 修饰的属性和方法，不论子类和父类是否在一个包里。

②可以继承缺省访问修饰符修饰的属性和方法，但是子类和父类必须在同一个包里。

③无法继承父类的构造方法。

12.1.2　继承的应用

使用面向对象编写部门类。假设目前有 2 个部门，需要定义 2 个类，各部门有很多共同属性，如果在两个类中分别定义这些属性，会导致代码的冗余，如果使用继承，就可以对相同的属性定义实现重用，减少代码的冗余。

示例 1：定义父类 Department

使用继承，将 2 个部门类中相同的代码抽取成一个部门类。

```
//父类 Department
public class Department {
    private int ID;//部门编号
    private String name="待定";//部门名称
    private int amount=0;//部门人数
    private String responsibility="待定";//部门职责
    private String manager="无名氏";//部门经理
    //……省略 getter/setter 方法

    //无参构造方法
    public Department(){
        super();
    }
    //带参构造方法
    public Department(String name,String manager,String
      responsibility,String manager){
        this.name=name;
        this.manager=manager;
        this.responsibility=responsibility;
    }
    //打印部门详细信息方法
    public void printDetail(){
        System.out.println("部门:"+this.name+"\n 经理:"+
          this.manager+"\n 部门职责:"+this.responsibility);
    }
}
```

示例 1 中的代码将 2 个不同部门的子类的公共部分抽取成 Department 类，然后 2 个子类分别继承这个父类，就可以省去很多冗余的代码，至此，使用继承定义部门类已基本完成。

12.2 任务 2：使用继承和重写完善类的结构

步骤：

（1）使用 extends 关键字建立继承关系。

（2）使用 super 关键字调用父类成员。

（3）使用方法重写，重写父类中的方法，输出子类自身的信息。

前面已经定义 Department 类，下面使用继承定义人事部类、研发部类。

12.2.1 使用继承定义部门的子类

示例 1 中定义了父类 Department 类，将该类作为父类，把其他类作为子类，实现继承。

示例 2：子类继承父类

把人事部类 PersonnelDept、研发部类 ResearchDept 作为子类，继承 Department 类。

```
public class PersonnelDept extends Department {
    private int count;//本月计划招聘人数
    public PersonnelDept(String name,String manager,String
      responsibility,int count){
        super(name,manager,responsibility);/*调用父类带参构
          造方法*/
        this.count=count;
    }
    public int getCount(){
        return count;
    }
    public void setCount(int count){
    this.count=count;
    }
}
public class ResearchDept extends Department{
```

```
    private String speciality;//研发方向
    public ResearchDept(String name,String manager,String
      responsibility,String speciality){
        super(name,manager,responsibility);/*调用父类带参构
          造方法*/
        this.speciality=speciality;
    }
    public ResearchDept(String speciality){
        super();//调用父类无参构造方法
        this.speciality=speciality;
    }
    public String getSpeciality(){
        return speciality;
    }
    public void setSpeciality(String speciality){
        this.speciality=speciality;
  }
}
```

通过示例 2 可以看到，抽取父类 Department 后，子类中保留的代码都属于该子类，和其他子类之间没有重复的内容。

12.2.2　super 关键字

当需要在子类中调用父类的构造方法时，可以如示例 2 中的代码那样使用 super 关键字调用。

当方法参数或方法中的局部变量和成员变量同名时，成员变量会被屏蔽，此时若要访问成员变量则需要使用“this.成员变量名”的方式来引用成员变量。super 关键字和 this 关键字的作用类似，都是将被屏蔽了的成员变量、成员方法变得可见、可用，也就是说，用来引用被屏蔽的成员变量或成员方法。不过 super 用在子类中，目的只有一个就是访问父类中被屏蔽的内容，进一步地提高代码的重用性和灵活性。super 关键字不仅可以访问父类的构造方法，还可以访问父类的成员，包括父类的属性、普通方法等。

通过 super 访问父类成员，语法规则如下所示。

调用父类构造方法：

```
super(参数);
```

调用父类属性和方法：

```
super<父类属性名/方法名>
```

语法解析：

（1）super 只能出现在子类（子类的普通方法或构造方法）中，而不是其他位置。

（2）super 用于访问父类成员，如父类的属性、方法、构造方法。

（3）具有访问权限的限制，如无法通过 super 访问父类 private 成员。

（4）super 用在子类构造函数中时，必须是子类构造函数的第一行代码。

示例 3：super 调用父类构造方法

人事部类中使用 super 关键字调用 Department 类中的方法。

```
//父类 Department
public class Department {
    //……省略父类属性定义和 getter/setter 方法定义

    //无参构造方法
    public Department(){
        super();
    }
    //带参构造方法
    public Department(String name,String manager,String
      responsibility){
        this.name=name;
        this.manager=manager;
        this.responsibility=responsibility;
}
//打印部门详细信息方法
    public void printDetail(){
        System.out.println("部门:"+this.name+"\n 经理:"+this.
          manager+"\n 部门职责:"+this.responsibility);
    }
}

//子类 PersonnelDept
```

```
public class PersonnelDept extends Department {
    private int count;//本月计划招聘人数
    //……省略 getter/setter 方法定义
    public PersonnelDept(String name,String manager,String
      responsibility,int count){
        super(name,manager,responsibility);/*调用父类带参
          构造方法*/
        this.count=count;
    }
}

//测试方法
public static void main(String[] args){
    PersonnelDept dept=new PersonnelDept("人事部","吴用",
      "负责人才招聘和培训",10);
    dept.printDetail();
}
```

运行结果：

部门：人事部
经理：吴用
部门职责：负责人才招聘和培训

12.2.3　实例化子类对象

在 Java 中，一个类的构造方法在如下两种情况下总是会执行的。

（1）创建该类的对象（实例化）。

（2）创建该类的子类对象（子类实例化）。

因此，子类在实例化时，会首先执行其父类的构造方法，然后才执行子类的构造方法。换言之，当在 Java 中创建一个对象时，Java 虚拟机会按照父类→子类的顺序执行一系列的构造方法。子类继承父类时构造方法调用规则如下所示。

（1）如果子类的构造方法中没有通过 super 显式地调用父类的有参构造方法，也没有通过 this 显式地调用自身的其他构造方法，则系统会默认先调用父类的无参构造方法。在这种情况下，是否写“super ();”语句效果是一样的。

（2）如果子类的构造方法中通过 super ( ) 显式地调用了父类的有参构造方法，那么将执行父类相应的构造方法，而不执行父类无参构造方法。

（3）如果子类的构造方法中通过 this 显式地调用了自身的其他构造方法，在相应构造方法中遵循以上两条规则。

特别需要注意的是，如果存在多级继承关系，在创建一个子类对象时，以上规则会多次向更高一级传递，一直到执行顶级父类 Object 类的无参构造方法。

下面通过一个存在多级继承关系的示例，更深入地理解继承条件下构造方法的调用规则，即继承条件下创建子类对象时的系统执行过程。

12.2.4 Object 类

Object 类是所有类的父类。在 Java 中，所有的 Java 类都直接或间接地继承了 java.lang.Object 类。Object 类是所有 Java 类的祖先，在定义一个类时，没有使用 extends 关键字，也就是没有显式地继承某个类，那么这个类直接继承 Object 类，所有对象都继承这个类的方法。

示例 4：默认继承 Object 类

请编写代码，实现没有显式地继承某类的类，Object 类是其直接父类。

```
public class Person{
}
```

这两种写法是等价的

```
public class Person extends Object{
}
```

Object 类定义了大量的可被其他类继承的方法，表 12.1 列出了 Object 类中比较常用，也是经常被子类重写的方法。

表 12.1 Object 类常用的方法

序号	方法签名	说明
1	String toString（）	返回当前对象本身的有关信息，返回字符串对象
2	boolean equals（Object）	比较两个对象是否是同一个对象，若是，返回 true
3	Object clone（）	生成当前对象的一个副本，并返回
4	int hashCode（）;	返回该对象的哈希码值
5	void finalize（）	在垃圾收集器将对象从内存中清除出之前做必要的清理工作
6	void wait（）	线程等待
7	void wait（int）	线程等待
8	void wait（long，int）	线程等待
9	void notify（）	线程唤醒
10	void notifyall（）	线程唤醒
11	Class getClass（）	获取类结构信息，返回 Class 对象

12.2.5　方法重写

在示例 3 中，PersonnelDept 对象 dept 输出内容是继承自父类 Department 的 printDetail（）方法的内容，所以不能显示 PersonnelDept 的 count 信息，这显然不符合实际需求。

下面介绍如何使用方法重写输出各部门完整信息。

如果从父类继承的方法不能满足子类的需求，可以在子类中对父类同名方法进行重写（覆盖），以符合子类的需求。

示例 5：方法重写

在 PersonnelDept 中重写父类的 printDetail（）方法。

```
//父类 Department
public class Department {
    //……省略其他代码，完整代码参考示例 1

    //打印部门详细信息方法
    public void printDetail(){
        System.out.println("部门:"+this.name+"\n 经理:"+this.
          manager+"\n 部门职责:"+this.responsibility);
    }
}
//子类 PersonnelDept
public class PersonnelDept extends Department {
    private int count;//本月计划招聘人数
    //……省略其他代码

    //重写父类 printDetail()方法
    public void printDetail(){
        super.printDetail();
        System.out.println("本月计划招聘人数:"+this.count+"
          人。");
    }
}
//测试方法
```

```
public static void main(String[] args){
    PersonnelDept dept=new PersonnelDept("人事部","吴用",
      "负责人才招聘和培训",10);
    dept.printDetail();
}
```

运行结果：

部门：人事部
经理：吴用
部门职责：负责人才招聘和培训
本月计划招聘人数：10 人

从输出结果可以看出，dept.printDetail（）调用的是子类的 printDetail（）方法，可以输出自身的 count 属性，符合需求。使用继承和重写完善类的结构到这里已经基本实现。

在子类中可以根据需求对从父类继承的方法进行重新编写，这称为方法的重写或方法的覆盖（overriding）。

方法重写必须满足如下要求：

（1）重写方法与被重写方法必须有相同的方法名称。

（2）重写方法与被重写方法必须有相同的参数列表。

（3）重写方法的返回值类型必须和被重写方法的返回值类型相同或是其子类。

（4）重写方法不能缩小被重写方法的访问权限。

方法重载和方法重写有以下区别和联系：

（1）重载涉及同一个类中的同名方法，要求方法名相同，参数列表不同，与返回值类型无关。

（2）重写涉及的是子类与父类之间的同名方法，要求方法名相同、参数列表相同、与返回值类型相同。

12.3 任务 3：输出医生给宠物看病的过程

步骤：

（1）向上转型完成多态。

（2）向下转型完成调用子类方法。

12.3.1 认识多态

多态是面向对象的三大特征之一。

多态一词的通常含义是指能够呈现出多种不同的形式或形态。在程序设计术语中，它意味着一个特定类型的变量，可以引用不同类型的对象，并且能自动地调用引用对象的方法。也就是根据用到的不同对象类型，响应不同的操作。方法重写是实现多态的基础，通过下面的例子可以简单地认识什么是多态。

示例 6：编写非多态的程序

有一个宠物类 Pet，它有几个子类，如 Bird（小鸟）、Dog（狗）等，其中宠物类定义了看病的方法 toHospital（），子类分别重写了看病的方法，在 main（）方法中分别实例化各种具体宠物，并调用看病的方法。

```
class Pet{
    public void toHospital(){
        System.out.println("宠物看病");
    }
}
class Dog extends Pet{
    public void toHospital(){
        System.out.println("狗狗看病");
    }
}
class Bird extends Pet{
    public void toHospital(){
        System.out.println("小鸟看病");
    }
}
public class Test {
    public static void main(String[] args){
        Dog dog=new Dog();
        dog.toHospital();//狗狗看病
        Bird bird=new Bird();
        bird.toHospital();//小鸟看病
    }
}
```

运行结果：

狗狗看病

小鸟看病

示例 7：编写多态的程序

将示例 6 的实现方式进行修改。

```
public class Test {
    public static void main(String[] args){
        Pet pet=null;
        pet=new Dog();
        pet.toHospital();//狗狗看病
        pet=new Bird();
        pet.toHospital();//小鸟看病
    }
}
```

示例 6 和示例 7 中两段 Test 类的代码运行效果完全一样。虽然示例 7 中的测试类里定义的是 Pet 类对象 pet，但实际执行时都是调用 Pet 子类的方法。示例 7 的代码体现了多态性，推荐使用示例 7 的写法。

多态意味着在一次方法调用中根据包含的对象的实际类型（即实际子类的对象）来决定应该调用哪个子类的方法，而不是由用来存储对象引用的变量的类型决定的。当调用一个方法时，为了实现多态操作，这个方法既是在父类中声明过的，也必须是在子类中重写过的方法。

12.3.2　向上转型

子类向父类转换称为向上转型。向上转型的语法格式如下：

```
<父类类型><引用变量名>=new<子类类型>();
例如：
Pet pet=new Dog();
```

12.3.3　向下转型

父类向子类转换称为向下转型。向下转型的语法格式如下：

```
<子类类型><引用变量名>=(<子类类型>)<父类类型的引用变量>;
```

例如：

```
Dog dog=(Dog)pet;
```

12.4　任务4：使用抽象描述事物

12.4.1　区分普通方法和抽象方法

在Java中，当一个类被abstract关键字修饰时，这个类称为抽象类。当一个类的方法被abstract关键字修饰时，该方法称为抽象方法。抽象方法必须定义在抽象类中。

当一个方法被定义为抽象方法后，意味着该方法不会有具体的实现，而是在抽象类的子类中通过方法重写进行实现。定义抽象方法的语法格式如下：

```
[访问修饰符] abstract<返回类型><方法名>([参数列表]);
```

abstract关键字表示该方法被定义为抽象方法。

普通方法和抽象方法相比，主要有下面两点区别。

（1）抽象方法需要用修饰符abstract修饰，普通方法不允许。

（2）普通方法有方法体，抽象方法没有方法体。

12.4.2　区分普通类和抽象类

在Java中，当一个类被abstract关键字修饰时，该类称为抽象类。

定义抽象类的语法格式如下：

```
abstract class<类名>{
}
```

abstract关键字表示该类被定义为抽象类。

普通类与抽象类相比，主要有下面两点区别：

（1）抽象类需要用修饰符abstract修饰，普通类不允许。

（2）普通类可以被实例化，抽象类不可以被实例化。

12.4.3　定义一个抽象类

当一个类被定义为抽象类时，它可以包含各种类型的成员，包括属性、方法等，其中方法又分为普通方法和抽象方法，下面是抽象类结构的示例：

```
public abstract class 类名{
    修饰符数据类型变量名;
    修饰符 abstract 返回值类型方法名称(参数列表);
    修饰符返回值类型方法名称(参数列表){
    }
}
```

12.4.4　使用抽象类描述抽象的事物

下面通过一个案例认识抽象类和抽象方法的用法。

有一个宠物类，宠物具体分为狗狗、企鹅等，实例化一个狗狗类、企鹅类是有意义的，而实例化一个宠物类则是不合理的。这里可以把宠物类定义为抽象类，避免宠物类被实例化。

示例 8：定义宠物抽象类

```
public abstract class Pet {
    private String name="无名氏";//昵称
    private int health=100;//健康值
    private int love=0;//亲密度
    //有参构造方法
    public Pet(String name){
        this.name=name;
    }
    //输出宠物信息
    public void print(){
        System.out.println("宠物的自白:\n 我的名字叫"
            +this.name+",健康值是"
            +this.health+",和主人的亲密度是"
            +this.love+"。");
    }
}
public class Test {
    public static void main(String[] args){
        Pet pet=new Pet("大黄");//错误,抽象类不能被实例化
        pet.print();
    }
}
```

运行结果：

运行程序抛出以下异常，原因是抽象类不能实例化，如图 12.1 所示。

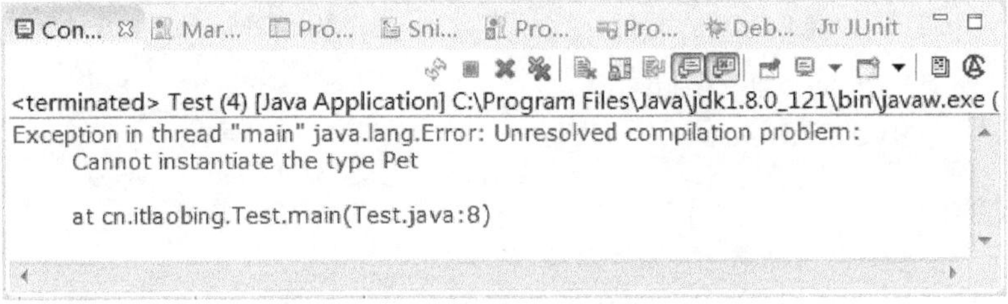
Con...
Mar...
Pro...
Sni...
Pro...
Pro...
Deb...
JUnit
<terminated> Test (4) [Java Application] C:\Program Files\Java\jdk1.8.0_121\bin\javaw.exe (
Exception in thread "main" java.lang.Error: Unresolved compilation problem:
Cannot instantiate the type Pet
at cn.itlaobing.Test.main(Test.java:8)

图 12.1　抽象类不能被实例化

在示例 8 的代码中，不可以直接实例化抽象类 Pet，但是它的子类是可以被实例化的。如果子类中没有重写 print（）方法，子类将继承 Pet 类的 print（）方法，但是子类不能正确输出子类信息。在 Java 中可以将 print（）方法定义为抽象方法，让子类重写该方法。示例 9 展示了如何定义一个抽象方法，并在子类中实现该方法。

示例 9：子类实现父类的抽象方法

```
public abstract class Pet {
    private String name="无名氏";//昵称
    private int health=100;//健康值
    private int love=0;//亲密度
    public Pet(String name){
        this.name=name;
    }
    //定义抽象方法,让子类去重写,用于输出宠物信息
    public abstract void print();
    //省略 getter/setter 方法
}
public class Dog extends Pet {
    private String strain;//品种
    public Dog(String name,String strain){
        super(strain);
        this.strain=strain;
    }
    public String getStrain(){
        return this.strain;
    }
```

```
    //重写父类的print()方法,用于输出狗狗信息
    public void print(){
        System.out.println("我是一只"+this.strain+"。");
    }
}
```

在示例 9 中，可以实例化 Dog 类得到子类对象，并通过子类对象调用子类中的 print（）方法，从而输出子类信息。

12.4.5 生活中的接口

在现实生活中，USB 接口，如图 12.2 所示。实际上是某些企业和组织制定的一种约定或标准，规定了接口的大小、形状等，按照该约定设计的各种设备，如 U 盘、USB 风扇、USB 键盘都可以插到 USB 接口上正常工作。USB 接口相关工作是按照如下步骤进行的。

（1）约定 USB 接口标准。

（2）制作符合 USB 接口约定的各种具体设备。

（3）把 USB 设备插到 USB 接口上进行工作。

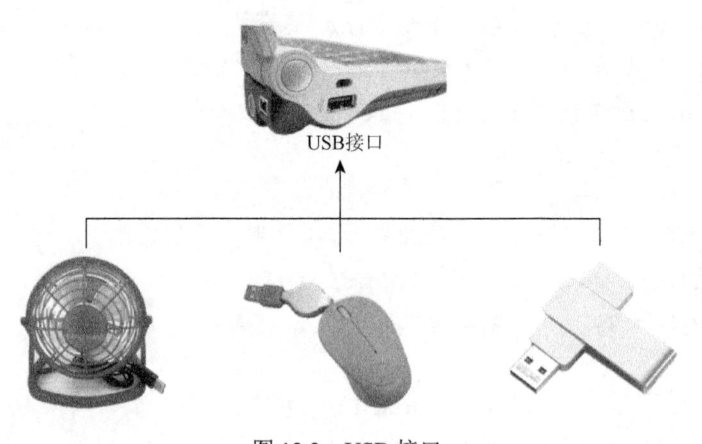

图 12.2　USB 接口

Java 中接口的作用和生活中的接口类似，它提供一种约定，使得实现接口的类在形式上保持一致。

如果抽象类中所有的方法都是抽象方法，就可以使用 Java 提供的接口来表示。从这个角度来讲，接口可以看作一种特殊的抽象类，但是采用与抽象类完全不同的语法来表示，两者的设计理念也不同。

12.4.6　定义和实现接口

简单地说，接口是一个不能实例化的类型。接口类型的定义类似于类的定义，语法格式如下。

```
public interface 接口名{
    //接口成员
}
```

语法解析：

（1）和抽象类不同，定义接口使用 interface 修饰符。

（2）接口的访问权限是 public 或默认权限，与类的访问权限类似。

（3）一个接口可以继承其他接口，称为父接口。它将继承父接口中声明的常量和抽象方法。

（4）成员列表中的成员变量声明形式如下：

```
[public][static][final]数据类型成员变量名=常量;
```

即接口中成员变量默认都是 public、static、final 的，因此 public static final 可以省略。

（5）成员列表中的成员方法声明形式如下：

```
[public][abstract]返回值类型方法名称(参数列表);
```

即接口中的方法默认都是 public、abstract 的，因此 public、abstract 可以省略。

与抽象类一样，使用接口也必须通过子类，子类通过 implements 关键字实现接口，实现接口的语法格式如下：

```
public 类名 implements 接口名{
    实现方法
    普通方法
    属性
}
```

语法解析：

（1）实现接口使用 implements 关键字。

（2）一个类可以实现多个接口，各接口之间用逗号分隔。

（3）实现接口的类必须实现接口中定义的所有抽象方法，即使类中不使用某个抽象方法也必须实现它，通常用空方法体实现子类不需要的抽象方法，如果抽象方法有返回值，可返回默认值。

（4）接口的实现类允许包含普通方法。

（5）在实现抽象方法时需要指定public权限，否则会产生编译错误。

示例10：接口定义及实现

首先定义一个USB接口，然后定义U盘类和风扇类实现USB接口，最后将U盘和风扇插入到USB接口，开始传输数据和风扇转动。

```
//定义USB接口
public interface USBInterface {
    void service();
}
//定义U盘类,实现USB接口
public class UDisk implements USBInterface {
    //实现接口中的抽象方法
    public void service(){
        System.out.println("连接USB接口,开始传输数据");
    }
}
//定义风扇类,实现USB接口
public class UsbFan implements USBInterface {
    //实现接口中的抽象方法
    public void service(){
        System.out.println("连接USB接口,风扇转动");
    }
}
public class Test {
    public static void main(String[] args){
        //U盘插入USB接口
        USBInterface udisk=new UDisk();
        udisk.service();
        //风扇插入USB接口
        USBInterface usbFan=new UsbFan();
        usbFan.service();
    }
}
```

运行结果：

如图 12.3 所示。

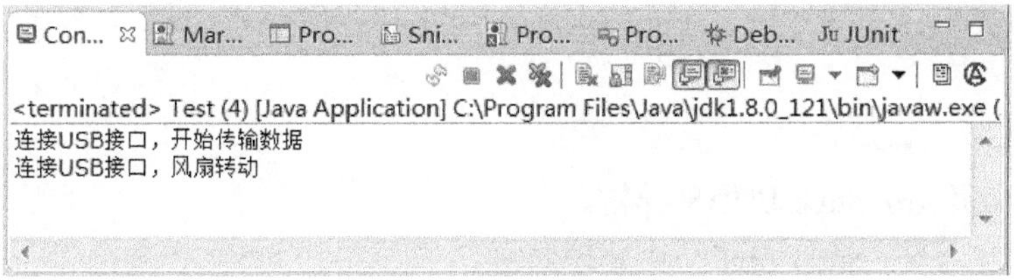

Con... Mar... Pro... Sni... Pro... Pro... Deb... JUnit

<terminated> Test (4) [Java Application] C:\Program Files\Java\jdk1.8.0_121\bin\javaw.exe (

连接USB接口，开始传输数据
连接USB接口，风扇转动

图 12.3 使用接口

第 13 章　异常的捕获和处理

13.1　任务 1：认识异常

步骤：

（1）使用 try-catch 块处理异常。

（2）使用 try-catch-finally 块处理异常。

（3）使用多重 catch 块处理异常。

（4）使用 throw 和 throws 处理异常。

13.1.1　什么是异常

异常是指程序在运行过程中出现的非正常现象，例如，用户输入错误、除数为零、读取的文件不存在、数组下标越界等。由于异常情况总是难免的，良好的应用程序除了具备用户所要求的基本功能，还应该具备预见并处理可能发生的各种异常功能。所以，开发应用程序时要充分地考虑各种意外情况，使程序有较强的容错能力，对这种异常情况处理的技术称为异常处理。

示例 1：认识异常

编写程序，计算两个数相除，除数设置为 0，故意让程序引发异常。

```
public class Demo1{
   public static void main(String[] args){
      int i=1,j=0,res;
      System.out.println("begin");
      res=i/j;
      System.out.println("end");
   }
}
```

运行结果：

```
begin
Exception in thread "main" java.lang.ArithmeticException:
  /by zero at cn.itlaobing.Demo1.main(Demo1.java:7)
```

代码解析：

从运行结果可以看出，当执行 i 除以 j 时，由于 j 是 0，因此发生除零异常。一旦程序出现异常将会立刻结束，因此 end 内容没有输出。Java 提供了异常处理机制，可以由系统来处理程序在运行期间可能会出现的异常，使得程序员有更多精力关注于业务代码的编写。

13.1.2　Java 异常体系结构

Java 中的异常有很多类型，异常在 Java 中被封装成了各种异常类，Java 的异常体系结构如图 13.1 所示。

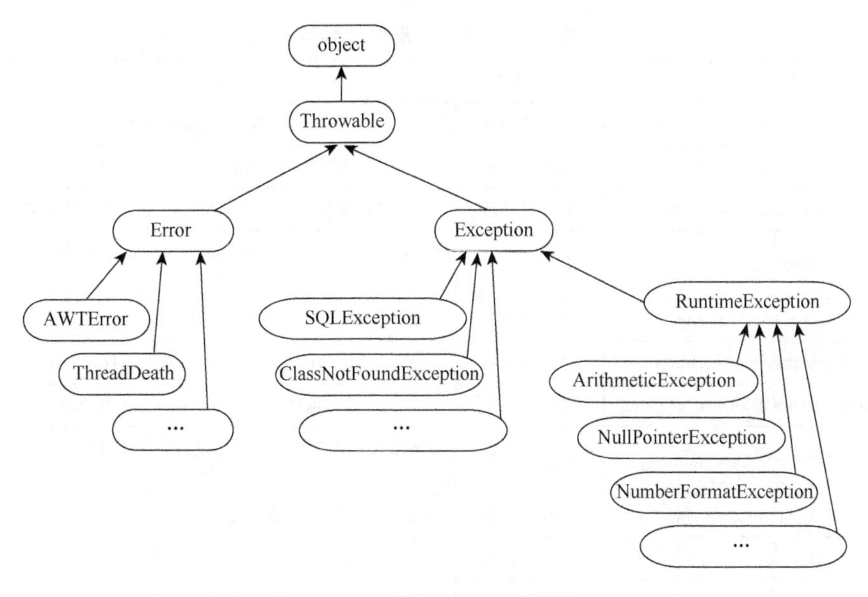

图 13.1　Java 异常体系结构

所有异常类都是 Throwable 类的子类，它派生出两个子类：Error 类和 Exception 类。

（1）Error 类：表示仅靠程序本身无法恢复的严重错误，如内存溢出、动态链接失败、虚拟机错误。应用程序不应该抛出这种类型的错误（一般由虚拟机抛出）。假如出现这种错误，应尽力使程序安全退出，所以在进行程序设计时，应该更关注 Exception 类。

（2）Exception 类：由 Java 应用程序抛出和处理的非严重错误，如所需文件找不到、网络连接不通或连接中断、算术运算出错（如被零除）、数组下标越界、装载一个不存在的类、对 null 对象操作、类型转换异常等。它的各种不同的子类分别对应不同类型的异常，Exception 又可分为两大类异常。

运行时异常：也称为 unchecked 异常，包括 RuntimeException 及其所有子类。不要求程序必须对它们进行处理，如示例 1 中的算术异常 ArithmeticException，本章重点讲解的就是这类异常。

设计时异常：也称为 Checked 异常、编译时异常，是指除了运行时异常外的其他从 Exception 类继承的异常类。

Java 默认提供了 27 种异常，表 13.1 列出了一些常见的异常类及其用途，现阶段只需初步了解这些异常类即可，在以后的编程中，可以根据系统报告的异常信息，分析异常类型来判断程序到底出现了什么问题。

表 13.1　程序中常见的异常

异常类名	异常分类	说明
Exception	编译时异常	异常层次结构的根类
IOException	编译时异常	IO 异常的根类，属于编译时异常
FileNotFoundException	编译时异常	文件操作时，找不到文件，属于编译时异常
RuntimeException	运行时异常	运行时异常的根类，RuntimeException 及其子类，不要求必须处理
ArithmeticException	运行时异常	算术运算异常，例如，除数为零，属于运行时异常
IllegalArgumentException	运行时异常	方法接收到非法参数，属于运行时异常
ArrayIndexOutOfBoundsException	运行时异常	数组越界访问异常，属于运行时异常
NullPointerException	运行时异常	尝试访问 null 对象的成员时发生的空指针异常，属于运行时异常
ArrayStoreException	运行时异常	数据存储异常，写数组操作时，对象或数据类型不兼容
ClassCastException	运行时异常	类型转换异常
IllegalThreadStateException	运行时异常	试图非法改变线程状态，例如，试图启动一个已经运行的线程
NumberFormatException	运行时异常	数据格式异常，试图把一个字符串非法转换成数值

13.1.3　Java 异常处理机制

异常处理机制就像人们对平时可能会遇到的意外情况，预先想好了一些处理办法。在程序执行代码时，若发生了异常，程序会按照预定的处理办法对异常进行处理。异常处理完毕之后，程序继续运行。若异常没有被处理，那么程序就终止运行。

Java 的异常处理是通过 5 个关键字来实现的，即 try、catch、finally、throw、throws。这 5 个关键字形成了两种异常处理办法：①使用 try、catch、finally 捕获异常；②使用 throw、throws 抛出异常。

13.2　任务 2：捕获异常

13.2.1　使用 try-catch 处理异常

Java 中提供了 try-catch 结构进行异常捕获和处理，把可能出现异常的代码放在 try 语句块中，并使用 catch 语句块捕获异常。

示例 2：使用 try-catch 捕获并处理异常

```
public class Demo2 {
    public static void main(String[] args){
        try {
            int i=1,j=0,res;
            System.out.println("begin");
            res=i/j;
            System.out.println("end");
        } catch(Exception e){
            System.out.println("catched");
            e.printStackTrace();
        }
        System.out.println("over");
    }
}
```

运行结果：

```
begin
catched
over
java.lang.ArithmeticException：/by zero
    at cn.itlaobing.Demo2.main（Demo2.java：8）
```

代码解析：

观察运行结果，没有输出 end，输出内容的顺序是 begin，catched，over。try-catch 语句块首先执行 try 语句块中的语句，这时可能会出现以下 3 种情况。

（1）如果 try 语句块中的所有语句正常执行完毕，没有发生异常，那么 catch 语句块中的所有语句都将被忽略。

（2）如果 try 语句块在执行过程中发生异常，并且这个异常与 catch 语句块中声明的异常类型匹配，那么 try 语句块中剩下的代码都将被忽略，而相应的 catch 语句块将会被执行。匹配是指 catch 所处理的异常类型与 try 块所生成的异常类型完全一致或是它的父类。

（3）如果 try 语句块在执行过程中发生异常，而抛出的异常在 catch 语句块中没有被声明，那么程序立即终止运行，程序被强迫退出。

catch 语句块中可以加入用户自定义处理信息，也可以调用异常对象的方法输出异常信息，常用的方法如下。

（1）void prinStackTrace（）：输出异常的堆栈信息。堆栈信息包括程序运行到当前类的执行流程，它将输出从方法调用处到异常抛出处的方法调用的栈序列。

（2）String getMessage（）：返回异常信息描述字符串，该字符串描述了异常产生的原因，是 printStackTrace（）输出信息的一部分。

13.2.2　使用 try-catch-finally 处理异常

try-catch-finally 语句块组合使用时，无论 try 块中是否发生异常，finally 语句块中的代码总能被执行。

示例 3：使用 try-catch-finally 捕获并处理异常

```
public class Demo3 {
    public static void main(String[] args){
        try {
            int i=1,j=0,res;
            System.out.println("begin");
            res=i/j;
            System.out.println("end");
        } catch(ArithmeticException e){
            System.out.println("catched");
            e.printStackTrace();
        } finally {
```

```
            System.out.println("finally");
        }
        System.out.println("over");
    }
}
```

运行结果：

begin
catched
finally
java.lang.ArithmeticException：/by zero
over
　　at cn.itlaobing.Demo3.main（Demo3.java：8）

代码解析：

观察输出结果，发现输出了 finally。如果将 j 的值改为不是 0，再次运行该程序，也会输出 finally。try-catch-finally 语句块执行流程大致分为如下两种情况。

（1）如果 try 语句块中所有语句正常执行完毕，程序不会进入 catch 语句块执行，但是 finally 语句块会被执行。

（2）如果 try 语句块在执行过程中发生异常，程序会进入到 catch 语句块捕获异常，finally 语句块也会被执行。

try-catch-finally 结构中 try 语句块是必须存在的，catch、finally 语句块为可选，但两者至少出现其中之一。

13.2.3　使用多重 catch 处理异常

一段代码可能会引发多种类型的异常，这时可以在一个 try 语句块后面跟多个 catch 语句块分别处理不同的异常，但排列顺序必须是从子类到父类，最后一个一般都是 Exception 类。因为按照匹配原则，如果把父类异常放到前面，后面的 catch 语句块将没有被执行的机会。

运行时，系统从上到下分别对每个 catch 语句块处理的异常类型进行检测，并执行第一个与异常类型匹配的 catch 语句块。执行其中的一条 catch 语句之后，其后的 catch 语句都将被忽略。

示例 4：多重 catch 语句块

```
public class Demo5 {
```

```
    public static void main(String[] args){
        Scanner input=new Scanner(System.in);
        try {
            System.out.println("计算开始");
            int i,j,res;
            System.out.println("请输入被除数");
            i=input.nextInt();
            System.out.println("请输入除数");
            j=input.nextInt();
            res=i/j;
            System.out.println(i+"/"+j+"="+res);
            System.out.println("计算结束");
        } catch(InputMismatchException e){
            System.out.println("除数和被除数必须都是整数");
        } catch(ArithmeticException e){
            System.out.println("除数不能为零");
        } catch(Exception e){
            System.out.println("其他异常"+e.getMessage());
        } finally {
            System.out.println("感谢使用本程序");
        }
        System.out.println("程序结束");
    }
}
```

代码解析：

程序运行后，如果输入的不是整数，系统会抛出 InputMismatchException 异常对象，因此进入第一个 catch 语句块并执行其中的代码，而其后的 catch 语句块将被忽略。运行结果如下：

计算开始

请输入被除数

abc

除数和被除数必须都是整数

感谢使用本程序

程序结束

程序运行后，如果输入被除数是 100，除数是 0，系统会抛出 ArithmeticException 异常对象，因此进入第二个 catch 语句块并执行其中的代码，其他的 catch 语句块将被忽略。运行结果如下：

计算开始
请输入被除数
100
请输入除数
0
除数不能为零
感谢使用本程序
程序结束

13.3　任务 3：抛出异常

13.3.1　使用 throws 声明抛出异常

try-catch-finally 处理的是在一个方法内部发生的异常，在方法内部直接捕获并处理。如果在一个方法体内抛出了异常，并希望调用者能够及时地捕获异常，Java 语言中通过关键字 throws 声明方法来实现抛出各种异常，并通知调用者。throws 可以同时声明多个异常，之间用逗号隔开。

示例 5：throws 抛出异常

把计算并输出商的任务封装在 divide（）方法中，并在方法的参数列表后面通过 throws 声明抛出了异常，然后在 main（）方法中调用 divide（）方法，此时 main（）方法就知道 divide（）方法抛出了异常。

```
public class Demo6 {
    public static void main(String[] args){
        try {
            divide();
        } catch(InputMismatchException e){
            System.out.println("除数和被除数必须都是整数");
        } catch(ArithmeticException e){
            System.out.println("除数不能为零");
        } catch(Exception e){
            System.out.println("其他异常"+e.getMessage());
```

```
        } finally {
            System.out.println("感谢使用本程序");
        }
        System.out.println("程序结束");
    }
    //通过 throws 声明抛出设计时异常
    public static void divide()throws Exception {
        Scanner input=new Scanner(System.in);
        System.out.println("计算开始");
        int i,j,res;
        System.out.println("请输入被除数");
        i=input.nextInt();
        System.out.println("请输入除数");
        j=input.nextInt();
        res=i/j;
        System.out.println(i+"/"+j+"="+res);
        System.out.println("计算结束");
    }
}
```

13.3.2　使用 throw 抛出异常

除了系统自动抛出异常，在编程过程中，有些问题是系统无法自动发现并解决的，如年龄不在正常范围之内，性别输入的不是男或女等，此时需要程序员而不是系统来自行抛出异常，把问题提交给调用者去解决。

在 Java 语言中，可以使用 throw 关键字来自行抛出异常。在下面示例 8 中抛出了一个异常，抛出异常的原因是当前环境无法解决参数问题，因此在方法内部通过 throw 语句抛出异常，把问题交给调用者去解决。

示例 6：使用 throw 语句抛出异常

```
class Person {
    private String name="";//姓名
    private int age=0;//年龄
    private String gender="男";//性别
    //……省略部分 getter/setter 方法
    public void setGender(String gender)throws Exception {
```

```
        if("男".equals(gender)|| "女".equals(gender)){
            this.gender=gender;
        } else {
            throw new Exception("性别必须是男或女");
        }
    }
    public void print(){
        System.out.println("姓名:"+this.name+",性别"+this.
          gender+",年龄"+this.age);
    }
}
public class Demo7 {
    public static void main(String[] args){
        Person person=new Person();
        try {
            person.setName("扈三娘");
            person.setAge(18);
            person.setGender("Female");
            person.print();
        } catch(Exception e){
            e.printStackTrace();
        }
    }
}
```

运行结果：

java.lang.Exception：性别必须是男或女
at cn.itlaobing.Person.setGender（Demo7.java：35）
at cn.itlaobing.Demo7.main（Demo7.java：50）

注意 throw 和 throws 的区别

（1）作用不同：throw 用于程序员自行产生并抛出异常，throws 用于声明该方法内抛出了异常。
（2）使用位置不同：throw 位于方法体内部，可以作为单独的语句使用；throws 必须跟在方法参数列表的后面，不能单独使用。
（3）内容不同：throw 抛出一个异常对象，只能是一个；throws 后面跟异常类，可以跟多个。

第 14 章　集合框架和泛型

14.1　任务 1：查询新闻标题

步骤：

（1）创建集合对象，并添加数据。

（2）统计新闻标题总数量。

（3）输出新闻标题名称。

14.1.1　认识集合

开发应用程序时，如果想存储多个同类型的数据，可以使用数组来实现；但是使用数组存在如下一些明显缺陷。

（1）数组长度固定不变，不能很好地适应元素数量动态变化的情况。

（2）可通过数组名.length 获取数组的长度，却无法直接获取数组中实际存储的元素个数。

（3）数组采用在内存中分配连续空间的存储方式存储，根据元素信息查找时效率比较低，需要多次比较。

从以上分析可以看出数组在处理一些问题时存在明显的缺陷，针对数组的缺陷，Java 提供了比数组更灵活、更实用的集合框架，可大大提高软件的开发效率，并且不同的集合可适用于不同的应用场合。

Java 集合框架提供了一套性能优良、使用方便的接口和类，它们都位于 java.util 包中，其主要内容及彼此之间的关系如图 14.1 所示。

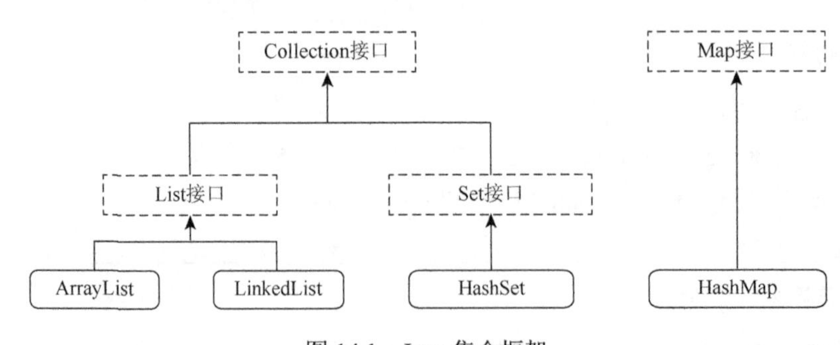

图 14.1　Java 集合框架

图 14.1 中的虚线框表示接口或者抽象类，实线框表示开发中常用的实现类，

从图 14.1 中可以看出，Java 的集合类主要由 Collection 接口和 Map 接口派生而来，其中 Collection 接口有两个常用的子接口，即 List 接口和 Set 接口，所以通常说 Java 集合框架由 3 大类接口构成（Map 接口、List 接口和 Set 接口）。

14.1.2　List 接口

Collection 接口是最基本的集合接口，可以存储一组不唯一、无序的对象。List 接口继承自 Collection 接口，是有序集合，用户可使用索引访问 List 接口中的元素，类似于数组。List 接口中允许存放重复元素，也就是说 List 可以存储一组不唯一、有序的对象。

List 接口常用的实现类有 ArrayList 类、LinkedList 类、Vector 类、Stack 类。

14.1.3　使用 ArrayList 类动态存储数据

针对数组的一些缺陷，Java 集合框架提供了 ArrayList 集合类，对数组进行了封装，实现了长度可变的数组，而且和数组采用相同的存储方式，在内存中分配连续的空间，如图 14.2 所示，所以，我们经常称 ArrayList 为动态数组，但是它不等同于数组，ArrayList 集合中可以添加任何类型的数据，并且添加的数据都将转换成 Object 类型，而在数组中只能添加同一数据类型的数据。

0	1	2	3	4
aa	bb	aa	cc	bb

图 14.2　ArrayList 存储方式（有序，不唯一）

ArrayList 类提供了很多方法用于操作集合，表 14.1 中列出的是 ArrayList 类的常用方法。

表 14.1　ArrayList 类的常用方法

方法	说明
boolean add（Object o）	在列表的末尾添加元素 o，起始索引位置从 0 开始
void add（int index，Object o）	在指定的索引位置添加元素 o，索引位置必须介于 0 和列表中元素个数之间
int size（）	返回列表中的元素个数
Object get（int index）	返回指定索引位置处的元素，取出的元素是 Object 类型，使用前需要进行强制类型转换

续表

方法	说明
void set（int index，Object o）	将 index 索引位置的元素换为 o 元素
boolean contains（Object o）	判断列表中是否存在指定元素 o
int indexOf（Object o）	返回 o 元素在集合中出现的索引位置
boolean remove（Object o）	从列表中移出元素 o
Object remove（int index）	从列表中删除指定位置的元素，起始索引位置从 0 开始

示例 1：ArrayList 集合

使用 ArrayList 常用方法动态地操作数据，实现步骤如下。

（1）导入 ArrayList 类。

（2）创建 ArrayList 对象，并添加数据。

（3）判断集合中是否包含元素。

（4）移除索引为 0 的元素。

（5）把索引为 1 的元素替换为其他元素。

（6）输出某个元素所在的索引位置。

（7）清空 ArrayList 集合中的数据。

（8）判断 ArrayList 集合中是否包含数据。

```
public class ArrayListDemo {
   public static void main(String[] args){
       //创建 ArrayList 集合对象 list
       System.out.println("----创建 ArrayList 集合----");
       java.util.ArrayList list=new java.util.ArrayList();
       //向 ArrayList 集合中添加新闻标题,添加到集合中的数据被转
         换为 Object 类型。
       System.out.println("----向 ArrayList 集合中添加 3 个新
         闻标题----");
       list.add("晁盖购买了沃尔沃轿车");
       list.add("宋江体验了凯迪拉克轿车");
       list.add("花荣谈国产轿车");
       //for 循环遍历集合中的元素
       System.out.println("----for 循环遍历集合----");
       for(int i=0;i<list.size();i++){
          //从集合中获取的数据是 Object 类型,因此需要类型转换。
```

```
            String title=(String)list.get(i);
            System.out.println(title);
        }
        //判断集合中是否包含"王英"
        System.out.println("----判断集合中是否包含\"花荣谈国
          产轿车\"新闻标题----");
        System.out.println(list.contains("花荣谈国产轿车"));
        //把索引为0的元素移除
        System.out.println("----把索引为0的新闻标题移除----");
        list.remove(0);
        //把索引为1的新闻标题替换为"宋江的新座驾"
        System.out.println("----把索引为 1 的新闻标题替换为\"
          宋江的新座驾\"----");
        list.set(1,"宋江的新座驾");
        //使用增强for循环遍历集合
        System.out.println("----增强for循环遍历集合----");
        for(Object obj: list){
            //从集合中获取的数据是Object类型,因此需要类型转换。
            String name=(String)obj;
            System.out.println(name);
        }
        //输出"周通"元素所在的索引位置
        System.out.println("----新闻标题\"周通入伙梁山\"在集
          合中的索引----");
        System.out.println("\"周通入伙梁山\"在集合中的索引是"
          +list.indexOf("周通入伙梁山"));
        //清空集合中的数据
        System.out.println("----清空集合中的元素----");
        list.clear();
        //判断集合中是否有元素
        System.out.println("----判断集合中是否有元素----");
        System.out.println(list.isEmpty());
    }
}
```

运行结果：

----创建 ArrayList 集合----
----向 ArrayList 集合中添加 3 个新闻标题----
----for 循环遍历集合----
晁盖购买了沃尔沃轿车
宋江体验了凯迪拉克轿车
花荣谈国产轿车
----判断集合中是否包含"花荣谈国产轿车"新闻标题----
true
----把索引为 0 的新闻标题移除----
----把索引为 1 的新闻标题替换为"宋江的新座驾"----
----增强 for 循环遍历集合----
宋江体验了凯迪拉克轿车
宋江的新座驾
----新闻标题"周通入伙梁山"在集合中的索引----
"周通入伙梁山"在集合中的索引是–1
----清空集合中的元素----
----判断集合中是否有元素----
true

示例 2：使用 ArrayList 存储新闻信息

使用 ArrayList 集合存储新闻标题信息（包括 ID、标题名称、创建者），输入新闻标题的总数量及每条新闻标题的名称。

实现步骤如下。

（1）创建 ArrayList 对象，并添加数据。

（2）获取新闻标题的总数。

（3）遍历集合对象，输出新闻标题名称。

```
class NewTitle{
    private int id;
    private String titleName;
    private String author;
    public NewTitle(int id,String titleName,String author){
        super();
        this.id=id;
```

```
        this.titleName=titleName;
        this.author=author;
    }
    //……省略 getter/setter 方法
}
public class ArrayListDemo1 {
    public static void main(String[] args){
        //创建新闻标题对象
        NewTitle car1=new NewTitle(1,"晁盖购买了沃尔沃轿车","
          晁盖");
        NewTitle car2=new NewTitle(2,"宋江体验了凯迪拉克轿车","
          宋江");
        //创建存储新闻标题的集合对象
        List newsTitleList=new ArrayList();
        //按照顺序依次添加新闻标题
        newsTitleList.add(car1);
        newsTitleList.add(car2);
        //获取新闻标题的总数
        System.out.println("新闻标题数目为:"+newsTitleList.
          size());
        //遍历集合
        System.out.println("新闻标题名称为");
        for(Object obj:newsTitleList){
            NewTitle newTitle=(NewTitle)obj;
            System.out.println("\t"+newTitle.getTitleName
              ());
        }
    }
}
```

运行结果：

如图 14.3 所示。

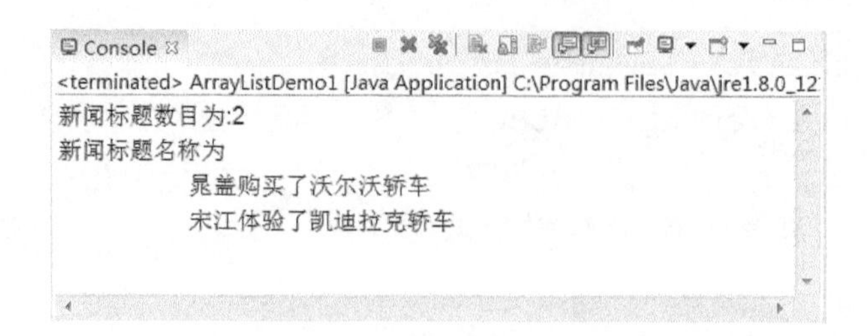

图 14.3 输出新闻标题

在示例 2 中，ArrayList 集合中存储的是新闻标题对象。在 ArrayList 集合中可以存储任何类型的对象，其中，代码 List newsTitleList = new ArrayList ()；是将接口 List 的引用指向实现类 ArrayList 的对象。在编程中将接口的引用指向实现类的对象是 Java 实现多态的一种形式，也是软件开发中实现低耦合的方式之一，这样的用法可以大大提高程序的灵活性。随着编程经验的积累，开发者对这个用法的理解会逐步加深。

14.2 任务 2：查询新闻标题功能升级

步骤：

（1）修改查询新闻标题，将集合改为泛型形式。

（2）修改遍历集合的代码。

14.2.1 认识泛型

泛型是 JDK1.5 的新特性，泛型的本质是参数化类型，也就是说所操作的数据类型被指定为一个参数，使代码可以应用于多种类型。简单说来，Java 语言引入泛型的好处是安全简单，且所有强制转换都是自动和隐式进行的，提高了代码的重用率。

将对象的类型作为参数，指定到其他类或者方法上，从而保证类型转换的安全性和稳定性，这就是泛型。泛型的本质就是参数化类型。

泛型的定义语法格式如下。

```
类型<E>对象=new 类型<E>();
```

语法解析：

（1）<>是泛型的特性。

（2）E 表示某种数据类型，也可以用其他字母表示，如 T。在实际使用泛型时，需要用明确的类型替换掉 E。

例如：

```
List<String>list=new ArrayList<String>();
```

上述代码表示创建一个 ArrayList 集合，但规定该集合中存储的元素类型必须为 String 类型。

14.2.2　泛型在集合中的应用

集合的 add（）方法的参数是 Object 类型，不管把什么对象放入 List 接口及其子接口或实现类中，都会被转换为 Object 类型。在通过 get（）方法取出集合中元素时必须进行强制类型转换，不仅烦琐而且容易出现 ClassCastException 异常。Map 接口中使用 put（）方法和 get（）方法存取对象时，以及使用 Iterator 的 next（）方法获取元素时存在同样问题。JDK1.5 中通过引入泛型有效地解决了这个问题，JDK1.5 中已经改写了集合框架中的所有接口和类，增加了对泛型的支持，也就是泛型集合。

使用泛型集合在创建集合对象时指定集合中元素的类型，从集合中取出元素时无须进行强制类型转换，并且如果把非指定类型对象放入集合，会出现编译错误。

示例 3：使用泛型改进查询新闻标题

实现步骤如下：

（1）使用 Arraylist<NewTitle>newsTitleList=**new** ArrayList<NewTitle>（）；创建集合。

（2）遍历集合时不需要进行类型转换。

```
public static void main(String[] args){
    //创建新闻标题对象
    NewTitle car1=new NewTitle(1,"晁盖购买了沃尔沃轿车","晁
      盖");
    NewTitle car2=new NewTitle(2,"宋江体验了凯迪拉克轿车","
      宋江");
    //创建存储新闻标题的集合对象
    List<NewTitle>newsTitleList=new ArrayList<NewTitle>();
    //按照顺序依次添加新闻标题
    newsTitleList.add(car1);
    newsTitleList.add(car2);
    //获取新闻标题的总数
    System.out.println("新闻标题数目为:"+newsTitleList.
      size());
```

```
    //遍历集合
    System.out.println("新闻标题名称为");
    for(NewTitle newTitle:newsTitleList){
        System.out.println(newTitle.getTitleName());
    }
}
```

代码解析：

通过<NewTitle>指定了 ArrayList 中元素的类型，代码中指定了 newsTitleList 中只能添加 NewTitle 类型的数据，如果添加其他类型数据，将会出现编译错误，这在一定程度上保证了代码安全性。并且数据添加到集合中后不再转换为 Object 类型，保存的是指定的数据类型，所以在集合中获取数据时也不再需要进行强制类型转换。

第 15 章　走进 MySQL

15.1　任务 1：搭建 MySQL 数据库环境

MySQL 数据库可从官方网站（http://www.oralce.com/index.html）下载。MySQL 数据库安装包中内置了 MySQL 服务端和控制台方式的客户端，若需 GUI 方式的客户端则需另行安装。

15.1.1　服务端安装

选择相应位数的 mysql[32bit/64bit]下载完成后，得到一个名称为 mysql-5.5.27-winx64.msi 或 mysql-5.5.27-winx32.msi 的安装文件。鼠标左键双击该文件，启动安装 MySQL 数据库程序，如图 15.1 所示。

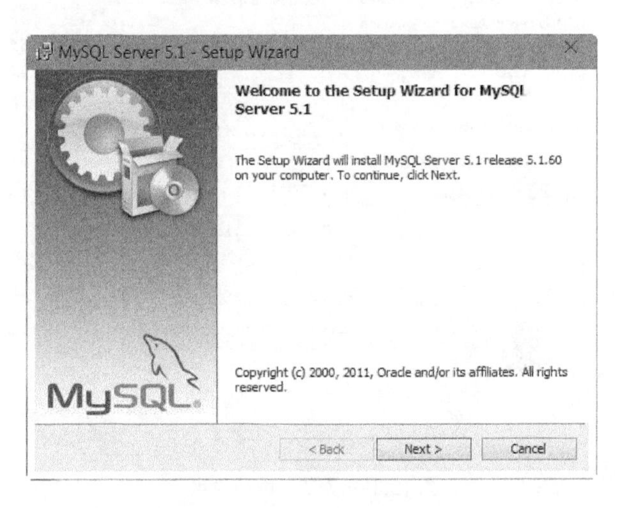

图 15.1　启动 MySQL 安装

按照提示，继续安装，当安装到设置编码格式时，请按照图 15.2 所示，将编码设置为 utf8。

按照提示，继续安装，MySQL 数据库的超级管理员用户名是 root，当安装到设置超级管理员 root 的密码时，将密码设置为 root，如图 15.3 所示。

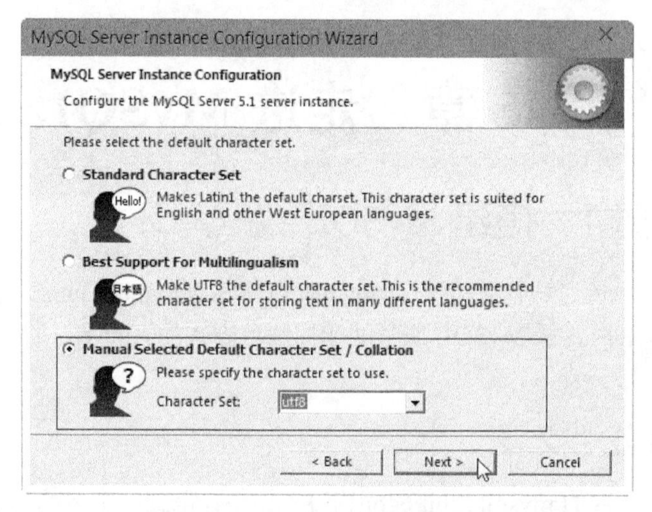

图 15.2　设置编码格式

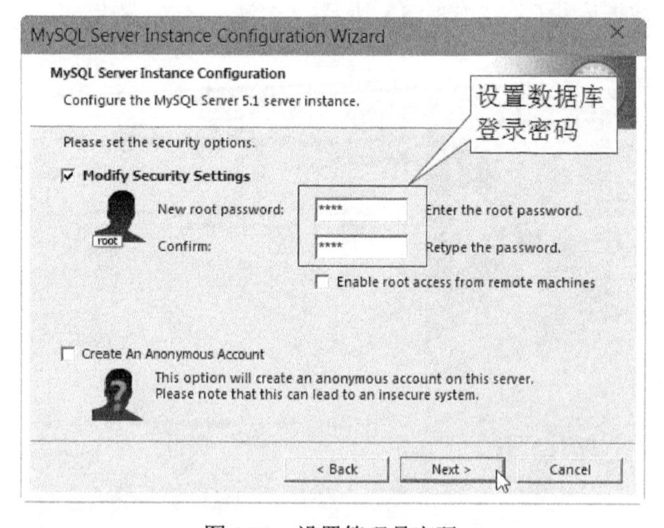

图 15.3　设置管理员密码

按照提示，继续安装，直到完整完成。安装完成之后，MySQL 数据库就完整地安装到我们的系统中了。

15.1.2　客户端安装

选择 SQLYog 作为 MySQL 的客户端，打开浏览器，输入 http://www.webyog.com/product/downloads，进入 SQLYog 官方软件下载页面，选择适合自己计算机的平台[32bit/64bit]，单击 Download 按钮下载。

下载完成后，在自己的计算机上安装 SQLYog，安装过程和普通软件安装一致，安装完成后，打开 SQLYog，弹出如图 15.4 所示的对话框。

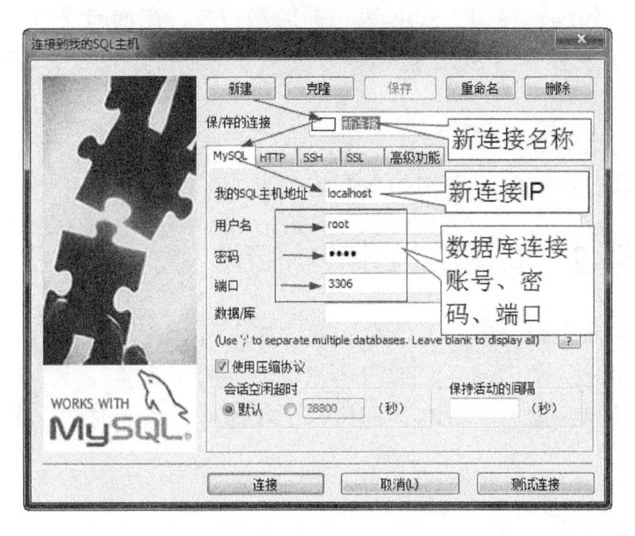

图 15.4　登录 SQLYog

第一次运行软件，要求新建数据库连接，如图 15.4 所示，单击新建按钮，然后输入数据库连接信息：主机地址[本机使用 localhost]、用户名[默认 root]、密码[安装时设置的密码]、端口[默认 3306 端口]，单击连接按钮即可。

连接成功后就进入了 SQLYog 操作界面。SQLYog 操作界面由三部分组成，如图 15.5 所示。

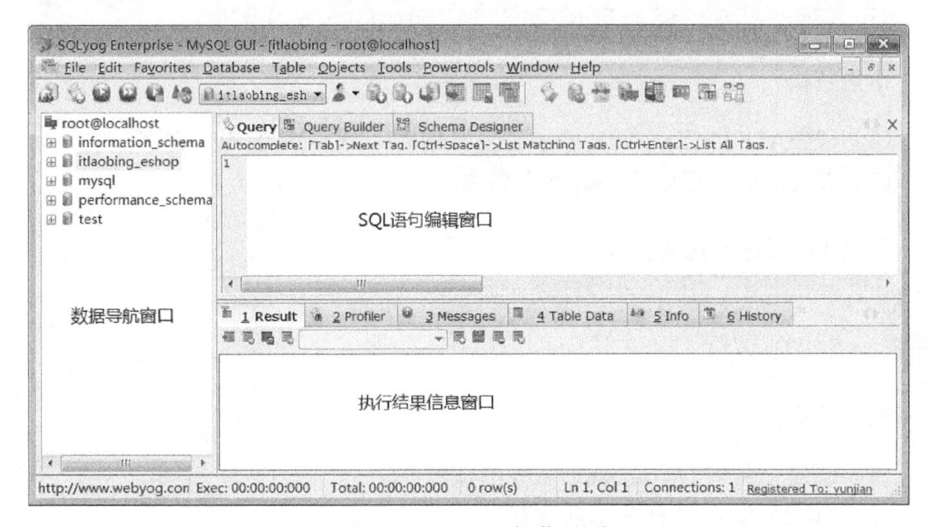

图 15.5　SQLYog 操作界面

（1）数据库导航窗口：可以查看当前数据库管理系统中所有的数据库，当前正在使用的数据库等信息。

（2）SQL 语句编辑窗口：SQL 语句的编辑窗口，在询问窗口中可以定义各种 SQL 语句，每一条独立的 SQL 语句都以英文分号结束，完整的 SQL 语句可以单击执行按钮进行执行。

（3）执行结果信息窗口：在这个窗口中，主要显示 SQL 语句执行的信息，包括执行条数、执行的时间、查询的数据等信息。

15.2 任务 2：创建公司数据库

需求：公司要登记公司员工信息，要求如下所示。

（1）部门信息：部门编号、部门名称、部门所在地区。

（2）员工信息：编号、姓名、职位、上级编号、入职时间、工资、奖金、所属部门。

15.2.1 创建数据库

要有规划、有条理、合理统一地保存公司员工的信息，必须存在一个专门用于存储数据的空间，在这个空间中分类存储公司的各种类型的信息，并且在这样的空间中，对数据的增加、修改、查询等操作都要十分方便。

这个空间，我们定义为存储数据的仓库，简称数据库。在 MySQL 数据库管理系统中，可以通过 SQL 语句来定义创建数据库。

创建数据库语法结构：

```
CREATE DATABASE[IF NOT EXISTS]db_name;
```

语法解析：

（1）CREATE DATABASE 表示创建数据库，是 SQL 中的关键字。

（2）db_name 是要创建的数据库名称。

示例 1：创建公司数据库

```
#创建公司信息数据库
CREATE DATABASE company_info;
```

代码解析：

（1）创建了名称为 company_info 的数据库。

（2）#是 MySQL 数据库中的注释。

（3）在 SQLYog 中，打开询问窗口，输入示例 1 中所示的代码；选中要执行的 SQL 语句，按快捷键 Ctrl + F9 执行选中的代码即可。

15.2.2　使用数据库

创建好数据库之后要使用数据库，使用数据库是告知 MySQL，后续的操作是针对所使用的数据库进行的操作。

使用数据库语法结构：

```
USE db_name;
```

语法解析：

（1）使用 USE 关键词，来指定我们要使用的数据库。

（2）db_name 是被使用的数据库名称。

示例 2：使用公司数据库

```
#使用 company_info 数据库。
USE company_info;
```

代码解析：

（1）使用 USE 命令指定要使用的数据库。

（2）company_info 是被使用的数据库名称。

15.2.3　创建数据表

创建好数据库之后，就可以在使用的数据库中创建数据表，数据是存储在数据表中的。在数据表中包含若干列，每列需要明确列中存储的数据类型，如字符串、日期时间、整数、浮点数等。

创建数据表的语法结构：

```
CREATE TABLE tab_name(
    col_name datetype,
    col_name datetype,
    ……
);
```

语法解析：

（1）使用 CREATE TABLE 关键字创建数据表。

（2）tab_name 是数据表的名称。

（3）col_name 是列名称。

（4）datetype 是列的数据类型。

（5）创建每一列以逗号结尾，但最后一列不允许写逗号。

MySQL 的数据类型有许多，表 15.1 展示了 MySQL 的数据类型。

表 15.1　MySQL 的数据类型

数据类型	描述
smallint	小的整数，带符号的范围是–32768～32767，无符号的范围是 0～65535
mediumint	中等大小的整数，带符号的范围是–8388608～8388607，无符号的范围是 0～16777215
int/integer	普通大小的整数，带符号的范围是–2147483648～2147483647，无符号的范围是 0～4294967295
bigint	大整数，带符号的范围是–9223372036854775808～9223372036854775807，无符号的范围是 0～18446744073709551615
float	小（单精度）浮点数，允许的值是$-3.402823466\times10^{38}\sim-1.175494351\times10^{-38}$、0 和 $1.175494351\times10^{-38}\sim3.402823466\times10^{38}$，这些是理论限制，基于 IEEE 标准，实际的范围根据硬件或操作系统的不同可能稍微小些
double	普通大小（双精度）浮点数，允许的值是$-1.7976931348623157\times10^{308}\sim-2.2250738585072014\times10^{308}$、0 和 $2.2250738585072014\times10^{308}\sim1.7976931348623157\times10^{308}$，这些是理论限制，基于 IEEE 标准，实际的范围根据硬件或操作系统的不同可能稍微小些
date	日期，支持的范围为'1000-01-01'到'9999-12-31'，MySQL 以'YYYY-MM-DD'格式显示 date 值，但允许使用字符串或数字为 date 列分配值
datetime	日期和时间的组合，支持的范围是'1000-01-01 00:00:00'到'9999-12-31 23:59:59'，MySQL 以'YYYY-MM-DD HH:MM:SS'格式显示 datetime 值，但允许使用字符串或数字为 datetime 列分配值
timestamp	时间戳，范围是'1970-01-01 00:00:00'到 2037 年
time	时间，范围是'–838:59:59'到'838:59:59'，MySQL 以'HH:MM:SS'格式显示 time 值，但允许使用字符串或数字为 time 列分配值
year	两位或四位格式的年，默认是四位格式，在四位格式中，允许的值是 1901～2155 和 0000，在两位格式中，允许的值是 00 到 69，表示从 2000～2069 年，或者 70～99，表示 1970～1999 年 MySQL 以 YYYY 格式显示 year 值，但允许使用字符串或数字为 year 列分配值
char（m）	固定长度字符串，当保存时在右侧填充空格以达到指定的长度，m 表示列长度，m 是 0～255 个字符
varchar（m）	变长字符串，m 表示最大列长度，m 是 0～65535，（varchar 的最大实际长度由最长的行的大小和使用的字符集确定，最大有效长度是 65535 字节）
blob[(m)]	最大长度为 65535（216–1）字节的 blob 列，可以给出该类型的可选长度 m，如果给出，则 MySQL 将列创建为最小的但足以容纳 m 字节长的值的 blob 类型
text[(m)]	长字符串，最大长度为 65535（216–1）字符的 text 列，可以给出可选长度 m，则 MySQL 将列创建为最小的但足以容纳 m 字符长的值的 text 类型

公司数据库中包括部门表，如表 15.2 所示。员工表如表 15.3 所示。

表 15.2　部门表（表名称：dept）

序号	字段名称	数据类型	描述
1	deptno	int	部门编号
2	dname	varchar（14）	部门名称
3	loc	varchar（13）	部门地址

表 15.3　员工表（表名称：emp）

序号	字段名称	数据类型	描述
1	empNo	int	员工编号
2	ename	varchar（10）	员工姓名
3	job	varchar（10）	职位
4	mgr	int	员工上级领导编号
5	hirdate	datetime	入职时间
6	sal	double	工资
7	comm	double	奖金
8	deptno	int	所属部门编号

示例 3：创建部门表和员工表

```
#创建部门表
CREATE TABLE dept(
       deptno INT,
       dname VARCHAR(14),
       loc VARCHAR(13)
);
#创建员工表
CREATE TABLE emp(
       empNo INT,
       ename VARCHAR(10),
       job VARCHAR(10),
       mgr INT,
       hirdate DATETIME,
       sal DOUBLE,
       comm DOUBLE,
```

```
        deptno INT
);
```

15.3　任务 3：管理公司数据库

对数据表中的数据操作有添加（create）、查询（retrieve）、修改（update）、删除（delete），简称为 CRUD。

15.3.1　添加数据

添加数据语法结构：

```
INSERT INTO tab_name(col1,col2,col3,...) values (value1,
  value3,value3,...);
```

语法解析：

（1）insert into 关键字为表中添加数据。

（2）tab_name 是表名称。

（3）col1，col2，col3 是表中的列名称。

（4）value1，value2，value3 是列中的值。

（5）value 的数量、顺序、类型必须与 col 完全一致。

示例 4：添加部门和员工

```
#给 dept 表中添加数据
INSERT INTO dept VALUES(10,'人事部','北京');
INSERT INTO dept(deptno,dname,loc)VALUES(20,'软件部','
  深圳');
INSERT INTO dept VALUES(30,'销售部','杭州');

#给 emp 表中添加数据
INSERT INTO emp(empNo,ename,job,mgr,hirdate,sal,comm,
  deptno)VALUES(1001,'宋江','董事长',null,'2001-1-1',6000,
  10000,10);
INSERT INTO emp(empNo,ename,job,mgr,hirdate,sal,comm,
  deptno)VALUES(10011,'卢俊义','董事助理',1001,'2003-1-1',
  3000,1000,10);
INSERT INTO emp(empNo,ename,job,mgr,hirdate,sal,comm,
```

```
  deptno)VALUES(10012,'吴用','董事助理',1001,'2001-1-1',
  4000,4000,10);
INSERT INTO emp(empNo,ename,job,mgr,hirdate,sal,comm,
  deptno)VALUES(2001,'林冲','项目经理',1001,'2003-3-1',
  6000,5000,20);
INSERT INTO emp(empNo,ename,job,mgr,hirdate,sal,comm,
  deptno)VALUES(20011,'李逵','项目组长',2001,'2001-1-1',
  3000,1000,20);
INSERT INTO emp(empNo,ename,job,mgr,hirdate,sal,comm,
  deptno)VALUES(20012,'扈三娘','项目助理',2001,'2003-1-1',
  5000,1000,20);
INSERT INTO emp(empNo,ename,job,mgr,hirdate,sal,comm,
  deptno)VALUES(200111,'时迁','程序员',20011,'2004-1-1',
  2000,2000,20);
INSERT INTO emp(empNo,ename,job,mgr,hirdate,sal,comm,
  deptno)VALUES(3001,'母夜叉','销售经理',1001,'205-1-1',
  2000,10000,30);
INSERT INTO emp(empNo,ename,job,mgr,hirdate,sal,comm,
  deptno)VALUES(30011,'张青','销售助理',3001,'2005-3-1',
  2000,2000,30);
```

15.3.2　查询数据

查询数据语法结构：

```
SELECT col1,col2,…FROM tab_name;
```

语法解析：

（1）SELECT FROM 关键字用于查询表中数据。

（2）col1，col2 是表中的列名称，如果要查询所有列可以使用*。

（3）tab_name 是表名称。

示例 5：查询部门表

```
SELECT*FORM dept;
```

运行结果：

如图 15.6 所示。

	deptno	dname	loc
□	10	人事部	北京
□	20	软件部	深圳
□	30	销售部	杭州

图 15.6　查询结果

15.3.3　修改数据

修改数据语法结构：

```
UPDATE tab_name SET col1=value1,col2=value2,...WHERE
  condition;
```

语法解析：

（1）UPDATE SET 关键字用于修改表中的数据。

（2）tab_name 是表名称。

（3）col1，col2 是表中的列名称。

（4）value1，value2 是列中的值。

（5）WHERE 是修改数据的条件。

示例 6：修改数据

```
UPDATE emp SET comm=3000 WHERE ename='李逵';
```

代码解析：

（1）修改 emp 表中员工李逵的奖金为 3000。

（2）WHERE 是修改条件，只有满足条件的记录才会被修改。

15.3.4　删除数据

删除数据语法结构：

```
DELETE FROM tab_name where condition;
```

语法解析：

（1）DELETE FROM 关键字用于删除表中的数据。

（2）tab_name 是表名称。

（3）WHERE 是删除数据的条件。

示例 7：删除数据

```
DELETE FROM emp WHERE ename='李逵';
```

代码解析：

使用 DELETE 语句删除员工表 emp 中 ename 为李逵的记录。

15.4 任务 4：备份和还原数据库

在实际项目操作过程中，数据库的数据会有特别频繁的操作，谁也不能保证在这些操作中没有任何问题，所以数据的错误、丢失，甚至数据库的物理删除等都是比较常见的问题，针对这样的问题，数据库数据的备份和恢复功能是非常重要的。

在 SQLYog 的工具栏中提供了备份与还原的操作按钮，如图 15.7 所示，单击备份按钮，按照提示可完成备份操作，单击还原按钮，按照提示可完成还原操作。

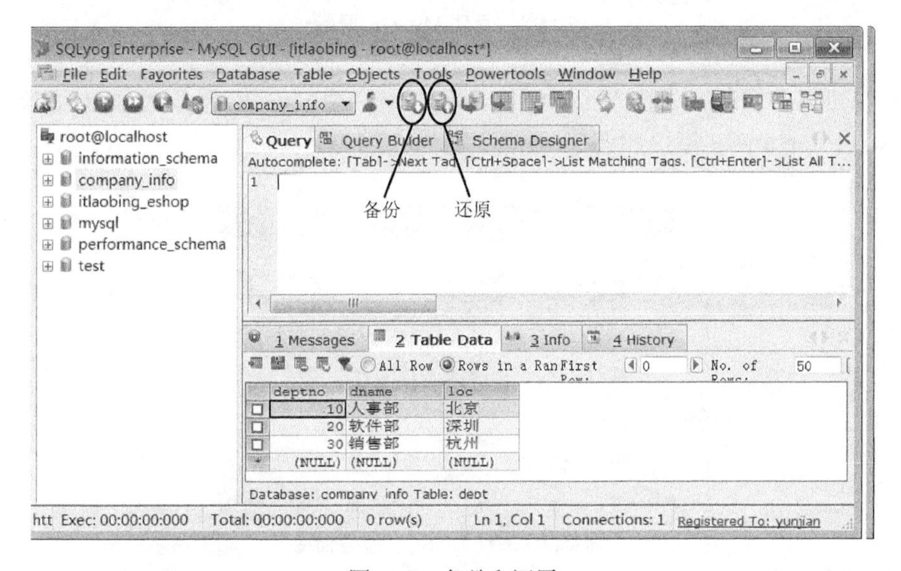

图 15.7 备份和还原

15.5 任务 5：管理 MySQL 服务

MySQL 是基于服务的数据库，只用当服务启动后，MySQL 才能正常工作，当服务停止后，MySQL 就停止了工作。

使用 WIN + R 键组合，打开控制台，在控制台中输入 services.msc，打开系统服务面板，如图 15.8 所示，在服务面板中找到 MySQL 服务，在服务面板中可以启动或停止服务，也可以将服务设置为自动或手动。

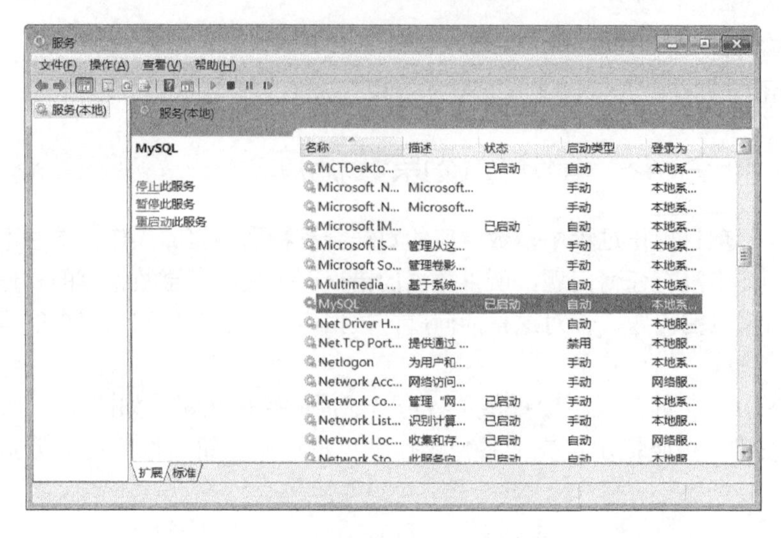

图 15.8　管理 MySQL 服务

也可以在控制台中输入 net start mysql 命令启动 MySQL 服务，如图 15.9 所示，输入 net stop mysql 停止 MySQL 服务，如图 15.10 所示。

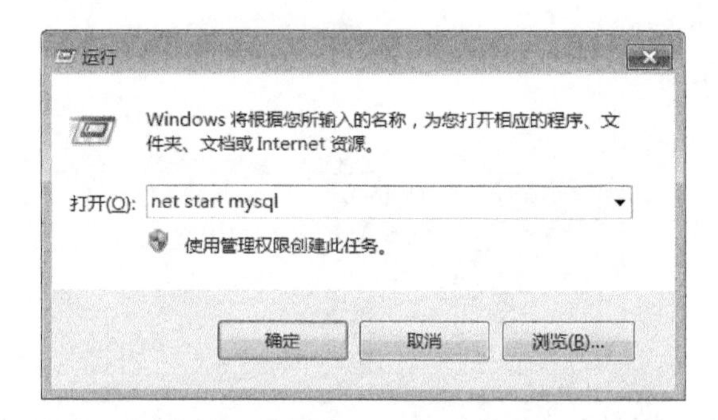

图 15.9　启动 MySQL 服务命令

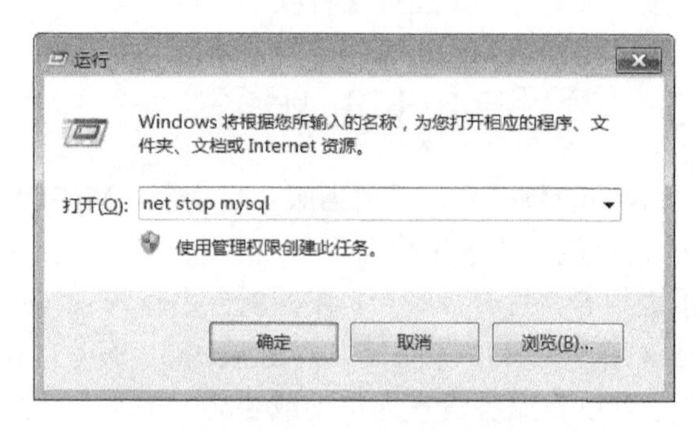

图 15.10　停止 MySQL 服务命令

第 16 章　约束和高级查询

16.1　任务 1：为表创建约束

为表创建约束是为了保证进入数据库的数据都是有效的、可靠的。例如，员工的年龄可以写成 18，也可以写成十八岁，在统计平均年龄时，显然十八岁是无效数据。在数据库中有五种约束来保证数据的有效性和可靠性，分别是主键约束、唯一约束、外键约束、默认约束、检查约束。

16.1.1　主键约束

表中的记录也称为实体，在数据表中如果两个实体完全相同，数据库认为是一个实体，为了避免出现实体完全相同，就必须保证每个实体都是唯一的。实体的唯一性也称为实体的完整性。如图 16.1 所示的表中的两个实体完全相同，该表失去了实体完整性。

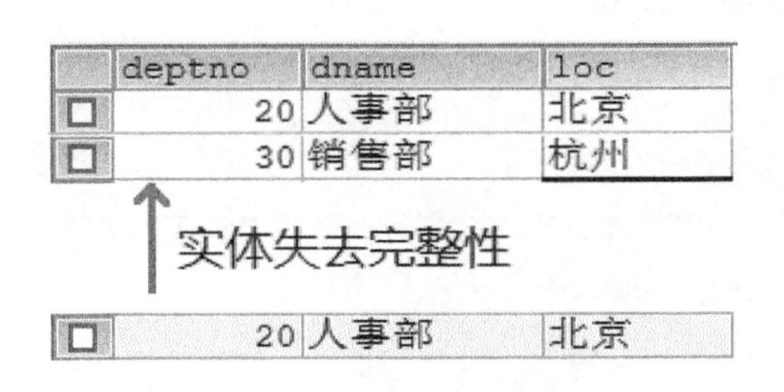

图 16.1　表失去实体完整性

表中经常有一列或多列的组合，其值能唯一地标识表中的每一行，这样的一列或多列称为表的主键，也称为主键约束。主键约束最显著的特征是主键列中的值是不允许重复的，通过主键约束可强制表的实体完整性。当创建或更改表时可通过定义 PRIMARY KEY 约束来创建主键。一个表只能有一个 PRIMARY KEY 约束，而且 PRIMARY KEY 约束中的列不能接受 null 值。

添加主键约束语法结构：

```
ALTER TABLE tab_name ADD CONSTRAINT pk_name PRIMARY
  KEY(col_name);
```

示例 1：部门编号设置为主键

```
ALTER TABLE dept
   ADD CONSTRAINT pk_dept_deptno PRIMARY KEY(deptno);
```

代码解析：

（1）为 dept 表的 deptno 列创建了名称为 pk_dept_deptno 的主键约束。
（2）主键约束的列不允许有重复的值。
（3）主键约束的列不允许有 NULL 值。

16.1.2 自增长列

并不是所有的表在设计完成后都能找到适合作为主键的列，为此数据库提供了自增长列，自增长列是 int 类型的，其值是由数据库自动维护的，是永远都不会重复的，因此自增长列是最适合作为主键列的。在创建表时，通过 auto_increment 关键字来标识自增长列，在 MySQL 数据库中自增长列必须是主键列。

示例 2：创建自增长主键

```
#创建员工表
CREATE TABLE emp(
   empNo INT PRIMARY KEY AUTO_INCREMENT,
   ename VARCHAR(10),
   job VARCHAR(10),
   mgr INT,
   hirdate DATETIME,
   sal DOUBLE,
   comm DOUBLE,
   deptno INT
);
```

代码解析：

（1）PRIMARY KEY 将 empNo 列设置为主键列。
（2）AUTO_INCREMENT 将 empNo 列设置为自增长列。
（3）AUTO_INCREMENT 列必须是主键列。

16.1.3　外键约束

在关系型数据库中，表与表之间存在三种关系，分别是 1 对 1（1∶1）、1 对多（1∶*M*）和多对多（*M*∶*N*）。1 对 1 是指第一张表的一条记录仅与第二张表的一条记录相对应，例如，丈夫和妻子是 1 对 1 的关系。1 对多是指第一张表的一条记录与第二张表的多条记录相对应，例如，一个班级有多个学生。多对多是指第一张表的多条记录与第二张表的多条记录相对应，例如，超市有多种商品，有多个顾客，商品与顾客之间是多对多的关系。

外键约束能够实现一对多的关系。

公司数据库中录入的部门信息和员工信息存在如下关系。

（1）公司的一个部门中可能存在多个员工。

（2）公司的一个员工只能属于一个部门。

也就是说公司的部门和员工是一对多的关系（一个部门有多个员工），这样的关系在数据表中怎么体现？通过给员工表增加一个部门编号字段，来说明某个员工属于某个部门。如图 16.2 所示，emp 表中的 deptno 列的值来自于 dept 表的 deptno 列，可以看出宋江是人事部的员工。表中的列也称为键，我们将表中列的值来自于另外一张表的主键或唯一键的列称为外键（foreign key，FK），将被引用值的表称为主表或父表，将引用值的表称为从表或子表。

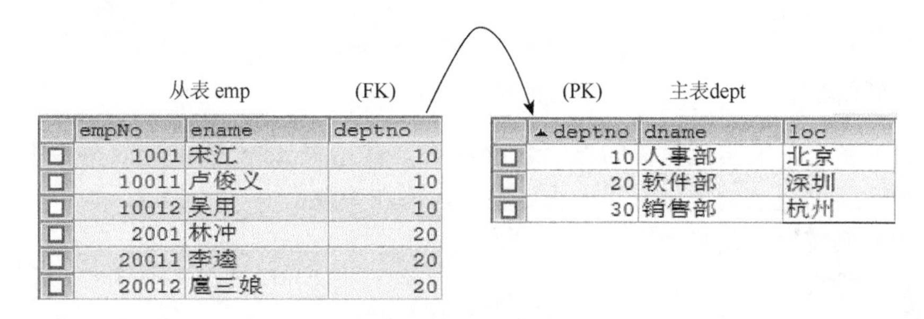

empNo	ename	deptno
1001	宋江	10
10011	卢俊义	10
10012	吴用	10
2001	林冲	20
20011	李逵	20
20012	扈三娘	20

deptno	dname	loc
10	人事部	北京
20	软件部	深圳
30	销售部	杭州

图 16.2　表的外键

在一对多的关系中，从表的外键引用主表的主键。例如，从表 emp 的外键列 deptno 引用主表 dept 的主键列 deptno。

但是这样的关系只是开发人员自己定义的业务规则，数据库并不知道 emp 表的 deptno 列与 dept 表的 deptno 列是主外键关系。为了让数据库知道 emp 表与 dept 表的主外键关系，就必须在子表 emp 上创建外键约束，通过外键约束告诉数据库 emp 表与 dept 表具有主外键关系。

外键约束的语法规则：

```
ALTER TABLE tab_name
```

```
    ADD CONSTRAINT FOREIGN KEY fk_name(col_name)
    REFERENCE re_tab_name(re_col_name);
```

示例 3：为员工表设置部门外键

```
alter table emp
    add constraint foreign key fk_dept_emp_deptno(deptno)
references dept(deptno);
```

设置了外键约束后，对 emp 表添加数据时，外键约束会验证 emp 表新增记录的 deptno 列的值在 dept 表的 deptno 列中是否存在，若存在可以添加 emp 表记录，否则不允许添加 emp 表记录。

设置了外键约束后，在删除 dept 表中的记录时，外键约束会验证 emp 表中是否有 deptno 列的值与 dept 表中被删除行的 deptno 列的值相同，如果有，说明主表被删除的数据正在被子表引用，因此不允许删除。

示例 4：测试添加数据违反外键约束

```
INSERT INTO emp(empNo,ename,job,mgr,hirdate,sal,comm,
  deptno)
    VALUES(4001,'晁盖','总裁',null,'2001-1-1',6000,10000,
      40);
```

代码解析：

（1）新添加的员工晁盖的部门编号为 40，在主表 dept 的 deptno 列中不存在 40，导致新增记录的外键引用失去完整性，添加失败。

（2）系统报错信息如下：

```
Error Code:1452
Cannot add or update a child row:a foreign key constraint
  fails(`company_info`.`emp`,CONSTRAINT  `emp_ibfk_1`
  FOREIGN KEY(`deptno`)REFERENCES `dept`(`deptno`))
```

示例 5：测试删除数据违反外键约束

```
DELETE FROM dept WHERE deptno=10
```

代码解析：

（1）删除 dept 表中 deptno 等于 10 的部门信息，由于 emp 表中存在对 deptno 等于 10 的引用，因此不允许删除。

（2）系统报错信息如下：

```
Error Code:1451
Cannot delete or update a parent row:a foreign key constraint
  fails(`company_info`.`emp`,CONSTRAINT    `emp_ibfk_1`
  FOREIGN KEY(`deptno`)REFERENCES `dept`(`deptno`))
```

操作关系表需要注意：

（1）添加记录时，先添加主表记录，再添加子表记录；
（2）删除记录时，先删除子表记录，再删除主表记录；
（3）主表被子表引用的键必须是主键或唯一键。

16.2　任务 2：编写高级查询语句

16.2.1　查询所有列

语法结构：
SELECT * FROM tab_name;

示例 6：查看公司所有的部门信息

```
#查看部门表 dept 中所有记录
SELECT * FROM dept;
```

运行结果：

如图 16.3 所示。

deptno	dname	loc
10	人事部	北京
20	软件部	深圳
30	销售部	杭州

图 16.3　查看公司所有部门的结果

16.2.2　查询指定列

语法结构：

```
SELECT col_name1,col_name2,… FROM tab_name;
```

示例 7：查询公司员工的姓名、工资、奖金信息

```
#查询公司员工姓名、工资、奖金
SELECT ename,sal,comm FROM emp;
```

运行结果：

如图 16.4 所示。

	ename	sal	comm
□	宋江	6000	10000
□	卢俊义	3000	1000
□	吴用	4000	4000
□	林冲	6000	5000
□	李逵	3000	1000
□	扈三娘	5000	1000
□	时迁	2000	2000
□	母夜叉	2000	10000
□	张青	2000	2000

图 16.4　查询姓名、工资、奖金的结果

16.2.3　条件查询 WHERE 子句

WHERE 子句用于条件查询。WHERE 子句中可以使用的比较运算符包括＞、＞=、＜、＜=、＜＞。

示例 8：查询公司中薪水低于 3000 的所有员工

```
#查询公司中薪水小于 3000 的所有员工
SELECT * FROM emp WHERE sal<3000;
```

运行结果：

如图 16.5 所示。

	empNo	ename	job	mgr	hirdate	sal	comm	deptno
□	200111	时迁	程序员	20011	2004-01-01 00:00:00	2000	2000	20
□	3001	母夜叉	销售经理	1001	0205-01-01 00:00:00	2000	10000	30
□	30011	张青	销售助理	3001	2005-03-01 00:00:00	2000	2000	30

图 16.5　查询薪水低于 3000 的所有员工

WHERE 子句中可以使用逻辑运算包含 and、or、not 三种运算。

示例 9：查询薪水大于 4000，奖金大于 4000 的所有员工

```
#查询薪水大于 4000,奖金大于 4000 的所有员工
SELECT * FROM emp WHERE sal>4000 and comm>4000;
```

运行结果：

如图 16.6 所示。

empNo	ename	job	mgr	hirdate	sal	comm	deptno
1001	宋江	董事长	(NULL)	2001-01-01 00:00:00	6000	10000	10
2001	林冲	项目经理	1001	2003-03-01 00:00:00	6000	5000	20

图 16.6　查询薪水大于 4000，奖金大于 4000 的所有员工

16.2.4　BETWEEN…AND

Between…AND 表示在两者之间，例如，BETWEEN 60 AND 100 相当于>=60 and<=100。

示例 10：查询公司中奖金在 1000～5000 的所有员工

```
#查询公司中奖金在 1000～5000 的所有员工
SELECT * FROM emp WHERE comm BETWEEN 1000 AND 5000;
```

运行结果：

如图 16.7 所示。

empNo	ename	job	mgr	hirdate	sal	comm	deptno
10011	卢俊义	董事助理	1001	2003-01-01 00:00:00	3000	1000	10
10012	吴用	董事助理	1001	2001-01-01 00:00:00	4000	4000	10
2001	林冲	项目经理	1001	2003-03-01 00:00:00	6000	5000	20
20011	李逵	项目组长	2001	2001-01-01 00:00:00	3000	1000	20
20012	扈三娘	项目助理	2001	2003-01-01 00:00:00	5000	1000	20
200111	时迁	程序员	20011	2004-01-01 00:00:00	2000	2000	20
30011	张青	销售助理	3001	2005-03-01 00:00:00	2000	2000	30

图 16.7　查询奖金在 1000～5000 的所有员工

16.2.5　IN 查询

IN 用于没有规律的范围查询，相当于多个 or 的组合。例如，id in（1，4，7）相当于 id = 1 or id = 4 or id = 7。

示例 11：查询公司中职位为项目经理，项目组长的员工

```
#查询公司中职位为项目经理，项目组长的员工
SELECT * FROM emp WHERE job IN('项目经理','项目组长');
```

运行结果：

如图 16.8 所示。

empNo	ename	job	mgr	hirdate	sal	comm	deptno
2001	林冲	项目经理	1001	2003-03-01 00:00:00	6000	5000	20
20011	李逵	项目组长	2001	2001-01-01 00:00:00	3000	1000	20

图 16.8　查询职位为项目经理和项目组长的员工

16.2.6　模糊查询 LIKE

模糊查询使用通配符%和_实现，%表示任一个任意字符，_表示任意一个字符。

示例 12：查询姓宋的员工

```
#查询姓宋的员工
SELECT * FROM emp WHERE ename LIKE '宋%';
```

运行结果：

如图 16.9 所示。

empNo	ename	job	mgr	hirdate	sal	comm	deptno
1001	宋江	董事长	(NULL)	2001-01-01 00:00:00	6000	10000	10

图 16.9　查询姓宋的员工

示例 13：查询姓名由三个字构成，并且以义结尾的员工

```
#查询姓名由三个字构成，并且以义结尾的员工。
SELECT * FROM emp WHERE ename LIKE '_ _义';
```

运行结果：

如图 16.10 所示。

empNo	ename	job	mgr	hirdate	sal	comm	deptno
10011	卢俊义	董事助理	1001	2003-01-01 00:00:00	3000	1000	10

图 16.10　查询姓名由三个字构成并且以义结尾的员工

16.2.7　排序 ORDER BY 子句

ORDER BY 子句用于排序，升序需指定 ASC，降序需指定 DESC，默认是 ASC。

示例 14：按照工资从高到低查询员工信息，工资相同的再按照奖金升序排序

```
#按照工资从高到低查询员工信息,工资相同的再按照奖金升序排序
SELECT * FROM emp ORDER BY sal DESC,comm asc;
```

运行结果：

如图 16.11 所示。

empNo	ename	job	mgr	hirdate	sal	comm	deptno
2001	林冲	项目经理	1001	2003-03-01 00:00:00	6000	5000	20
1001	宋江	董事长	(NULL)	2001-01-01 00:00:00	6000	10000	10
20012	扈三娘	项目助理	2001	2003-01-01 00:00:00	5000	1000	20
10012	吴用	董事助理	1001	2001-01-01 00:00:00	4000	4000	10
10011	卢俊义	董事助理	1001	2003-01-01 00:00:00	3000	1000	10
20011	李逵	项目组长	2001	2001-01-01 00:00:00	3000	1000	20
200111	时迁	程序员	2011	2004-01-01 00:00:00	2000	2000	20
30011	张青	销售助理	3001	2005-03-01 00:00:00	2000	2000	30
3001	母夜叉	销售经理	1001	0205-01-01 00:00:00	2000	10000	30

图 16.11　查询工资从高到低，工资相同按奖金升序的员工信息

16.2.8　聚合函数查询

聚合就是将多个数据聚合成一个数据，聚合是通过聚合函数实现的，聚合函数有 sum、max、min、avg、count 共五个。

示例 15：查询最高工资、最低工资、平均工资、总工资、公司总人数

```
#查询最高工资、最低工资、平均工资、总工资、公司总人数
SELECT MAX(sal)最高工资,MIN(sal)最低工资,AVG(sal)平均工资,SUM(sal)总工资,COUNT(*)公司总人数 FROM emp;
```

运行结果：

如图 16.12 所示。

最高工资	最低工资	平均工资	总工资	公司总人数
6000	2000	3666.6666666666665	33000	9

图 16.12　查询最高工资、最低工资、平均工资、总工资、公司人数的聚合查询

16.2.9　多表查询

在前面的章节中介绍的都是基本的查询，这些查询基本都是基于一个表的数据查询，实际上在项目中需要的数据很少来自于一张单独的表，经常会用到两张或者两张以上的表进行查询，这种查询两个或者两个以上的数据表的查询称为连接查询。连接查询通常建立在存在相互关系的父子表之间，例如，员工表 emp 中的部门编号 deptno 字段都是从部门表 deptno 的部门编号 deptno 中取的值。

16.2.10　笛卡儿乘积现象

表查询中的笛卡儿乘积现象：多行表在查询时，如果定义了无效连接或者漏写了连接条件，就会产生笛卡儿乘积现象，笛卡儿乘积就是每个表的每一行都和其他表的每一行组合，假设两张表的总行数分别是 X 行和 Y 行，笛卡儿乘积就会返回 $X*Y$ 行记录。

示例 16：笛卡儿乘积现象

```
Select * from emp,dept;
```

代码解析：

（1）本例将 emp 表和 dept 表联合在一起，实现了多表查询。

（2）Emp 表中有 9 行数据，dept 表中有 3 行数据，Emp 表的每一行数据与 dept 表的每一行数据都进行了一次组合，产生了 27 行数据，这种现象称为笛卡儿乘积现象。

运行结果：

如图 16.13 所示。

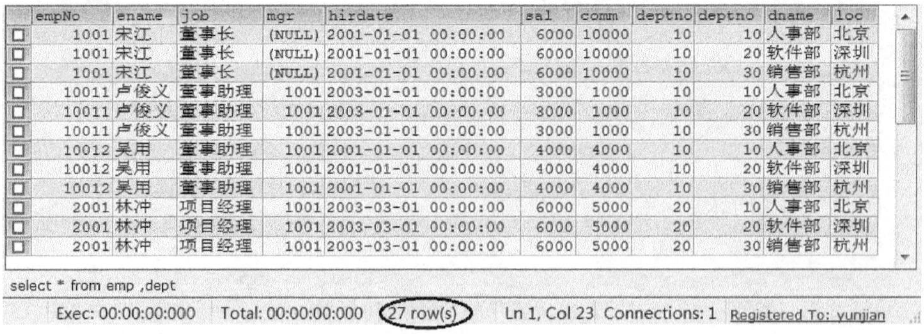

empNo	ename	job	mgr	hirdate	sal	comm	deptno	deptno	dname	loc
1001	宋江	董事长	(NULL)	2001-01-01 00:00:00	6000	10000	10	10	人事部	北京
1001	宋江	董事长	(NULL)	2001-01-01 00:00:00	6000	10000	10	20	软件部	深圳
1001	宋江	董事长	(NULL)	2001-01-01 00:00:00	6000	10000	10	30	销售部	杭州
10011	卢俊义	董事助理	1001	2003-01-01 00:00:00	3000	1000	10	10	人事部	北京
10011	卢俊义	董事助理	1001	2003-01-01 00:00:00	3000	1000	10	20	软件部	深圳
10011	卢俊义	董事助理	1001	2003-01-01 00:00:00	3000	1000	10	30	销售部	杭州
10012	吴用	董事助理	1001	2001-01-01 00:00:00	4000	4000	10	10	人事部	北京
10012	吴用	董事助理	1001	2001-01-01 00:00:00	4000	4000	10	20	软件部	深圳
10012	吴用	董事助理	1001	2001-01-01 00:00:00	4000	4000	10	30	销售部	杭州
2001	林冲	项目经理	1001	2003-03-01 00:00:00	6000	5000	20	10	人事部	北京
2001	林冲	项目经理	1001	2003-03-01 00:00:00	6000	5000	20	20	软件部	深圳
2001	林冲	项目经理	1001	2003-03-01 00:00:00	6000	5000	20	30	销售部	杭州

select * from emp ,dept

Exec: 00:00:00:000　Total: 00:00:00:000　27 row(s)　Ln 1, Col 23　Connections: 1　Registered To: yunjian

图 16.13　笛卡儿乘积

16.2.11　等值连接查询

等值连接是连接查询中最常见的一种，通常是在存在主键外键关联关系的表之间进行的，并将连接条件设定为有关系的列[主键-外键]，使用等号 = 连接相关的表。为了避免笛卡儿乘积现象，n 个表进行等值连接查询，最少需要 n–1 个等值条件来约束。

示例 17：查询每个部门的所有员工

```
SELECT dept.dname,emp.ename FROM emp,dept WHERE emp.
  deptno=dept.deptno;
```

代码解析：

（1）该查询是多表查询，从 emp 表查询 ename 列，从 dept 表查询 dname 列。

（2）FROM 关键字后面是被查询的表，多个表之间用逗号连接。

（3）WHERE 子句后是等值连接查询，等值连接查询过滤掉了笛卡儿乘积中重复的数据。

（4）dept. dname 中，dept 是表前缀，表明 dname 列是 dept 表中的列。如果 dname 只存在于被查询的一个表中，表前缀可以省略。

dname	ename
人事部	宋江
人事部	卢俊义
人事部	吴用
软件部	林冲
软件部	李逵
软件部	扈三娘
软件部	时迁
销售部	母夜叉
销售部	张青

图 16.14　查询每个部门的所有员工

运行结果：

如图 16.14 所示。

16.2.12　子查询

在实际项目中，经常会遇到在 WHERE 查询条件中的限制条件不是一个确定的值，而是来自另外一个查询的结果。例如，公司要查询比员工吴用工资高的员工，首先要获取吴用的工资，然后用这个工资来做条件查询其他的员工。

在 SQL 中，这种为了给主查询语句提供数据而首先执行的查询语句称为子查询。根据返回结果的不同，可以分为单行子查询、多行子查询等。

示例 18：查询软件部门下的所有员工

```
SELECT * FROM emp e
```

```
WHERE e.deptno=(SELECT d.deptno FROM dept d WHERE d.dname=
  '软件部')
```

代码解析：

（1）子查询的结果作为父查询条件的值。

（2）父查询的查询条件是 = 时，只允许查询一个值。

运行结果：

如图 16.15 所示。

	empNo	ename	job	mgr	hirdate	sal	comm	deptno
□	2001	林冲	项目经理	1001	2003-03-01 00:00:00	6000	5000	20
□	20011	李逵	项目组长	2001	2001-01-01 00:00:00	3000	1000	20
□	20012	扈三娘	项目助理	2001	2003-01-01 00:00:00	5000	1000	20
□	200111	时迁	程序员	2011	2004-01-01 00:00:00	2000	2000	20

图 16.15　查询软件部的所有员工

16.2.13　分页查询

当表中的数据量比较多时，使用分页查询会降低服务器的负担，提高程序执行的效率。MYSQL 使用 LIMIT 子句实现分页查询。

示例 19：分页查询员工信息

```
SELECT * FROM emp LIMIT 0,5
```

代码解析：

（1）LIMIT 子句用于分页查询，本例实现每页 5 条记录，查询第一页的功能。

（2）第一个参数 0 表示从表中第几行索引开始查询，MYSQL 数据库中第一行索引为 0。

（3）第二个参数 5 表示查询出几条记录。

16.2.14　综合查询示例

需求：

统计 2000 年以后入职，部门人数超过 2 人的部门，按照部门人数从多到少排序输出，分页显示，每页 5 条。

分析：

2000 年以后入职，通过 WHERE 子句获取。

部门人数超过 2 人，通过 GROUP BY 子句分组，COUNT()函数聚合，HAVING 判断超过 2 人。

排序，通过 ORDER BY 子句实现。

分页，通过 LIMIT 子句实现。

代码：

```
SELECT * FROM emp WHERE hirdate>='2000-01-01'
GROUP BY deptno HAVING COUNT(*)>=2 ORDER BY COUNT(*)DESC
 LIMIT 0,5
```

代码解析：

当 SQL 语句中有多个子句时，子句的书写顺序和执行顺序如下：

子句	SELECT	FROM	WHERE	GROUP	COUNT	HAVING	ORDER BY	LIMIT
书写顺序	(1)	(2)	(3)	(4)	(5)	(6)	(7)	(8)
执行顺序	(8)	(1)	(2)	(3)	(4)	(5)	(6)	(7)

执行顺序解释。

（1）FROM：获取所有记录。

（2）WHERE：筛选掉不满足条件的记录，保留满足条件的记录。

（3）GROUP：对满足条件的记录进行分组。

（4）COUNT：对分组后的各组数据进行聚合计算。

（5）HAVING：对分组后的记录进行筛选。

（6）ORDER BY：对选出的列进行排序。

（7）LIMIT：取出指定行的记录。

（8）SELECT：查询出最终的数据。

第 17 章　JDBC 操作数据

17.1　任务 1：认识 JDBC

17.1.1　什么是 JDBC

Java 数据库连接（java data base connectivity，JDBC）是一种用于执行 SQL 语句的 Java API，可以为多种数据库提供统一访问，它由一组用 Java 语言编写的类和接口组成。JDBC 提供了一组标准，据此可以构建更高级的工具和接口，使数据库开发人员能够编写数据库应用程序。

有了 JDBC，向各种数据库发送 SQL 语句就是一件很容易的事。换言之，有了 JDBC API，就不必为访问 MySQL 数据库专门写一个程序，访问 Oracle 数据库或 DB2 数据库又编写另一个程序，程序员只需用 JDBC API 写一个程序就够了，它可向相应的数据库发送 SQL 调用，同时将 Java 语言和 JDBC 结合起来使程序员不必为不同的平台编写不同的应用程序，只需写一遍程序就可以让它在任何平台上运行，这也是 Java 语言编写一次，处处运行的优势。

Java 数据库连接体系结构是用于 Java 应用程序连接数据库的标准方法。JDBC 对 Java 程序员而言是 API，对实现与数据库连接的服务提供商而言是接口模型。作为 API，JDBC 为程序开发提供标准的接口，并为数据库厂商及第三方中间件厂商实现与数据库的连接提供了标准方法。JDBC 实现了所有这些面向标准的目标并且具有简单、严格类型定义且高性能实现的接口。

17.1.2　JDBC 可以做什么

JDBC 可以做三件事。

（1）与数据库建立连接。

（2）将 Java 中拼写的 SQL 语句发送到数据库中执行。

（3）处理执行结果。

17.1.3　JDBC 在开发中的地位

在技术上，JDBC 实现数据的添加、删除、修改、查询等操作，是 Java 应用程序与数据库通信的桥梁。

软件开发中的界面负责数据输入，并将输入的数据提交给 Java 程序，Java 程序通过 JDBC 将数据保存到数据库中。JDBC 也负责从数据库中获取数据，然后将数据交给 Java 程序，最后 Java 程序将数据交给界面显示，如图 17.1 所示。

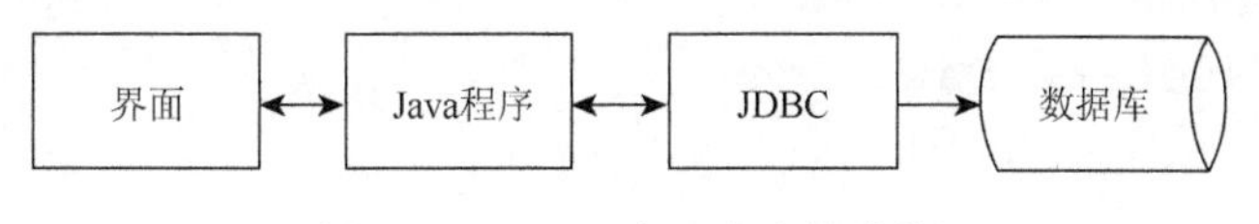

图 17.1　JDBC 在开发中的地位

17.2　任务 2：使用 JDBC 实现部门管理业务

JDBC 操作数据库分为 7 步。

（1）导入数据库驱动 jar 包。

（2）注册数据库驱动程序。

（3）建立和数据库之间的连接。

（4）拼写 SQL 语句。

（5）向数据库发送并执行 SQL 语句。

（6）处理执行结果。

（7）关闭资源。

现在来创建一个数据库，命名为 jdbcdemo，在 jdbcdemo 数据库中创建 users 表，users 表结构如表 17.1 所示。利用 jdbcdemo 数据库完成 jdbc 操作数据库的任务。

表 17.1　users 表结构

列名称	类型	约束
id	int	主键，自增长
username	Varchar（20）	用户名
userpass	Varchar（20）	密码
createDate	Datetime	创建时间

示例 1：创建数据库、数据表

```
CREATE DATABASE IF NOT EXISTS jdbcdemo;
USE jdbcdemo;
CREATE TABLE users
(
```

```
    id INT AUTO_INCREMENT PRIMARY KEY,
    username VARCHAR(20),
    userpass VARCHAR(20),
    createDate Datetime
);
```

17.2.1 实现添加用户业务

（1）在 Eclipse 中创建一个 java project，命名为 UserManager。
（2）在 UserManager 项目中创建一个目录，命名为 libs。
（3）将 mysql 数据库驱动 jar 包 mysql-connector-java 导入到 libs 目录中。
（4）将 libs 目录中的 mysql-connector-java 添加到构建路径中。
（5）在 src 中创建包，命名为 cn.itlaobing.jdbc。
（6）在 src 中创建类，命名为 AddUser1。
（7）在 AddUser1 类中创建 main 方法。
（8）在 main 方法中编写添加用户代码。

示例 2：添加用户

```
package cn.itlaobing.jdbc;
import java.sql.Connection;
import java.sql.DriverManager;
import java.sql.SQLException;
import java.sql.Statement;
public class AddUser1 {
    public static void main(String[] args){
        add();
    }
    public static void add(){
        Connection conn=null;
        Statement stat=null;
        try {
            //1 注册数据库驱动
            Class.forName("com.mysql.jdbc.Driver");
            //2 获取数据库连接
            conn=DriverManager.getConnection(
"jdbc:mysql://localhost:3306/jdbcdemo","root","root");
```

```
            //3 获取发送执行 sql 的对象
            stat=conn.createStatement();
            //4 定义 sql 语句
            String sql="INSERT INTO users(username,userpass)
VALUES('admin','123')";
            //5 执行 sql 并返回结果
            int rows=stat.executeUpdate(sql);
            //6 打印执行结果
            System.out.println("数据库中有"+rows+"条数据被执
              行...");
        } catch(ClassNotFoundException e){
            e.printStackTrace();
        } catch(SQLException e){
            e.printStackTrace();
        } finally {
            //7 关闭数据库连接等，释放资源
            try {
                if(stat !=null){
                    stat.close();
                    stat=null;
                }
            } catch(SQLException e){
                e.printStackTrace();
            }
            try {
                if(conn !=null){
                    conn.close();
                    conn=null;
                }
            } catch(SQLException e){
                e.printStackTrace();
            }
        }
    }
}
```

代码解析：

（1）将此任务代码执行 3 次，执行后，查看 users 表中数据，添加了 3 个用户，见图 17.2。

（2）id 列是自增长列，其值会自动由数据库生成。

	id	username	userpass
□	1	admin	123
□	2	admin	123
□	3	admin	123
*	(NULL)	(NULL)	(NULL)

图 17.2　添加用户

提示

JDBC 操作结束后务必关闭资源，关闭的顺序是 ResultSet.close（）、Statement.close（）、Connection.close（）。如果没有关闭这些资源，那么 JDBC 会与数据库保持连接状态，虚拟机内存不能释放，导致内存溢出。

17.2.2　实现修改密码业务

将 id=1 的用户的密码更改为 456。

示例 3：修改密码

```
package cn.itlaobing.jdbc;
import java.sql.Connection;
import java.sql.DriverManager;
import java.sql.SQLException;
import java.sql.Statement;
public class ModifyUserPass {
   public static void main(String[] args){
      modify();
   }
   public static void modify(){
      Connection conn=null;
      Statement stat=null;
      try {
         //1 注册数据库驱动
```

```
            Class.forName("com.mysql.jdbc.Driver");
            //2 获取数据库连接
            conn=DriverManager.getConnection(
"jdbc: mysql://localhost:3306/jdbcdemo","root","root");
            //3 获取发送执行 sql 的对象
            stat=conn.createStatement();
            //4 定义 sql 语句
            String sql="update users set userpass='456' where
              id=1";
            //5 执行 sql 并返回结果
            int rows=stat.executeUpdate(sql);
            //6 打印执行结果
            System.out.println("数据库中有"+rows+"条数据被执
              行...");
        } catch(ClassNotFoundException e){
            e.printStackTrace();
        } catch(SQLException e){
            e.printStackTrace();
        } finally {
            //7 关闭数据库连接等，释放资源
            try {
                if(stat !=null){
                    stat.close();
                    stat=null;
                }
            } catch(SQLException e){
                e.printStackTrace();
            }
            try {
                if(conn !=null){
                    conn.close();
                    conn=null;
                }
            } catch(SQLException e){
                e.printStackTrace();
```

```
                }
            }
        }
    }
```

运行结果：

执行该任务，然后查看 users 表中的数据，如图 17.3 所示，id 为 1 的用户名密码更改为 456。

	id	username	userpass
□	1	admin	456
□	2	admin	123
□	3	admin	123
*	(NULL)	(NULL)	(NULL)

图 17.3　修改密码

17.2.3　实现删除用户业务

将 id = 2 的用户删除。

示例 4：删除用户

```
package cn.itlaobing.jdbc;
import java.sql.Connection;
import java.sql.DriverManager;
import java.sql.SQLException;
import java.sql.Statement;
public class DeleteUser {
    public static void main(String[] args){
        delete();
    }
    public static void delete(){
        Connection conn=null;
        Statement stat=null;
        try {
            //1 注册数据库驱动
            Class.forName("com.mysql.jdbc.Driver");
```

```
            //2 获取数据库连接
            conn=DriverManager.getConnection(
"jdbc:mysql://localhost:3306/jdbcdemo","root","root");
            //3 获取发送执行 sql 的对象
            stat=conn.createStatement();
            //4 定义 sql 语句
            String sql=" delete from users where id=2";
            //5 执行 sql 并返回结果
            int rows=stat.executeUpdate(sql);
            //6 打印执行结果
            System.out.println("数据库中有"+rows+"条数据被执
              行...");
        } catch(ClassNotFoundException e){
            e.printStackTrace();
        } catch(SQLException e){
            e.printStackTrace();
        } finally {
            //7 关闭数据库连接等,释放资源
            try {
                if(stat !=null){
                    stat.close();
                    stat=null;
                }
            } catch(SQLException e){
                e.printStackTrace();
            }
            try {
                if(conn !=null){
                    conn.close();
                    conn=null;
                }
            } catch(SQLException e){
                e.printStackTrace();
            }
        }
```

```
    }
}
```

运行结果：

执行该任务，然后查看 users 表中的数据，如图 17.4 所示，id 为 2 的用户名被删除。

	id	username	userpass
☐	1	admin	456
☐	3	admin	123
*	(NULL)	(NULL)	(NULL)

图 17.4　删除用户

17.2.4　实现查询用户业务

增删改都会使得数据库中的数据发生变化，这种变化称为数据更新，因此在执行 insert、update、delete 语句时，Statement 对象调用 executeUpdate（）方法。

但对数据进行查询时，数据库中的数据没有发生任何变化，因此查询数据时，Statement 对象提供了 executeQuery（）方法用于执行查询，该方法返回查询结果集对象 ResultSet。

示例 5：查询所有用户

```
package cn.itlaobing.jdbc;
import java.sql.Connection;
import java.sql.DriverManager;
import java.sql.ResultSet;
import java.sql.SQLException;
import java.sql.Statement;
public class FindAllUser {
    public static void main(String[] args){
        findAll();
    }
    public static void findAll(){
        Connection conn=null;
```

```
        Statement stat=null;
        ResultSet rs=null;
        try {
            //1 注册数据库驱动
            Class.forName("com.mysql.jdbc.Driver");
            //2 获取数据库连接
            conn=DriverManager.getConnection(
                "jdbc:mysql://localhost:3306/jdbcdemo","r
                  oot","root");
            //3 获取发送执行 sql 的对象
            stat=conn.createStatement();
            //4 定义 sql 语句
            String sql="select * from users";
            //5 执行 sql 并返回结果
            rs=stat.executeQuery(sql);
            //6 打印执行结果
            System.out.println("编号\t 用户名\t 密码");
            while(rs.next()){
                System.out.print(rs.getInt("id"));
                System.out.print("\t");
                System.out.print(rs.getString("username"));
                System.out.print("\t");
                System.out.println(rs.getString("userpass"));
            }
        } catch(ClassNotFoundException e){
            e.printStackTrace();
        } catch(SQLException e){
            e.printStackTrace();
        } finally {
            //7 关闭数据库连接等,释放资源
            try {
                if(rs!=null){
                    rs.close();
                    rs=null;
                }
```

```
            } catch(SQLException e1){
                e1.printStackTrace();
            }
            try {
                if(stat !=null){
                    stat.close();
                    stat=null;
                }
            } catch(SQLException e){
                e.printStackTrace();
            }
            try {
                if(conn !=null){
                    conn.close();
                    conn=null;
                }
            } catch(SQLException e){
                e.printStackTrace();
            }
        }
    }
}
```

运行结果：

如图 17.5 所示。

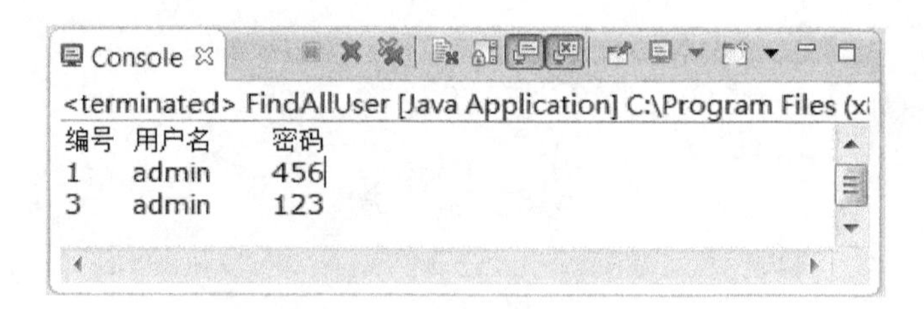

图 17.5　查询用户

可以将 ResultSet 理解为一个指针，该指针同一时刻只能指向查询结果集中的一条记录，默认该指针指向查询结果集的表头，调用 next（）方法可以将该指针下移一行，如果下移后的行有数据，返回 true，否则返回 false，如图 17.6 所示。

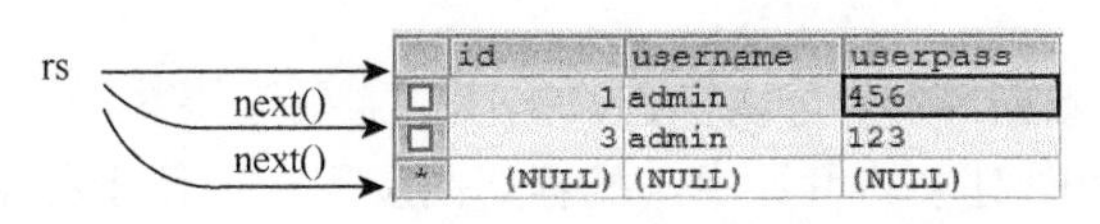

图 17.6　ResultSet 示例图

第 18 章　封装 JDBC

JDBC 在操作数据库时，每次操作数据库都需要连接数据库，执行 SQL 语句，关闭数据库。在面向对象的世界中，推荐代码复用，以便于程序维护，即相同的代码只编写一遍，多次使用。

如何做到代码复用呢？办法是将重复的代码抽象出来，封装到方法中，变化的数据做成方法参数，方法每调用一次，代码就复用一次，因此我们封装一个专门操作数据库的类，命名为 DBHelper。

18.1　任务 1：封装 DBHelper

18.1.1　分析 DBHelper

在 JDBC 操作数据库中，哪些代码是每次操作数据库都不变的呢，哪些代码是每次操作数据库都要变化的呢？

在添加、删除、修改的例子中，变化的数据只有 SQL 语句，其余的代码都是重复的，因此将重复的代码封装到一个方法中，变化的数据定义为方法参数。为此在 DBHelper 类中定义一个专门用于执行增删改的方法 executeUpdate（），方法定义如下：

```
int executeUpdate(String,sql,Object…values)
```

（1）方法参数 sql 是要执行的 insert、update、delete 语句。

（2）方法可变参数 values 是 insert、update、delete 语句中占位符的值。

（3）sql 和 values 这两个参数从外界传入，即外界传入什么样的 SQL 语句，executeUpdate（）方法就执行什么样的 SQL 语句。

（4）返回值 int 表示 SQL 语句执行后影响的行数。

在查询的例子中，每次查询的 SQL 语句不同，为此在 DBHelper 类中定义一个专门用于执行查询的方法 executeQuery（），方法定义如下：

```
ResultSet executeQuery(String,sql,Object…values)
```

（1）方法参数 sql 是要执行的 SELECT 语句。

（2）方法可变参数 values 是 SQL 语句中占位符的值。

（3）sql 和 values 这两个参数从外界传入，即外界传入什么样的 sql，executeUpdate（）方法就执行什么样的 SQL 语句。

（4）返回值 ResultSet 表示 SQL 语句执行查询后的查询结果集。

在 executeUpdate（String sql，Object …values）方法和 executeQuery（String sql，

Object … values）方法中都需要将 values 的值赋给 SQL 语句中的占位符“?”，因此将这两个方法中为占位符“?”赋值的代码抽象出来，定义为 void setParameter（Object…values）方法。

在 executeUpdate（String sql，Object…values）方法和 executeQuery（String sql，Object…values）方法中都需要连接数据库，关闭资源，因此将这两个方法中连接数据库的代码抽象出来，封装成 getConnection（）方法，用于连接数据库，将关闭资源的代码抽象出来，封装成 close（）方法，用于关闭资源。

Connection 对象、PreparedStatement 对象、ResultSet 对象、连接字符串定义为 DBHelper 类的属性，由于这些属性不允许外界访问，因此将其定义为私有。

由于 DBHelper 是专门执行 SQL 语句的类，因此也称 DBHelper 类为数据访问对象或数据访问层。

18.1.2　定义 DBHelper

示例 1：封装 DBHelper

创建一个新的 Java Project，命名为 DBhelperDemo1，在 DBhelperDemo1 项目中定义包 cn.itlaobing.dao。在 cn.itlaobing.dao 包中创建类 DBHelper。

```
package cn.itlaobing.dao;
import java.sql.Connection;
import java.sql.DriverManager;
import java.sql.PreparedStatement;
import java.sql.ResultSet;
import java.sql.SQLException;
/**
   * 通用数据访问层,通用是指能执行任何表的 sql 语句
   * DBHelper 类的任务就是执行 sql 语句
   * */
public class DBHelper {
   private Connection conn=null;
   private PreparedStatement pstmt=null;
   private ResultSet rs=null;
   private static final String URL="jdbc:mysql://localhost:
     3306/jdbcdemo";
   private static final String USER="root";
   private static final String PASS="root";
```

```
private void getConnection()throws SQLException,
    ClassNotFoundException{
    if(conn==null || conn.isClosed()){
        Class.forName("org.gjt.mm.mysql.Driver");
        conn=DriverManager.getConnection(URL,USER,PASS);
    }
}
/**
 * 执行添加、删除、修改的 sql 语句
 * @param sql 要执行的 sql 语句
 * @param values sql 语句中参数的值
 * @return 返回影响的行数
 * @throws SQLException
 * @throws ClassNotFoundException
 * */
public int executeUpdate(String sql,Object ...values)
  throws
   ClassNotFoundException,SQLException{
       //1:获取连接对象 conn
       getConnection();
       //2:创建执行语句对象
       pstmt=conn.prepareStatement(sql);
       //3:为占位符?赋值
       setParameter(values);
       //4:执行 sql 语句
       return pstmt.executeUpdate();
}
/************
* 为 sql 语句中的占位符?赋值
 * */
private void setParameter(Object ...values)throws
  SQLException{
   if(values!=null && values.length>0){
       for(int i=0;i<values.length;i++){
          pstmt.setObject(i+1,values[i]);
```

```
            }
        }
    }
    /**
     * 执行查询的 sql 语句
     * @param sql 要执行的 sql 语句
     * @param values sql 语句中参数的值
     * @return 返回查询结果集
     * @throws SQLException
     * @throws ClassNotFoundException
     * */
    public ResultSet executeQuery(String sql,Object ...
     values)
        throws SQLException,ClassNotFoundException{
        //连接数据库
        getConnection();
        //创建执行语句对象
        pstmt=conn.prepareStatement(sql);
        setParameter(values);
        //执行查询
        rs=pstmt.executeQuery();
        //返回查询结果集
        return rs;
    }
    /**
     * 关系资源
     * */
    public void close()throws SQLException{
        if(rs!=null){
            rs.close();
            rs=null;
        }
        if(pstmt!=null){
            pstmt.close();
            pstmt=null;
```

```
        }
        if(conn!=null && conn.isClosed()==false){
            conn.close();
            conn=null;
        }
    }
}
```

18.2 任务 2：使用 DBHelper

18.2.1 使用 DBHelper 添加用户

示例 2：通过 DBHelper 添加用户

```
package cn.itlaobing.dao;
public class InsertDAO {
    public static void main(String[] args)
        throws ClassNotFoundException,SQLException {
        DBHelper helper=null;
        try {
            helper=new DBHelper();
            String sql="INSERT INTO users(username,userpass)
              VALUES(?,?)";
            Object values[]=new Object[]{"admin","1234"};
            int i=helper.executeUpdate(sql,values);
            if(i>0){
                System.out.println("添加成功");
            }else{
                System.out.println("添加失败");
            }
        } catch(Exception e){
            e.printStackTrace();
        }finally{
            helper.close();
        }
```

```
    }
}
```

18.2.2　使用 DBHelper 修改密码

示例 3：通过 DBHelper 修改密码

```
package cn.itlaobing.dao;
public class UpdateDAO {
    public static void main(String[] args)
        throws ClassNotFoundException,SQLException {
        DBHelper helper=null;
        try {
            helper=new DBHelper();
            String sql="update users set userpass=?where
              username=?";
            Object values[]=new Object[]{"789","admin"};
            int i=helper.executeUpdate(sql,values);
            if(i>0){
                System.out.println("修改成功");
            } else{
                System.out.println("修改失败");
            }
        } catch(Exception e){
            e.printStackTrace();
        }finally{
            helper.close();
        }
    }
}
```

18.2.3　使用 DBHelper 查询用户

示例 4：通过 DBHelper 查询所有用户

```
package cn.itlaobing.dao;
public class SelectDAO {
```

```
    public static void main(String[] args)throws
ClassopNotFoundException,SQLException {
        DBHelper helper=null;
        try {
            helper=new DBHelper();
            String sql="select * from users";
            ResultSet rs=helper.executeQuery(sql);
            while(rs.next()){
                System.out.print(rs.getInt("id"));
                System.out.print("\t");
                System.out.println(rs.getString("username"));
                System.out.print("\t");
                System.out.println(rs.getString("userpass"));
            }
        } catch(Exception e){
            e.printStackTrace();
        }finally{
            helper.close();
        }
    }
}
```

18.2.4 使用 DBHelper 删除用户

示例 5：通过 DBHelper 删除用户

```
package cn.itlaobing.dao;
public class DeleteDAO {
    public static void main(String[] args)
        throws ClassNotFoundException,SQLException {
        DBHelper helper=null;
        try {
            helper=new DBHelper();
            String sql="delete from users where username=?";
            int i=helper.executeUpdate(sql,"admin");
```

```
            if(i>0){
                System.out.println("删除成功");
            }else{
                System.out.println("删除失败");
            }
        } catch(Exception e){
            e.printStackTrace();
        }finally{
            helper.close();
        }
    }
}
```

通过以上几个任务，发现在 InsertDAO、UpdateDAO、SelectDAO、DeleteDAO 类中做了以下几件事。

（1）拼写 SQL 语句。

（2）创建 DBHelper 对象，在 try 块中 DBHelper helper=new DBHelper（）。

（3）使用 DBHelper 对象，在 try 块中 helper.executeUpdate（sql，"admin"）。

（4）关闭资源，在 finally 中 helper.close（）。

DBHelper 类中做了以下几件事。

（1）创建连接对象。

（2）执行 DML 语句。

（3）执行 DQL 语句。

（4）关闭资源。

封装 DBHelper 类后，在操作数据库时，DBHelper 类中的方法被复用了，这种复用有利于程序的维护。

第 19 章　JSP 简介

19.1　任务 1：搭建 JSP 开发环境

步骤：

（1）安装 JDK。

（2）配置环境变量。

（3）安装 Tomcat。

19.1.1　认识 Tomcat

安装 JDK 和配置环境变量请参考第 6 章，这里不再赘述。Tomcat 是 JavaWeb 程序运行的容器，可以从 Tomcat 的官方网站（http://tomcat.apache.org）下载。Tomcat 是绿色软件，无须安装，解压后即可使用。解压后运行 bin/startup.bat 就可以启动 Tomcat 服务器，服务器启动成功后在浏览器中输入 http://localhost：8080，如果看到图 19.1 所示的页面效果，说明 Tomcat 服务器已经成功搭建。

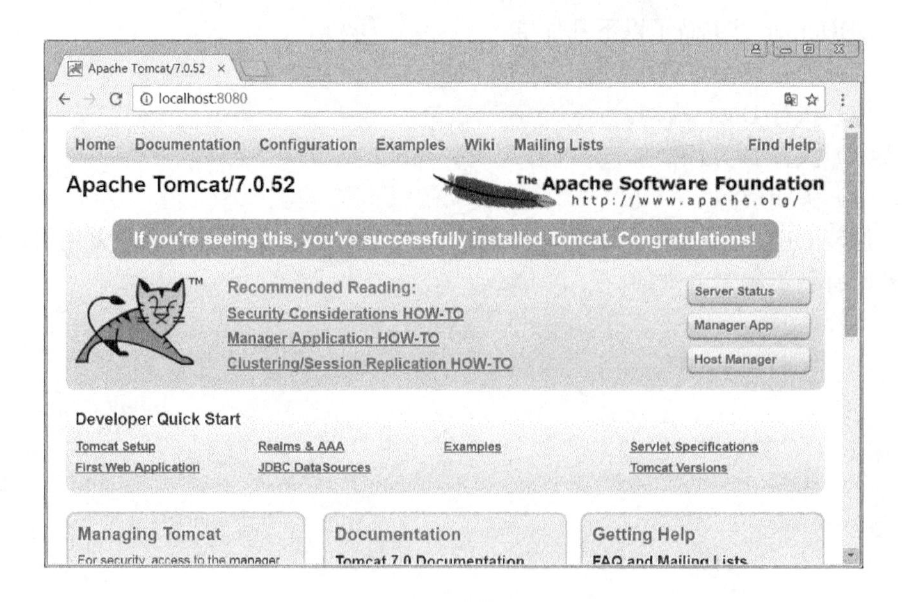

图 19.1　Tomcat 提供的默认页面

下面我们来了解 Tomcat 的目录结构，如图 19.2 所示。

图 19.2　Tomcat 的目录结构

（1）bin 目录中存放的是各种平台下 Tomcat 启动和停止服务的脚本，在 Windows 平台下 startup.bat 为 Tomcat 的启动服务程序，shutdown.bat 为关闭服务程序。

（2）conf 目录中存放的是 Tomcat 的配置文件。

（3）lib 目录中存放的是类库，即 jar 文件。

（4）logs 目录中存放的是 Tomcat 的日志文件。

（5）temp 目录中存放的是 Tomcat 的临时文件。

（6）webapps 目录中存放部署的 JavaWeb 应用程序。

（7）work 目录是 Tomcat 运行时的工作目录，例如，JSP 编译后生成的 Java 及 class 文件就在此目录存放。

19.1.2　搭建 JSP 开发环境

本书中以 Eclipse 作为 JavaWeb 的开发工具，Eclipse 可到 https://www.Eclipse.org 下载。使用 Eclipse 开发 JavaWeb 程序需要将 Tomcat、JRE 与 Eclipse 集成在一起。启动配置具体步骤如下所示。

（1）打开 Eclipse。

（2）选择 Window 菜单＞Preferences，在弹出的对话框中选择 Server＞Runtime Environments，如图 19.3 所示，然后单击右侧的 Add 按钮。

（3）在单击 Add 按钮后弹出的对话框中选择 Apache Tomcat v7.0，如图 19.4 所示，然后单击 Next 按钮。

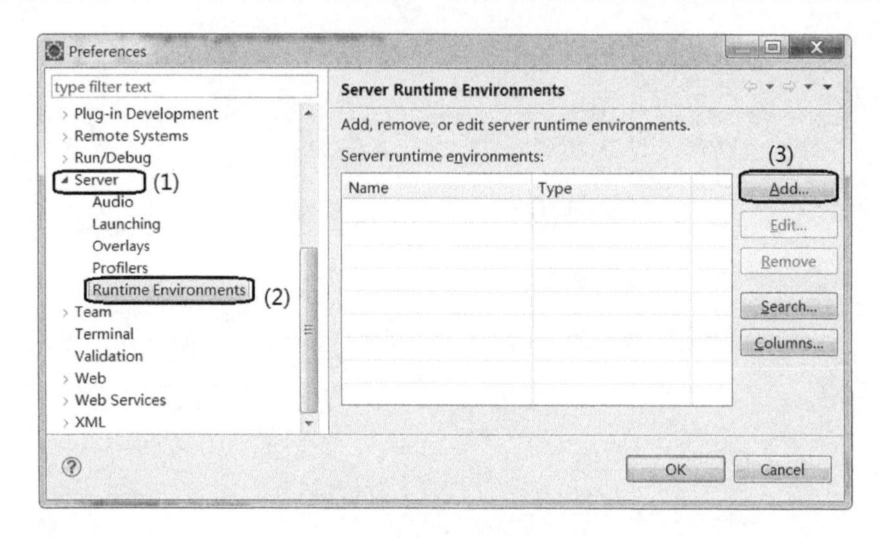

图 19.3　配置 JavaWeb 运行环境

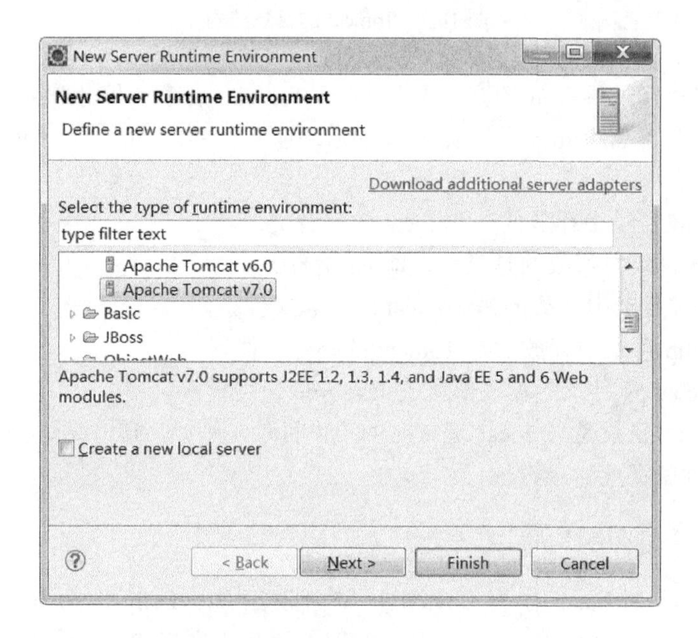

图 19.4　选择 Apache Tomcat v7.0 容器

（4）在单击 Next 后弹出的对话框中集成 Tomcat。单击 Browser 按钮，在弹出的对话框中选择 Tomcat 的目录，如图 19.5 所示。

（5）集成 JRE。单击图 19.5 中的 Installed JREs 按钮，在弹出的对话框中单击 Add 按钮，如图 19.6 所示。

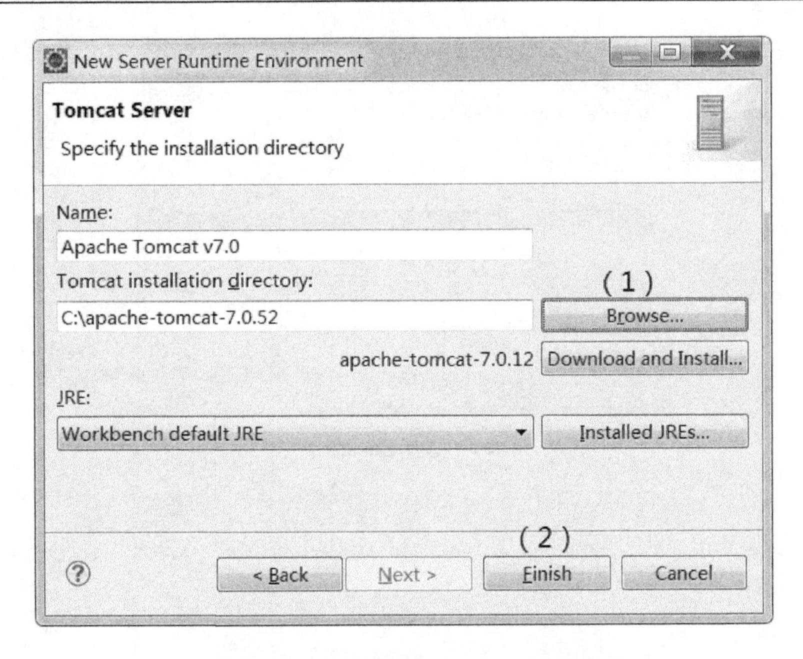

图 19.5 选择 Apache Tomcat 的目录

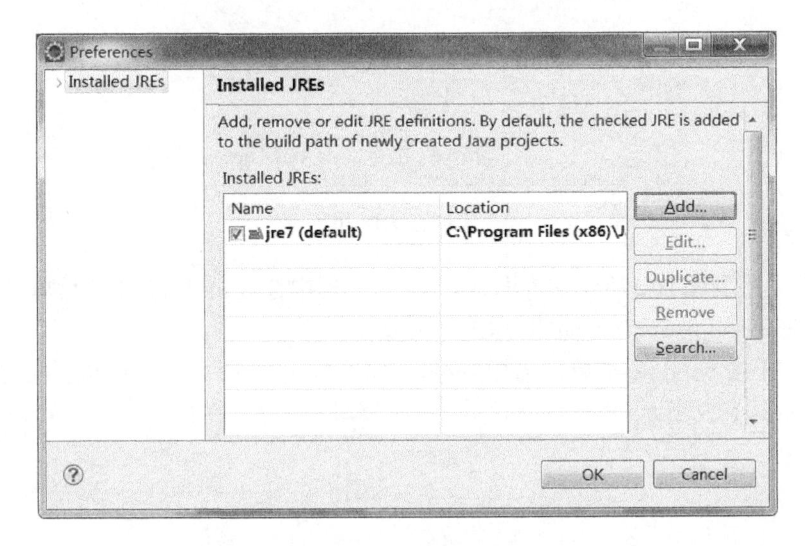

图 19.6 集成 JRE

（6）在弹出的对话框中选择 Standard VM，然后单击 Next 按钮，如图 19.7 所示。

（7）在弹出的对话框中单击 Directory 按钮，选择 JDK 的安装根目录，然后单击 Finish 按钮，如图 19.8 所示。

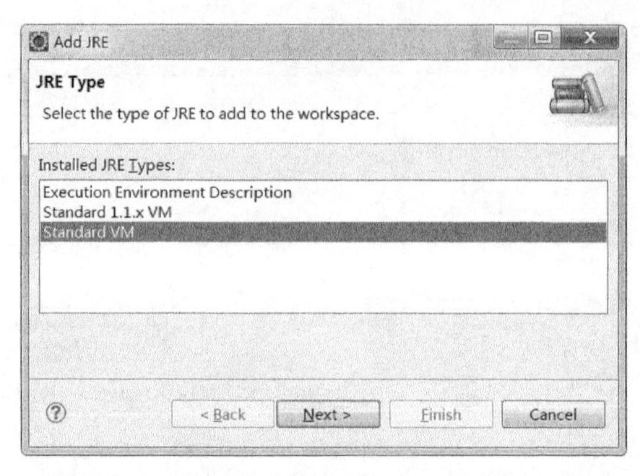

图 19.7　选择 Standard VM

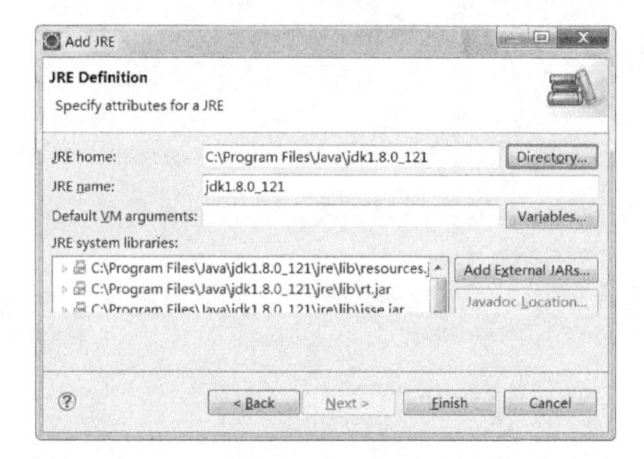

图 19.8　选择 JRE

（8）返回到图 19.5 所示的界面，在 JRE 下列框中选择 jdk1.8.0_121 后单击 Finish 按钮，完成 Eclipse、Tomcat 和 JRE 的集成。

（9）单击 window 菜单，选择 show view>Servers 命令，打开 Servers 命令选项卡，如图 19.9 所示。

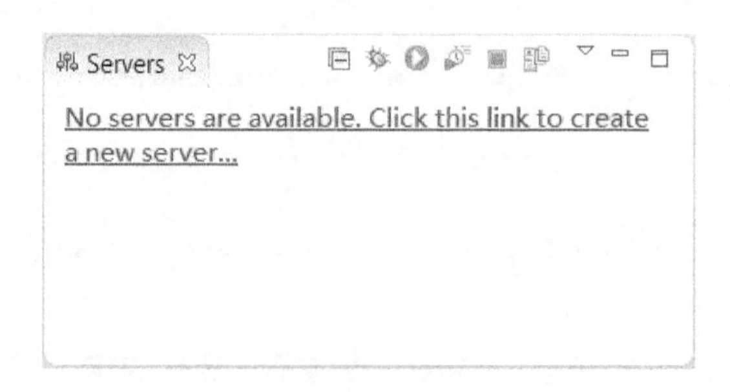

图 19.9　Servers 选项卡

（10）单击 No servers are available. Click this link to create a new server...链接，弹出如图 19.10 所示的界面，单击 Finish 按钮，完成 Tomcat 服务器的创建。

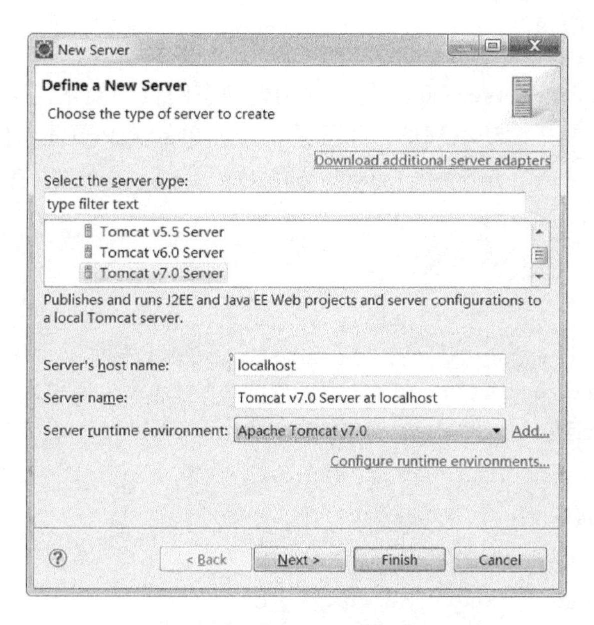

图 19.10　创建 Tomcat 服务器

（11）鼠标左键双击 Servers 选项卡中的 Tomcat v7.0 Server at localhost，在主窗口中打开如图 19.11 所示的 Tomcat 配置界面，将 Server Locations 中的部署路径选择为 Use Tomcat Installation 选项，实现将项目默认部署到 Tomcat 的 wtpwebapps 目录中，最后单击工具栏的保存按钮，保存该配置。

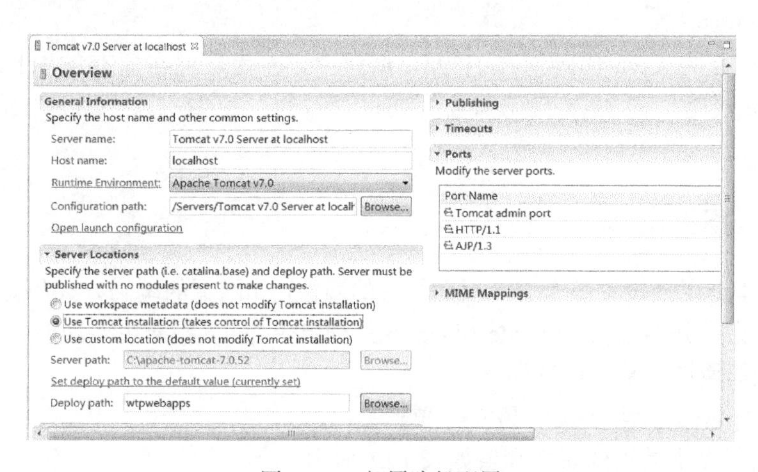

图 19.11　部署路径配置

19.2 任务 2：了解 JSP 页面构成

19.2.1 JSP 简介

JSP 全称为 Java Server Page，是一种构建动态网页的技术，其实质就是将 Java 代码写在网页中来开发动态程序。下面是一个简单的 JSP 页面示例：

```
<%@ page language="java" pageEncoding="UTF-8"%>
<!DOCTYPE HTML>
<html>
    <head>
        <title>This is my Frist JSP page</title>
        <meta http-equiv="pragma" content="no-cache">
        <meta http-equiv="cache-control" content="no-cache">
        <meta http-equiv="expires" content="0">
    </head>
    <body>
        This is my JSP page.<br>
        <%
            String name="老兵";
            out.println(name);
        %>
        <br>
    </body>
</html>
```

JSP 就是将 Java 代码写在 HTML 页面中，也就是说在原有的 HTML 页面插入 Java 代码，而 Java 代码需要写在以“<%”开头，以“%>”结尾的区域内。

19.2.2 JSP 指令

JSP 指令用来设置整个 JSP 页面相关的属性，如网页的编码方式和脚本语言。在 JSP 中指令分为 page、include 和 taglib 三种指令。page 指令主要功能是设置 JSP 页面的全局属性。基本语法如下：

```
<%@ page 属性="值" 属性="值" ….%>
```

page 指令中常用的属性和值如表 19.1 所示。

表 19.1　page 指令中常用的属性和值

属性和值	定义
language="java"	告诉 Web 容器用什么语言来编译 JSP 页面，当前只支持 Java 语言，默认值为 java
import="java.util.*"	导入 JSP 页面中需要使用的类
pageEncoding="UTF-8"	表示 JSP 页面的编码方式，为了能让页面更好地支持中文及其他更多的字符，推荐使用 UTF-8 编码

在 page 指令中除了 import 属性，其他的属性在一个 JSP 页面中只能出现一次，例如：

```
<%@ page language="java" import="java.util.* " pageEncoding=
  "UTF-8" %>
<%@ page improt="java.sql.*" %>
或
<%@ page language="java" import="java.util.*, java.sql.*
  " pageEncoding="UTF-8" %>
```

19.2.3　Scriplet

在<% %>之间出现的代码都称为 Scriptlet，中文名称为小脚本。Scriplet 只是普通的 Java 代码，例如：

```
<%
    String name="老兵";
    out.println(name);
%>
```

String name="老兵"是在小脚本中定义了 String 类型的变量 name，其值为老兵。

out.println（name）是将 name 的值输出到浏览器中。

out 对象为 JSP 的内置对象，用于向页面上输出内容。内置对象在 JSP 中是非常重要的基本概念，内置对象是指由 Web 容器实例化的，在 JSP 页面中可以直接使用的对象。JSP 的内置对象共有 9 个，分别是 request、response、out、session、application、pageContext、page、exception、config。

19.2.4　Expression

Expression 是表达式，表达式的作用和 out 内置对象一样，都是向页面上输出内容，语法如下：

```
<%=输出内容%>
上面 Scriptlet 中的例子也可以这样写：
<% String name="老兵";%>
<%=name %>
```

注意在表达式后面没有分号。

19.2.5 注释

在 JSP 页面中可以使用 HTML 注释或 JSP 注释。JSP 注释语法如下：

```
<%--注释内容--%>
```

HTML 注释和 JSP 注释的区别：HTML 注释在客户端（浏览器）查看源代码是可见的，但是 JSP 注释是不可见的。

19.2.6 JSP 页面构成

下面的代码用于展示 JSP 页面的内容构成。

示例 1：JSP 页面构成

```
<%@ page language="java" import="java.util.*" pageEncoding=
  "UTF-8"%>
<!DOCTYPE HTML>
<html>
   <head>
      <title>Hello JSP</title>
      <meta http-equiv="pragma" content="no-cache">
      <meta http-equiv="cache-control" content="no-cache">
      <meta http-equiv="expires" content="0">
      <style type="text/css">
      .container {
         width:200px;
         height:50px;
         border:1px solid;
         gray;
         text-align:center;
         line-height:50px;
      }
      </style>
```

```
</head>
<body>
<!--这里是 HTML 注释,在浏览器中会显示-->
<div class="container">
    <%--这里是 JSP 注释,在浏览器中不显示--%>
    <%
        //这里是小脚本
        String name1="老兵";
        String name2="新兵";
        out.print(“helloworld”);
    %>
    向
    <%--下面一行叫表达式--%>
    <%=name1%>
    问好
</div>
<br>
</body>
</html>
```

代码解析：

一个 JSP 页面中可以包含 HTML、CSS、JavaScript、HTML 注释、JSP 注释、指令、小脚本、表达式、声明。

19.3　任务 3：使用 JSP 向浏览器输出 Hello World

19.3.1　创建 Web 项目

环境配置完成后，我们来创建一个 JSP 入门程序，该入门程序实现在浏览器界面中显示 Hello 新兵。

第一步：在 Eclipse 中创建 Dynamic web project。

在 Eclipse 中单击 File 菜单，选择 New＞Dynamic Web Project，在弹出的对话框中输入 Project name，命名为 demo，然后单击 Finish 按钮，如图 19.12 所示，完成项目的创建。

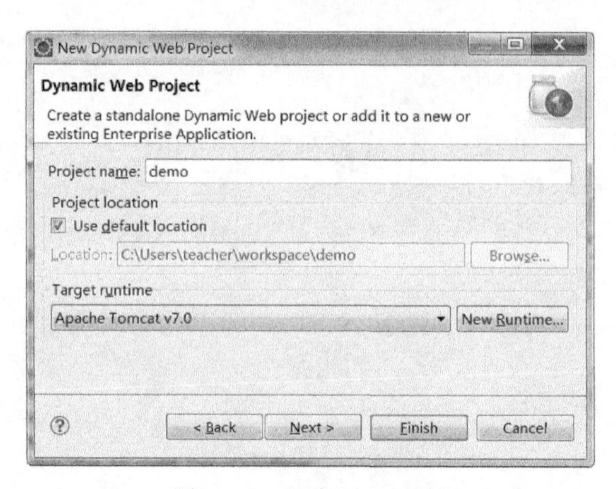

图 19.12　创建 demo 项目

第二步：创建 Hello.jsp 文件。

鼠标右键选择 demo 项目中的 WebContent 目录，在弹出的对话框中选择 New>JSP File，在弹出的对话框中输入 File Name 的名称 Hello.jsp，然后单击 Finish 按钮，完成 Hello.jsp 文件的创建，如图 19.13 所示。

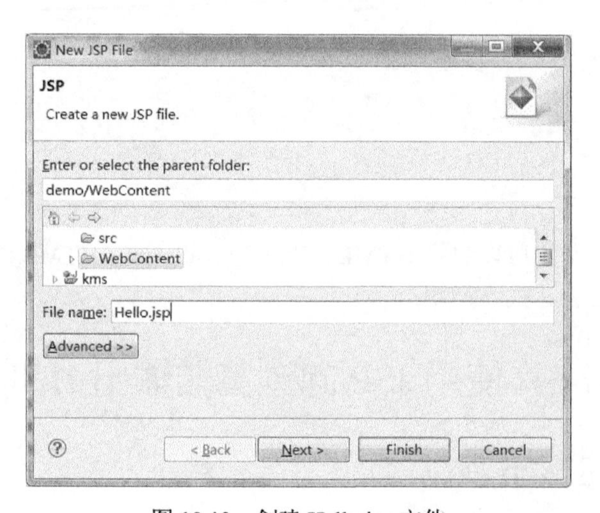

图 19.13　创建 Hello.jsp 文件

19.3.2　创建 JSP 程序

第三步：编写代码。

鼠标左键双击 Hello.jsp 文件，在主窗口中打开 Hello.jsp 文件，编写代码如下：

```
<%@ page language="java" contentType="text/html;charset=
  UTF-8"
```

```
    pageEncoding="UTF-8"%>
<!DOCTYPE html>
<html>
<head>
<meta http-equiv="Content-Type" content="text/html;charset=
 UTF-8">
<title>Insert title here</title>
</head>
<body>
<%
    String name="新兵";
    out.print("Hello "+name);
%>
</body>
</html>
```

19.3.3　部署 JSP 程序

第四步：部署项目。

鼠标右键单击 Servers 选项卡中的 Tomcat 7.0 Server at localhost，在弹出的对话框中选择 Add and Remove 菜单，在弹出的对话框中，鼠标左键选中 Available 中的 demo 项目，然后单击中间的 Add 按钮，将 demo 项目添加到 Configured 中，最后单击 Finish 按钮，完成项目的部署，如图 19.14 所示。

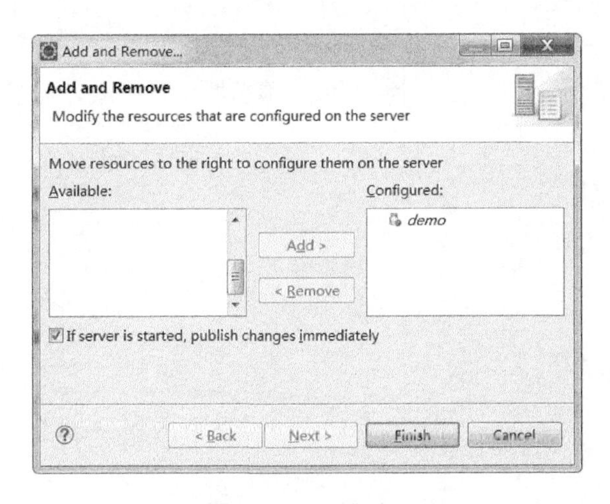

图 19.14　部署项目

19.3.4　运行 JSP 程序

第五步：启动 Tomcat。

在 Servers 选项卡中，鼠标左键选中 Tomcat v7.0 at localhost，然后单击启动按钮，启动 Tomcat 服务，如图 19.15 所示，启动过程中 Console 选项卡会显示启动过程。

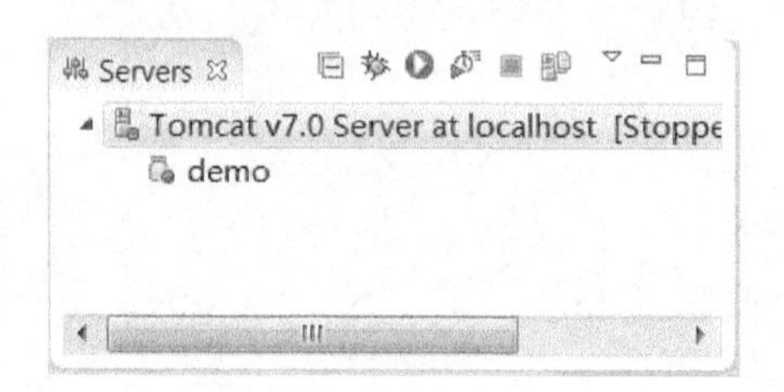

图 19.15　启动 Tomcat

第六步：运行 Hello.jsp 文件。

启动浏览器，在浏览器地址栏中输入 http://localhost:8080/demo/Hello.jsp，运行结果如图 19.16 所示。

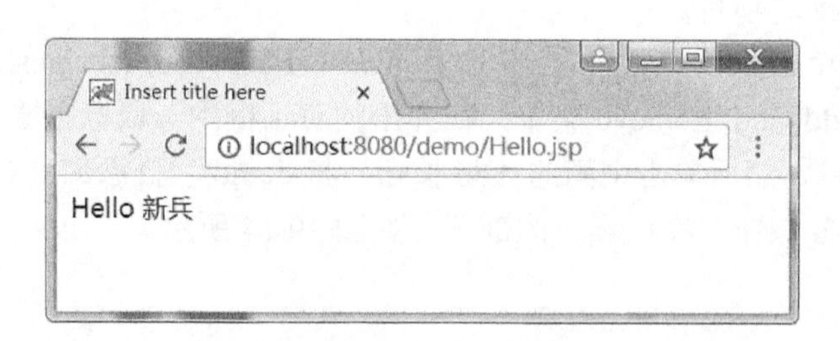

图 19.16　运行结果

第 20 章　请求与响应

JavaWeb 开发是基于请求与响应的运行模式。请求是指客户端浏览器向服务器发出请求，响应是指服务器反馈给客户端的页面。在客户端浏览器发出请求时，经常需要向服务器端发送数据，被发送的数据通常是以表单提交的方式提交到服务器的。本章研究客户端浏览器如何向服务器发送数据和服务端如何向客户端响应数据。

20.1　任务 1：学生成绩管理

20.1.1　HTML 表单

表单是实现客户端输入数据的 HTML 标签，见如下代码：

```
<form  id="form1"  name="form1"  method="post"  action=
  "controller.jsp">
</form>
```

（1）form 是表单标签。

（2）id 是表单在浏览器端的唯一标识，通常由 CSS 和 JavaScript 使用 id。

（3）name 是表单的名称。

（4）method 表示客户端浏览器向服务器提交数据的方式，其值有 get、post、put、delete、options、head、trace、connect。

（5）action 表示表单的数据提交到哪里，通常是接收表单数据的 URL。

Method 属性常用的值是 GET 和 POST，它们的区别如下所示。

1. 提交方式不同

GET 提交时，把提交的数据放置在 HTTP 包的 Query String Parameters 中向服务器发送，发送的数据会附在 URL 之后，以?分割 URL 和传输数据，多个参数用&连接。如果数据是英文字母/数字，原样发送，如果是空格，转换为 +，如果是中文/其他字符，则直接把字符串用 URLEncoder 加密，得出格式为%XX 的密文，其中的 XX 为该符号以 16 进制表示的 ASCII 码。例如：search.jsp?keys=apple&verify=%E4%BD%A0 %E5%A5%BD，问号后面是传输的数据，本例通过键 keys 传输了数据值 apple，通过键 verify 传输了数据值%E4%BD%A0 %E5%A5%BD，被传输的相邻数据之间使用&进行连接，verify 的值%E4%BD%A0%E5%A5%BD 就是汉字“你好”加密后的密文。

POST 提交：把提交的数据放置在 HTTP 包的 Form Data 中向服务器发送数据。

2. 传输数据的大小不同

HTTP 协议没有对传输的数据大小进行限制，HTTP 协议规范也没有对 URL 长度进行限制。而在实际开发中存在的限制主要有以下几方面。

GET 方式：特定浏览器和服务器对 URL 长度有限制，例如，IE 对 URL 长度的限制是 2083（2K + 35）字节。对于其他浏览器，理论上没有长度限制，其限制取决于操作系统的支持，因此当 GET 提交时，传输数据就会受到 URL 长度的限制。

POST 方式：由于不是通过 URL 传值，理论上数据不受限。但实际各个 Web 服务器会规定对 POST 提交数据大小进行限制。在实际应用中，超过 50MB 数据的提交容易发生错误，因此很多邮箱发送附件时，都对超大附件做了专门的处理。

3. 安全性

GET 提交的数据会在地址栏中显示出来，而 POST 提交，地址栏不显示表单中的数据。POST 的安全性要比 GET 的安全性高。通过 GET 提交数据，用户名和密码将明文出现在 URL 上，因为登录页面有可能被浏览器缓存，当其他人查看浏览器的历史记录时，别人就可以拿到你的账号和密码了。

20.1.2 HTTP 请求报文

示例 1：请求报文

先创建一个动态 Web 项目，命名为 request，在 request 项目中添加 add.jsp 文件和 doadd.jsp 文件，在 add.jsp 文件添加代码如下：

```
<%@ page language="java" contentType="text/html;charset=
 UTF-8"
        pageEncoding="UTF-8"%>
<!doctype html>
<html><head><meta charset="UTF-8"></head>
   <body>
   <form id="form1" name="form1" method="post" action=
     "doadd.jsp? id=1">
       <p>姓名:<input type="text" name="trueName" id=
         "trueName"/></p>
       <p>成绩:<input type="text" name="score" id=
         "score"/></p>
```

```
        <p><input type="submit" name="submit" id=" submit
          " value="提交"/></p>
    </form>
    </body>
</html>
```

运行结果：

将 request 项目部署到 tomcat，然后运行 add.jsp 文件，运行结果如图 20.1 所示。

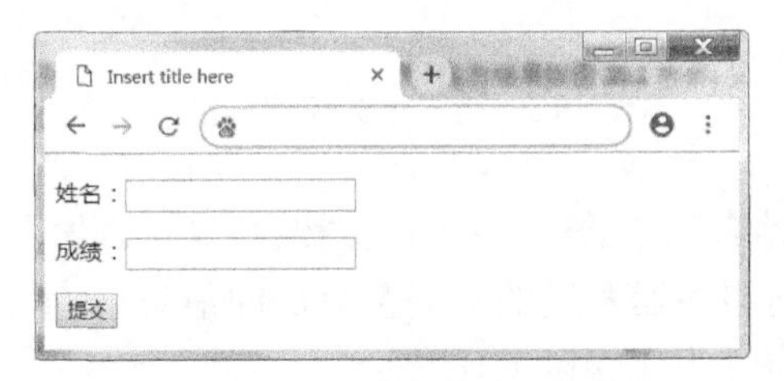

图 20.1　请求报文界面

在运行结果的浏览器中打开开发人员工具（F12 键），然后选择 Network，在姓名文本框中输入 admin，在年龄文本框中输入 21，单击添加按钮，接下来单击 add.jsp 文件名，然后选择 Headers 选项卡，该选项卡显示了 HTTP 请求报文，如图 20.2 所示。

× Headers　Preview　Response　Cookies　Timing

▾ General

Request URL: http://localhost:8080/kms/doa.jsp?id=1
Request Method: POST
Status Code: 200 OK
Remote Address: [::1]:8080
Referrer Policy: no-referrer-when-downgrade

▾ Response Headers　view source

Content-Length: 133
Content-Type: text/html;charset=ISO-8859-1
Date: Thu, 08 Aug 2019 11:13:39 GMT
Server: Apache-Coyote/1.1

▾ Request Headers　view source

Accept: text/html,application/xhtml+xml,application/xml;q=0.9,image/webp,image/apng,*/*;q=0.8,application/signed-exchange;v=b3
Accept-Encoding: gzip, deflate, br
Accept-Language: zh-CN,zh;q=0.9
Cache-Control: max-age=0
Connection: keep-alive
Content-Length: 49
Content-Type: application/x-www-form-urlencoded
Cookie: JSESSIONID=7323EC5B58883D359A719D8907C20712
Host: localhost:8080
Origin: http://localhost:8080
Referer: http://localhost:8080/kms/a.jsp
Upgrade-Insecure-Requests: 1
User-Agent: Mozilla/5.0 (Windows NT 6.1; Win64; x64) AppleWebKit/537.36 (KHTML, like Gecko) Chrome/73.0.3683.103 Safari/537.36

▾ Query String Parameters　view source　view URL encoded

id: 1

▾ Form Data　view source　view URL encoded

trueName: admin
score: 79
submit: 提交

图 20.2　HTTP 请求报文

20.1.3　请求报文格式

HTTP 请求报文是指浏览器向服务器发出请求时，浏览器向服务器提交的数据以及一些附加的信息，如图 20.3 所示。HTTP 请求报文由四个部分组成，分别是状态行、请求报头、空行、请求正文。

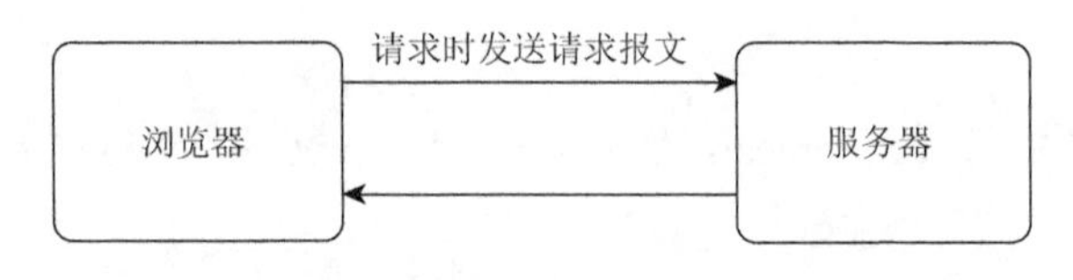

图 20.3　请求报文和响应报文

示例 1 中，输入姓名和年龄后，单击提交按钮，导致浏览器向服务器发出 HTTP 请求，请求过程中向服务器发送的数据及附加的信息称为 HTTP 请求报文。如图 20.2 所示，请求报文中包含以下几方面。

（1）General（状态行）。General 中包含请求地址、请求方式、服务器响应状态、服务器地址。

（2）Request Headers（请求报头）。Request Headers 称为请求头，在请求头附加了一些其他信息，如 Cookie、Content-Type、User-Agent、Accept-Language 等。

（3）Query String Parameters（查询字符串参数）。Query String Parameters 称为查询字符串参数，查询字符串参数是指 URL 后面传递的参数。示例 1 中 action="doadd.jsp？id=1"中的 id=1 就是查询字符串参数。Get 方式提交的数据以查询字符串参数方式提交到服务器。

（4）Form Data（请求正文）。Form Data 是指表单中提交的数据。示例 1 中 Form Data 数据包含 trueName=admin，age=21。post 提交的数据以 Form Data 方式提交到服务器。

20.1.4　内置对象 request

HTTP 请求发出后，URL 的参数通过 Query String Parameters 发送到服务器，表单中的数据通过 Form Data 提交到服务器，那么服务器如何获取客户端提交的数据呢？为了能够获取客户端提交的数据，JSP 中提供了内置对象 request。

内置对象是指由 Web 容器创建的对象，程序开发人员可以不用实例化，而直接使用的对象。

request 是内置对象，它是 javax.servlet.http.HttpServletRequest 类的对象，用于获取客户端提交的数据，request 内置对象常用的方法如表 20.1 所示。

表 20.1　request 内置对象常用的方法

分类	方法名称	作用
内置对象	HttpSession getSession（）	获得 Session 对象
请求头	Cookie getCookies（）	获得 cookies
状态行	String getProtocol（）	返回请求用的协议类型及版本号
请求头	String getScheme（）	返回请求用的计划名，如 http 及 ftp 等
请求头	String getServerName（）	返回接受请求的服务器主机名
请求头	int getServerPort（）	返回服务器接受此请求所用的端口号
请求头	String getRemoteAddr（）	返回发送此请求的客户端 IP 地址
请求头	String getRemoteHost（）	返回发送此请求的客户端主机名
请求头	String getContextPath（）	返回上下文路径
请求正文	String getParameter（String name）	根据 name 获取表单域或 URL 的参数值
请求正文	String[] getParameterValues（String name）	根据 name 获取同名表单域的值
请求正文	void setCharacterEncoding（String encoding）	设置 request 的字符编码格式
请求正文	Part getPart（String name）	用于获取使用 multipart/form-data 格式传递的 http 请求的请求体，通常用于获取上传文件
转发对象	RequestDispatcher getRequestDispatcher（）	获取 RequestDispatcher 对象
获取数据	Object getAttribute（String key）	根据 key 获取在 request 存储范围的值
设置数据	void setAttribute（String key，Object obj）	向 request 范围中存储键值对

20.1.5　内置对象 out

out 也是 JSP 的内置对象，用于向客户端浏览器输出数据，它是具有缓冲功能的 javax.servlet.jsp.JspWriter 类的对象，其常用的方法如表 20.2 所示。

表 20.2　out 对象常用方法

方法名称	作用
print（Object）	向客户端浏览器输出数据
void flush（）	清洗缓冲区
void close（）	关闭输出流，输出流开发人员可以不关闭，输出流在响应结束后会自动关闭
java.io.Writer append（CharSequcnce csq）	向输出流中追加文本
void write（）	向客户端输出流

20.1.6 提交学生成绩

示例 2：提交学生成绩

创建动态 Web 项目，命名为 score。在 score 项目中添加 add.jsp 和 doadd.jsp。在 add.jsp 中创建表单，表单提交给 doadd.jsp，实现添加学生成绩。在 doadd.jsp 中使用 request 对象获取学生成绩，使用 out 对象输出学生成绩。

add.jsp 代码。

```
<%@ page language="java" contentType="text/html;charset=
  UTF-8"
    pageEncoding="UTF-8"%>
<!doctype html>
<html>
<head>
<meta charset="UTF-8">
<title>学生成绩</title>
</head>
<body>
<form id="form1" name="form1" method="post" action= "doadd.
  jsp? course=数据库">
    <p>姓名:<input type="text" name="trueName" id= "trueName"/>
      </p>
    <p>成绩:<input type="text" name="score" id="score"/></p>
    <p><input type="submit" name="submit" id="submit" value=
      "提交"/></p>
</form>
</body>
</html>
```

代码解析：

（1）add.jsp 中表单提交的课程 course 是通过 get 方式提交的，姓名 trueName 和成绩 score 是通过 post 方式提交的。course 和 trueName 的值输入的都是中文汉字。

（2）<meta charset="UTF-8">是浏览器自动识别的编码，UTF-8 是中文编码格式，因此中文可以正常显示。

（3）contentType="text/html；charset=UTF-8"是 Tomcat 向客户端响应时使用的 MIME 编码。

（4）pageEncoding="UTF-8"是 Tomcat 翻译时使用的编码。

doadd.jsp 代码。

```
<%@ page language="java" contentType="text/html;charset=
  UTF-8"
    pageEncoding="UTF-8"%>
<!doctype html><html><head>
<meta charset="UTF-8">
<title>学生成绩</title>
</head>
<body>
<%
    String course=request.getParameter("course");
    String trueName=request.getParameter("trueName");
    String score=request.getParameter("score");
    out.print("姓名:"+trueName+"<br/>");
    out.print("课程:"+course+"<br/>");
    out.print("成绩:"+score+"<br/>");
%>
</body>
</html>
```

代码解析：

（1）request 内置对象的 getParameter（）方法用于获取表达提交的数据。

（2）out 内置对象用于将数据响应到浏览器中。

运行结果：

如图 20.4 和图 20.5 所示。

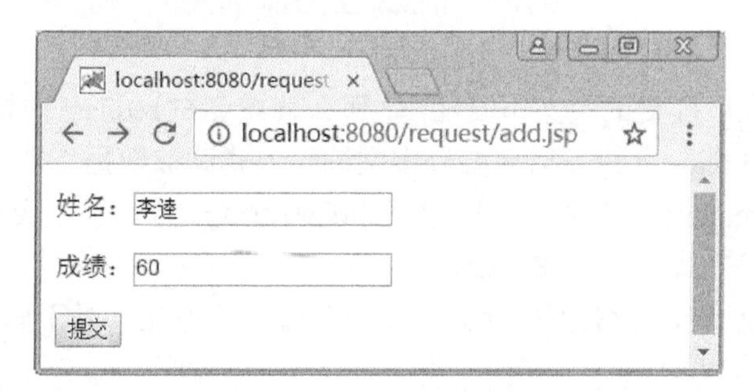

图 20.4　运行添加学生成绩界面

图 20.5　运行结果

运行结果分析：

（1）姓名和课程显示乱码。

（2）成绩显示正常。

20.1.7　中文乱码现象

在这个世界上有许多的国家，不同的国家有不同的文字，如中文、英文、法文、日文等。Tomcat 默认以 iso-8859-1 的编码读取表单提交的文字，如图 20.6 所示，而 iso-8859-1 的编码是西方编码格式，只能够正常读取英文和数字，无法正常读取汉字，因此任务 1 中的中文显示了乱码。

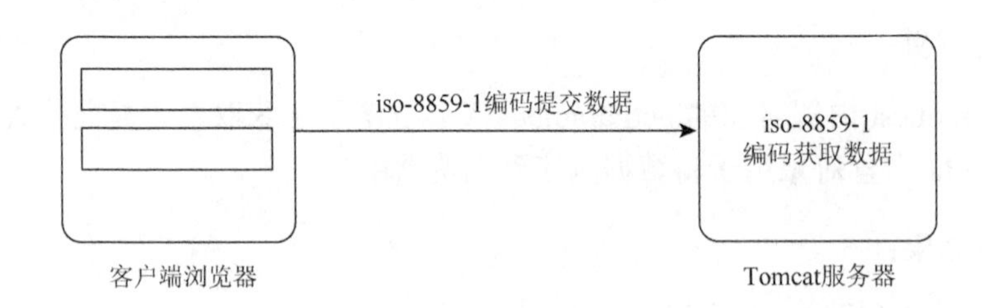

图 20.6　Tomcat 默认编码格式

如果希望表单提交的中文不要乱码，那么就需要在 request 内置对象读取表单数据之前，告知 request 内置对象要以中文编码方式读取数据。只要表单提交数据的编码方式与 request 内置对象读取数据的编码方式一致，就不会出现乱码现象。常用的中文编码方式有 UTF-8、GBK、GB2312。

表单的 post 提交与 GET 提交方式在处理编码的方法上是不同的。

20.1.8　post 提交的中文转码

post 提交的中文转码只需要通过 request 对象的 setCharacterEncoding（）方法设置编码即可。例如，

```
request.setCharacterEncoding("UTF-8");
```

也就是说 setCharacterEncoding（）设置的编码只针对 Form Data 中提交的数据有效。

20.1.9　get 提交的中文转码

get 方式提交的中文需要重新实例化 String 对象，在实例化过程中将 iso-8859-1 的编码方式转换为中文编码方式即可。例如，

```
String course=new String(course.getBytes("iso-8859-1"),
  "UTF-8");
```

将 iso-8859-1 的默认编码方式转换为 UTF-8 的编码方式。

注意：重新实例化 String 方式设置的编码只针对 Query String Parameters 中提交的数据有效。

20.1.10　解决汉字乱码现象

将示例 2 中的 doadd.jsp 进行重构，解决 get 提交和 post 提交数据的中文乱码问题。

重构 doadd.jsp。

```
<%@ page language="java" contentType="text/html;charset=
  UTF-8"
    pageEncoding="UTF-8"%>
<!doctype html>
<html>
<head>
<meta charset="UTF-8">
<title>学生成绩</title>
</head>
<body>
<%
    //设置 post 请求中文编码
    request.setCharacterEncoding("UTF-8");
    String course=request.getParameter("course");
    //设置 get 请求中文编码
```

```
    course=new String(course.getBytes("iso-8859-1"),
      "UTF-8");
    String trueName=request.getParameter("trueName");
    String score=request.getParameter("score");
    out.print("姓名:"+trueName+"<br/>");
    out.print("课程:"+course+"<br/>");
    out.print("成绩:"+score+"<br/>");
%>
</body>
</html>
```

运行结果：

如图 20.7 所示。

图 20.7　解决乱码问题

本例中 get 方式提交的中文使用了 course=new String（course.getBytes（"iso-8859-1"），"UTF-8"）方式解决了乱码。

如果每次 get 方法提交的中文都使用该方法解决乱码，显得很麻烦，在 Tomcat 的 conf 目录中有 server.xml 配置文件，在该配置文件中，通过配置 URIEnconding 可以统一解决该问题。只需要在 Connector 节点中添加属性 URIEncoding="UTF-8"，就可以统一解决 get 提交中文乱码问题，如图 20.8 所示。

```
64      <Connector connectionTimeout="20000"
65          URIEncoding="UTF-8"
66          port="8080"
67          protocol="HTTP/1.1"
68          redirectPort="8443"/>
```

图 20.8　server.xml 配置文件

20.1.11　HTTP 响应报文

HTTP 响应报文是指服务器向浏览器响应的数据以及一些附加的信息，如图 20.9 所示。

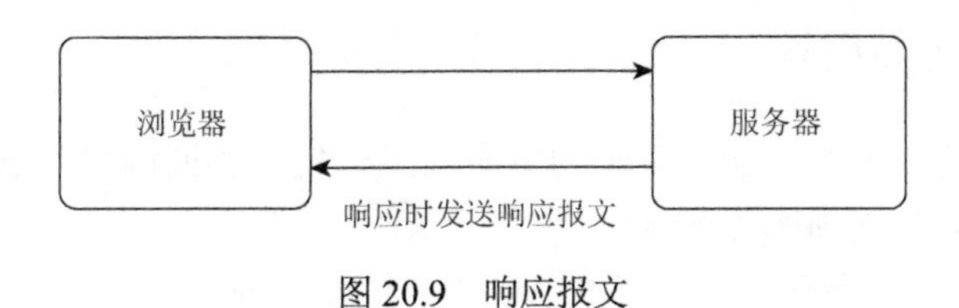

图 20.9　响应报文

20.1.12　响应报文格式

HTTP 响应由四个部分组成，分别是状态行、响应报头、空行、响应正文，如图 20.10 所示。

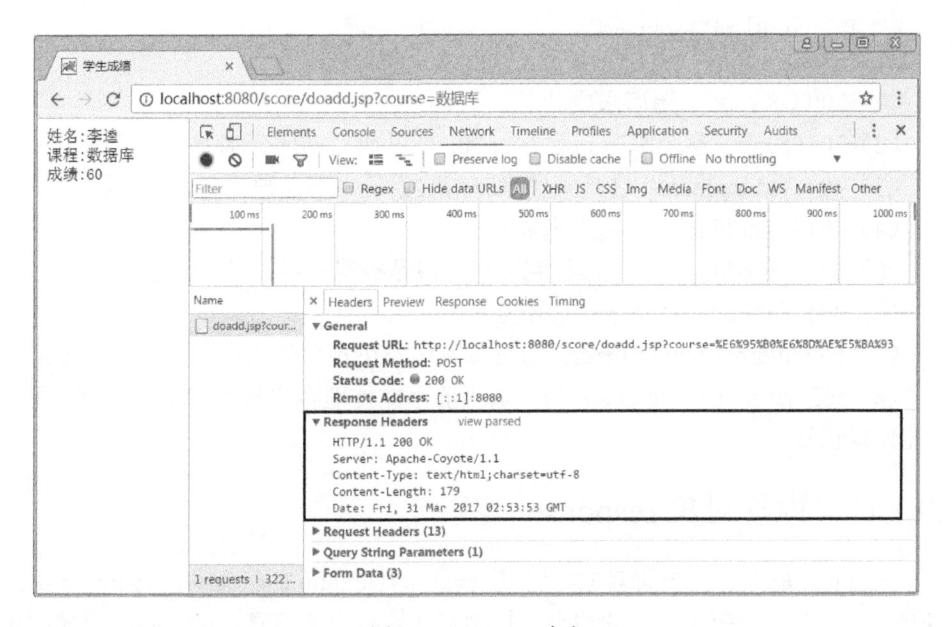

图 20.10　HTTP 响应

（1）HTTP/1.1 200 OK：响应状态。

（2）Content-Length：响应数据的字节数。

（3）Content-Type：响应的内容类型和字符编码格式。内容类型默认是 text/html；表示响应的内容是网页源代码，如果内容类型是 image/*，表示响应的是图片，例如，验证码就需要响应成图片。响应的内容类型有很多，可查阅其他资料。

（4）Date：响应的日期。

（5）Server：服务器信息。

20.1.13　响应状态

响应状态是反映服务器对请求的响应结果，使用不同的数字表示不同的响应状态。响应状态的规则如下所示。

（1）1xx：指示信息，表示请求已接收，继续处理。

（2）2xx：成功，表示请求已被成功接收、理解、接受。

（3）3xx：重定向，要完成请求必须进行更进一步的操作。

（4）4xx：客户端错误，请求有语法错误或请求无法实现。

（5）5xx：服务器端错误，服务器未能实现合法的请求。

20.1.14　常见状态代码

（1）200 OK：客户端请求成功。

（2）302Found：客户端得到服务端 302 状态码后向服务端发出新的请求。

（3）400 Bad Request：客户端请求有语法错误，不能被服务器所理解。

（4）401 Unauthorized：请求未经授权。

（5）403 Forbidden：服务器收到请求，但是拒绝提供服务。

（6）404 Not Found：请求资源不存在。

（7）500 Internal Server Error：服务器发生不可预期的错误。

（8）503 Server Unavailable：服务器当前不能处理客户端的请求，一段时间后可能恢复正常。

20.1.15　内置对象 response

response 是 JSP 的内置对象，它是 javax.servlet.http.HttpServletResponse 类的实例，用于动态响应客户端的请求，控制发送给用户的信息，response 对象的属性见表 20.3。

表 20.3　response 内置对象常用方法

方法名称	作用
PrintWriter getWriter（）	返回可以向客户端输出数据的一个对象

续表

方法名称	作用
void setContentType（String type）	设置响应的MIME类型，常见的MIME类型有text/html，text/css，text/JavaScript，text/json，text/plain
void sendRedirect（String path）	重新定向客户端的请求
setCharacterEncoding（"UTF-8"）	设置响应的编码方式

20.2　任务 2：使用重定向跳转页面

20.2.1　重定向

页面跳转是指从一个页面转到另外一个页面，例如，在登录页面登录邮箱系统后，浏览器会跳转到邮箱的首页页面。在 JSP 中页面跳转有两种方法，一是重定向，二是请求转发。

重定向可以通过 response 内置对象的 sendRedirect（）方法实现页面跳转。

示例 3：模拟登录邮箱的过程，研究页面跳转

创建登录页面 login.jsp，创建实现登录业务的 dologin.jsp，创建邮箱主界面 index.jsp。login.jsp 将登录信息提交给 dologin.jsp，登录成功后页面自动跳转到 index.jsp。

login.jsp 代码。

```
<%@ page language="java" contentType="text/html;charset=
 UTF-8"
   pageEncoding="UTF-8"%>
   省略部分代码
<form name="form1" method="post" action="dologin.jsp">
   <p>用户名<input type="text" name="userName" id=
    "userName"></p>
   <p>密　码<input type="text" name="userPass" id=
    "userPass"></p>
   <input type="submit" value="登录">
</form>
省略部分代码
```

代码解析：

（1）login.jsp 页面实现了登录表单。

（2）单击登录按钮后，表单提交给 dologin.jsp 文件。

dologin.jsp 代码。

```
<%@ page language="java" contentType="text/html;charset=
 UTF-8"
   pageEncoding="UTF-8"%>
<%
   //设置 POST 请求编码
   request.setCharacterEncoding("UTF-8");
   //获取用户名和密码
   String userName=request.getParameter("userName");
   String userPass=request.getParameter("userPass");
   //登录业务
   if("admin".equals(userName)&& "123".equals(userPass)){
       //登录成功,重定向到 index.jsp 页面
       response.sendRedirect(request.getContextPath()+"/
         index.jsp");
}else{
       //登录失败,重定向到 login.jsp 页面,重新登录
       response.sendRedirect(request.getContextPath()+"/
         login.jsp");
}
%>
```

代码解析：

（1）response.sendRedirect（）；实现重定向到新页面。

（2）request.getContextPath（）；用于获取上下文，重定向时必须指定上下文，否则会出现 404 错误。

（3）当用户输入的用户名为 admin，密码为 123 时，页面重定向到上下文目录下的 index.jsp，否则页面重定向到上下文目录下的 login.jsp。

运行结果：

如图 20.11 和图 20.12 所示。

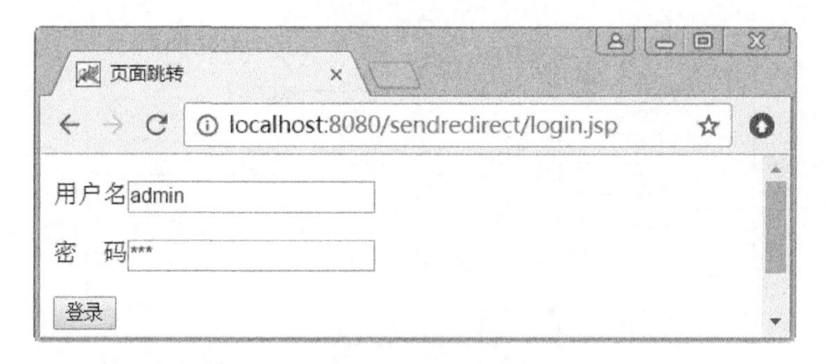

图 20.11　登录页面

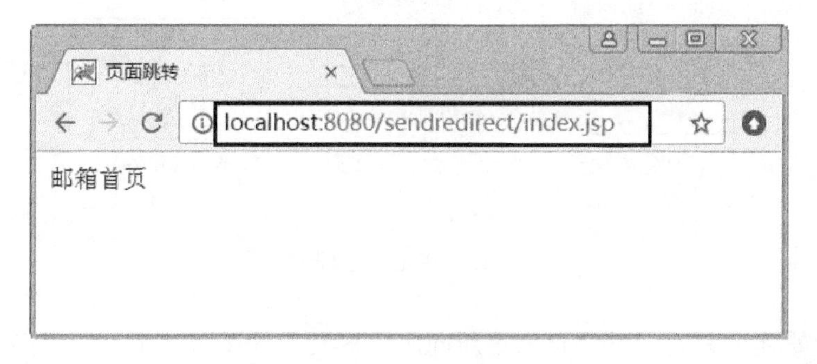

图 20.12　邮箱首页

20.2.2　重定向的原理

在 jsp 页面中执行 response.sendRedirect（path）时，服务器向客户端响应状态码 302 和 path。302 状态码表示重定向，path 表示重定向的 URL。当浏览器接收到状态码 302 后，就向 path 表示的 URL 发出新的请求。

下面以用户登录为例说明重定向的过程。

（1）在客户端浏览器网址中输入服务器登录页面地址 login.jsp 并发出请求。

（2）服务器向客户端响应登录页面 login.jsp，登录页面中包含用户名、密码和登录按钮。

（3）客户端浏览器在 login.jsp 页面中输入用户名和密码后单击登录按钮，向 dologin.jsp 页面发出登录请求。

（4）服务器 dologin.jsp 页面验证用户名和密码合法后，向客户端响应 302 状态码和 index.jsp 路径，客户端接收到服务端响应的 302 状态码后，向 index.jsp 发出新的请求，实现重定向。

（5）服务器向客户端浏览器响应主页 index.jsp。

重定向原理过程如图 20.13 所示。

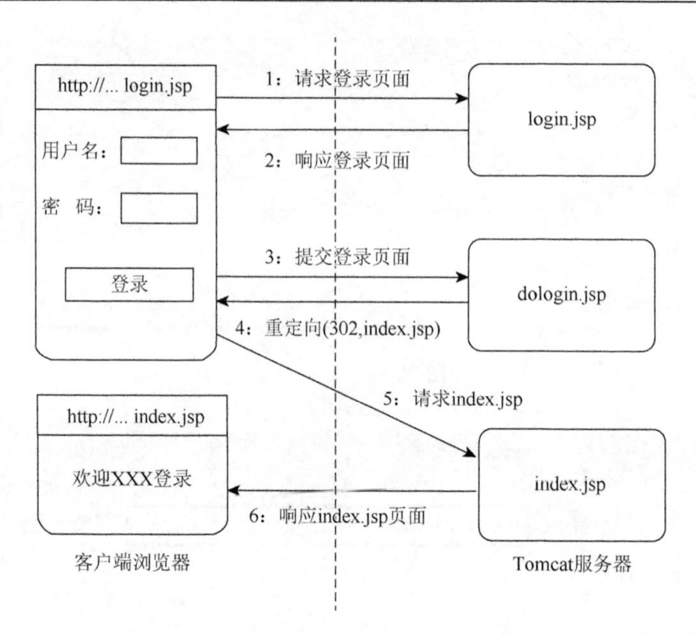

图 20.13　重定向原理过程

因此重定向是客户端浏览器重新向服务器发出的请求，重定向后浏览器地址栏的 URL 显示为重定向后的 URL。

第 21 章　用户状态管理

21.1　任务 1：显示用户上次访问时间

21.1.1　Cookie 介绍

Cookie 是指就着牛奶一起吃的点心。然而，在因特网内，Cookie 这个单词有了完全不同的意思，Cookie 是指一小段文本信息，伴随着用户的请求，在 Web 服务器和客户端浏览器之间传递。Cookie 的使用过程如下所示。

（1）Cookie 是由 Web 服务器端创建的。

（2）Web 服务器在响应时，通过响应报头将 Cookie 发送到客户端浏览器。

（3）客户端浏览器在本地存储和管理 Cookie。

（4）客户端浏览器每次向 Web 服务器发出请求时，通过请求报头将 Cookie 回传给服务器。

Cookie 的请求与响应过程如图 21.1 所示。

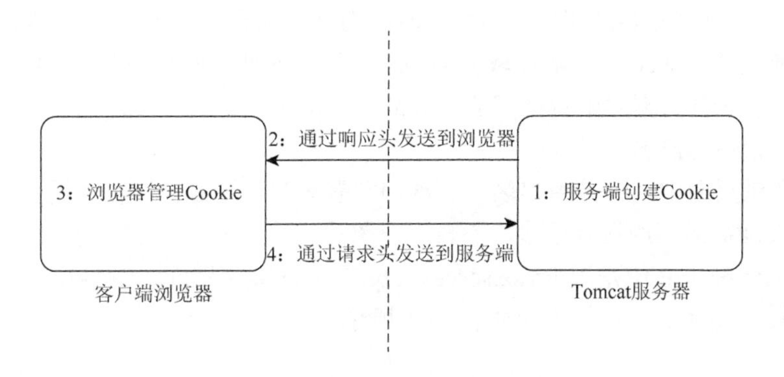

图 21.1　Cookie 的请求与响应过程

假设在用户请求 www.itlaobing.cn 服务器上的某个页面时，Web 服务器响应给该浏览器的不仅仅是一个页面，还包括 Cookie。用户的浏览器在获得页面的同时还得到了 Cookie，并且将它保存在用户硬盘上的某个文件夹中。以后用户再次访问 www.itlaobing.cn 服务器时，浏览器就会在本地硬盘上查找与 www.itlaobing.cn 相关联的 Cookie。如果该 Cookie 存在，浏览器就将它与页面请求一起发送到服务器，服务器就可以获得上次写入到浏览器中的 Cookie。

Cookie 是与 Web 站点而不是与具体页面关联的，所以无论用户请求站点中的哪个页面，浏览器和服务器都将交换 Cookie 信息。用户访问其他站点时，每个站点都可能会向用户浏览器发送一个 Cookie，而浏览器会将所有这些 Cookie 分别保存。

以上就是 Cookie 的基本工作原理。那么 Cookie 有哪些用途呢？最根本的用途是 Cookie 能够帮助 Web 站点保存有关访问者的信息。用户在某次访问了服务器后，服务器向客户端浏览器写入了 Cookie，在浏览器关闭后甚至用户重新启动计算机后，再次访问服务器时，服务器依然可以读取到上次写入浏览器的 Cookie，以下业务都是 Cookie 的应用。

（1）记录上次访问时间。

用户每次访问 Web 服务器时，都将本次访问时间创建到 Cookie 中，将 Cookie 添加到响应头中，在响应时将 Cookie 响应到客户端浏览器中。用户下次访问服务器时，会将 Cookie 自动添加到请求头中，将 Cookie 回传到 Web 服务器，Web 服务器读取 Cookie，获取上次访问的时间，然后显示给用户。

（2）猜你喜欢。

在淘宝中有猜你喜欢栏目。其实现的过程如下，当用户在淘宝中搜索商品时，会输入商品名称，将商品名称提交到 Web 服务器。Web 服务将商品名称创建到 Cookie 中，将 Cookie 添加到响应头中，在响应时将 Cookie 响应到客户端浏览器中。用户下次访问服务器时，会将 Cookie 自动添加到请求头中，将 Cookie 回传到 Web 服务器，Web 服务器读取 Cookie，获取上次搜索商品的名称，根据上次搜索商品的名称到数据库中查询相应的商品显示给用户。

（3）记住用户名。

在登录页面中，记录用户名，下次用户登录时，不必再次输入用户名，原理同上。Cookie 的应用还有很多，不再一一赘述。

Cookie 在 JSP 中是用 javax.servlet.http.Cookie 类表示的。Cookie 不是 JSP 的内置对象，Cookie 常用的方法如表 21.1 所示。

表 21.1　Cookie 常用的方法

方法名	返回值	定义
getDomain（）	String	获取 Cookie 所属的网址
getMaxAge（）	int	获取 Cookie 的最大存活时间，单位为秒
getName（）	String	获取 Cookie 的键
getPath（）	String	获取 Cookie 所属的路径
getValue（）	String	获取 Cookie 的值
setDomain（pattern）	void	设置 Cookie 所属的网址

续表

方法名	返回值	定义
setPath（uri）	void	设置Cookie所属的路径
setValue（newValue）	void	设置Cookie的值
setMaxAge（expiry）	void	设置Cookie的最大存活时间，单位为秒

21.1.2　Cookie的使用

示例1：显示用户上次访问时间

创建动态Web项目，命名为Cookie，在Cookie中创建write.jsp用于写入Cookie，创建read.jsp用于读取Cookie，实现记录用户上次访问时间的业务。

write.jsp代码。

```
<%
Cookie cookieName=new Cookie("name",java.net.URLEncoder.
  encode("林冲","UTF-8"));
cookieName.setMaxAge(60*60);
response.addCookie(cookieName);
Cookie cookieTime=new Cookie("time", new SimpleDateFormat
  ("yyyy-MM-dd HH:mm:ss").format(new Date()));
response.addCookie(cookieTime);
%>
Cookie 已经写入
```

代码解析：

（1）Cookie中的数据是以键值对保存在客户端中，本例向客户端写入了name和time两个Cookie。

（2）Cookie中只能存储String类型的数据，因此需要将Date对象转换为String类型。

（3）Cookie中存储汉字时，需要使用java.net.URLEncoder类的encode（）方法对汉字进行编码，如果不进行编码，那么汉字读取后会乱码。

（4）cookie Name.setMaxAge（60*60）表示设置Cookie的最大存活时间，单位是秒。存活时间是指Cookie在客户端浏览器中的有效时间，过期后Cookie就失效了。如果没有设置最大存活时间，那么在浏览器关闭后Cookie就失效了。

（5）内置对象response的addCookie（）方法用于将Cookie添加到响应报头

中，此时并没有立刻将 Cookie 响应到客户端浏览器，在页面响应时，Cookie 随着响应报头发送到客户端浏览器。

（6）用户再次访问服务器时，Cookie 会通过请求报头提交到 Web 服务器。在浏览器中打开开发者工具（F12 键），可查看请求报文中包含的 Cookie 信息，如图 21.2 所示。

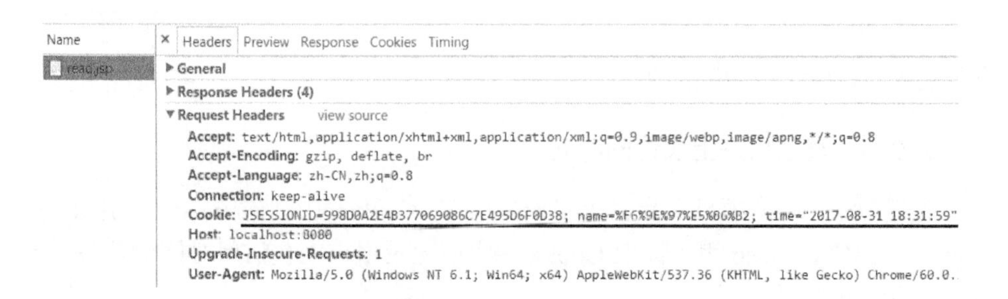

图 21.2　请求报头中的 Cookie

提示

Cookie 为什么要设置最大存活时间呢？如果没有为 Cookie 指定存活时间，则 Cookie 将保存在客户端的内存中，当浏览器关闭时 Cookie 消亡。如果指定了存活时间，则 Cookie 保存在客户端的文件中，即使浏览器关闭，在存活时间内 Cookie 内容依然存在。

read.jsp 代码。

```
<%
    Cookie[] cookies=request.getCookies();
    if(cookies !=null){
        for(int i=0;i<cookies.length;i++){
            Cookie cookie=cookies[i];
            if("name".equals(cookie.getName())){
                out.print(java.net.URLDecoder.decode(cookie.
                  getValue(),"UTF-8"));
                out.print("你好,你上次访问时间是");
            }
            if("time".equals(cookie.getName())){
                out.print(cookie.getValue());
                out.print("<br/>");
```

```
                }
            }
        }
%>
```

代码解析：

（1）request 对象的 getCookies（）方法用于从请求报头中获取当前站点向客户端写入过的所有有效 Cookie，返回 Cookie 数组。

（2）通过迭代数组可以找到需要的 Cookie 对象，getName（）获取 Cookie 的键，getValue（）获取 Cookie 的值。

（3）URLDecoder.decode（）用于对 Cookie 中存储的汉字解码。

运行结果：

如图 21.3 所示。

图 21.3　读取 Cookie 结果

打开 Chrome 浏览器的设置菜单＞显示高级设置＞隐私设置＞内容设置＞所有 Cookie 和网站数据，找到 localhost。可以看到 localhost 站点向浏览器中写入了 3 个 Cookie，分别是 JSESSIONID、name、time，其值 name 和 time 是本例中写入的 Cookie，单击 time，查看 time 的详细内容，如图 21.4 所示。

（1）名称是创建 Cookie 对象时的键，本例的键是 time。

（2）内容是创建 Cookie 对象时的值，本例的值是 2017-09-01 21:53:47。

（3）域名是创建 Cookie 域名，本例的域名是 localhost。Cookie 是由哪个域名响应的，请求时就只能回传给哪个域名，其他域名是无法获取的。通过 Cookie 的 setDomain（String）方法可以设置域名，例如，在 http://www.itlaobing.cn 服务器中设置了 cookie.setDomain（"http://www. itlaobing.com"）后，这个 Cookie 就只能由 http://www. itlaobing.com 域名读取该 Cookie 了。

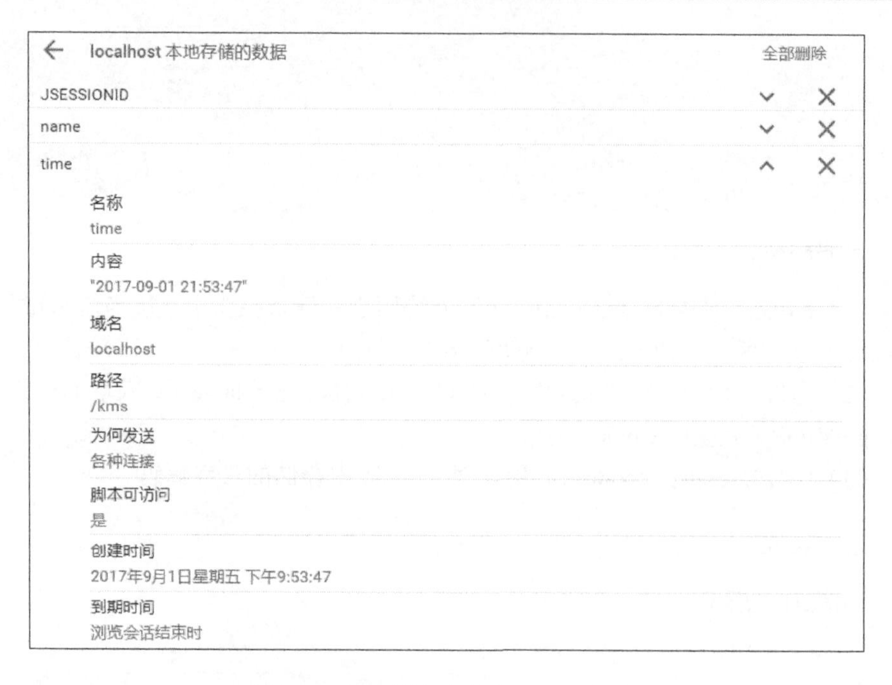

图 21.4 浏览器中存储的 Cookie 信息

（4）路径是创建 Cookie 的路径，默认是上下文路径。通过 Cookie 的 setPath（String）方法可以设置路径，例如，设置 cookie.setPath（request.getContextPath（）+"/laobing"）后，该 Cookie 只能被位于上下文路径下的 laobing 目录及其子目录中的 JSP 文件读取，其他目录下的 JSP 文件不能读取该 Cookie。

（5）最大存活时间是指 Cookie 的有效时间，过期后 Cookie 就失效了。如果没有设置 setMaxAge（int），Cookie 的过期时间是到浏览器关闭前有效，如果设置了 setMaxAge（int），Cookie 在该方法参数设置的以秒为单位的时间内有效。

 **提示**

（1）由于 Cookie 是保存在浏览器中的，用户可以设置浏览器禁用和启用 Cookie，默认是启用的，如果用户禁用 Cookie，那么 Cookie 就无法使用了，实际情况是很少有禁用 Cookie 的用户。
（2）由于 Cookie 数据存储在客户端浏览器中，数据可能会泄露，因此安全敏感的数据（如密码）不能存储在 Cookie 中。

21.2 任务 2：保存用户登录状态

从用户进入一个网站浏览到退出这个网站或者关闭浏览器称为一次会话。会话跟踪是指在这个过程中浏览器与服务器的多次请求与响应之间保持数据共享的技术。

21.2.1　什么是 Session

Session 对象是 JSP 内置对象，是 javax.servlet.http.HttpSession 类的对象，在 JSP 中，Session 称为会话。

那么什么是会话呢？从用户进入一个网站浏览开始，到关闭浏览器为止称为一次会话。会话包含以下三层意思。

（1）会话是一段时间，这段时间默认从打开浏览器开始到关闭浏览器为止。

（2）一次会话可以包含多次请求与响应。

（3）Session 是在一个会话内，在所有 JSP 页面中共享数据的内置对象。Web 容器为每一个 Session 在服务器内存中分配了独立的内存空间，用于为 Session 存储数据。

21.2.2　Session 共享数据

会话的核心是共享数据。例如，用户 1 在 a.jsp 页面中向 Session 中存储了数据，到 b.jsp 页面中可以读取到在 a.jsp 页面中存储的数据，实现同一个用户在一个会话中，在不同的 JSP 页面中共享数据。用户 2 在 c.jsp 页面中向 Session 中存储了数据，到 d.jsp 页面中可以读取到在 c.jsp 页面中存储的数据，实现同一个用户在一个会话中，在不同的 JSP 页面中共享数据。用户 1 向 Session 中存储的数据，用户 2 是无法读取的，因此也称 Session 是私有的。如图 21.5 所示。

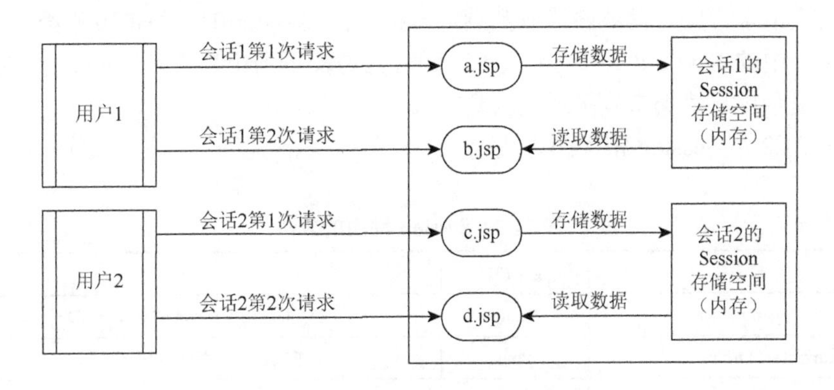

图 21.5　Session 实现页面间共享数据

那么服务器是如何知道 Session 中存储的数据是哪个用户存储的呢？服务器

是通过 SessionID 知道的。SessionID 是 Web 服务器生成的、永远不重复的、32 位长度的字符串，例如，590C2A202A3F7D40C5F81674F67DC87F。

21.2.3　Session 是私有的

观察图 21.6，当会话创建时，服务器会生成 SessionID，然后将生成的 SessionID 在服务器上当前会话的 Session 存储空间中保存一份，再将 SessionID 以 Cookie 的形式响应到客户端浏览器中一份。在这个会话的后续请求中，每次请求，浏览器都会将 SessionID 提交到服务器，服务器获取到 SessionID 后，在所有的 Session 存储空间中寻找哪个 Session 存储空间中标注的 SessionID 与从浏览器中获取的 SessionID 相等，若相等，当前会话就可以读取 Session 存储空间中的数据，否则不允许读取。

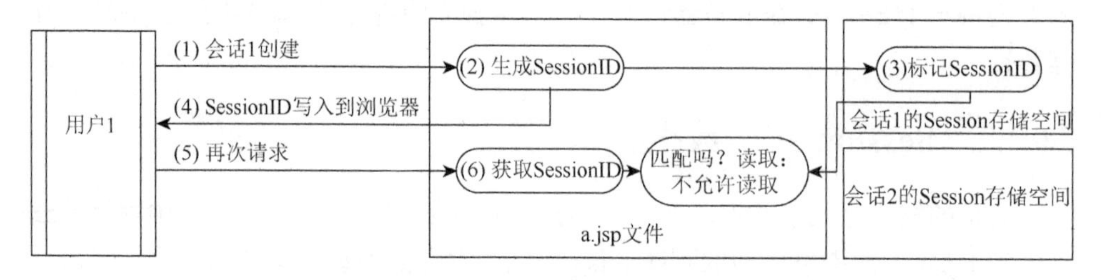

图 21.6　Session 是私有的

默认情况下，会话存储空间中存储的数据生命周期是 30 分钟。也就是说从一个会话最后一次响应开始计时，如果超过 30 分钟没有发出新的请求，那么存储在会话存储空间中的数据会被自动销毁。也就是说会话创建后，超过 30 分钟再向服务器发出请求，服务器能够读取到浏览器提交的 SessionID，但是服务器 Session 存储空间中的 SessionId 已经销毁了，此时已经找不到相等的 SessionID，这种情况下，提示用户“您未登录或登录超时”。

表 21.2 是 Session 常用的方法。

表 21.2　Session 常用的方法

方法名	返回值	定义
getId（）	String	获得当前 Session 的 SessionID
setAttribute（String，Object）	void	向 Session 空间中存储对象
getAttribute（String key）	Object	从当前的 Session 空间中获取 key 对应的对象
invalidate（）	void	强制 Session 过期
removeAttribute（String）	void	从当前的 Session 空间中删除 key 对应的对象

续表

方法名	返回值	定义
getCreationTime（）	long	获得当前 Session 创建的时间
getLastAccessedTime（）	long	获得客户端最后一次请求服务器的时间
setMaxInactiveInterval（int）	void	设置 Session 的最大请求间隔时间，单位为秒
getMaxInactiveInterval（）	int	获得 Session 的最大请求间隔时间，单位为秒
isNew（）	boolean	判断一个 Session 是不是一个新的 Session

示例 2：登录与退出

需求：用户在 login.jsp 页面登录后才允许访问 index.jsp 文件，用户在 logout.jsp 文件退出后不允许访问 index.jsp 文件。

实现思路：用户在 login.jsp 文件中登录成功后，将用户名保存到 Session 中，然后页面跳转到 index.jsp 文件。在 index.jsp 文件中判断 Session 中是否存储了用户名，如果存储了用户名用户可以访问 index.jsp，否则跳转到 login.jsp 文件。用户访问 logout.jsp 文件时，销毁 Session 对象（会话结束）。

login.jsp 代码。

```
<form method="post" action="dologin.jsp">
    用户名:<input type="text" name="UserName" value=""/>
      <br/>
    密  码:<input type="password" name="UserPass" value=""/>
      <br/>
    <input type="submit" value="登录"/>
</form>
```

dologin.jsp 代码。

```
<%@ page language="java" contentType="text/html;charset=
  UTF-8"
      pageEncoding="UTF-8"%>
<%
    //设置请求编码
    request.setCharacterEncoding("UTF-8");
    //获取用户名和密码
    String UserName=request.getParameter("UserName");
```

```
    String UserPass=request.getParameter("UserPass");
    //验证用户名和密码
    if("admin".equals(UserName)&& "123".equals(UserPass)){
        //验证通过,将用户名保存到 Session 对象中
        session.setAttribute("USER",UserName);
        //页面跳转到 index.jsp 页面
        response.sendRedirect(request.getContextPath()+"/
          index.jsp");
    }else{
        //验证失败，页面跳转到 login.jsp
        response.sendRedirect(request.getContextPath()+"/
          login.jsp");
    }
%>
```

代码解析：

（1）session.setAttribute（"USER"，UserName）；表示将 UserName 的值存储到键为 USER 的 Session 中，实现数据共享的功能。

（2）在后续的请求中可以读取保存到 Session 中的数据。

index.jsp 代码。

```
<%@ page language="java" contentType="text/html;charset=
  UTF-8"
        pageEncoding="UTF-8"%>
<%
    //验证用户是否已经登录
    if(session.getAttribute("USER")==null){
        response.sendRedirect(request.getContextPath()+"/
          login.jsp");
        return;
    }
%>
<body>
    欢迎访问首页，<a href="<%=request.getContextPath()%>/
      logout.jsp">退出</a>
```

```
</body>
```

代码解析：

（1）session.getAttribute（"USER"）表示在当前的会话中获取键为USER的对象。如果不存在返回null。本例中若返回null表示用户未登录，如果返回不是null表示用户已经登录。

（2）return表示终止当前页面的执行，即return后面的代码停止运行。

logout.jsp代码。

```
<%@ page language="java" contentType="text/html;charset=
  UTF-8"
    pageEncoding="UTF-8"%>
<%
    //销毁存储在session中的共享数据,会话结束
    session.invalidate();
%>
<body>
    你已经退出系统
</body>
```

代码解析：

（1）session.invalidate（）表示销毁存储在Session中的数据，会话结束。

（2）本例中表示用户退出系统。

运行结果：

首先在浏览器地址中输入http：//localhost：8080/session/index.jsp，页面会跳转至login.jsp页面，如图21.7所示。这是因为用户未登录时Session中没有存储键为USER的对象，而index.jsp页面中判断Session中键为USER对象不等于null时才允许访问。

用户成功登录后，在Session中保存了当前用户的用户名，因此可以访问index.jsp页面，如图21.8所示。

用户退出后，销毁了Session，会话结束了，如图21.9所示。当用户再次访问index.jsp页面，依然会跳转到login.jsp页面。

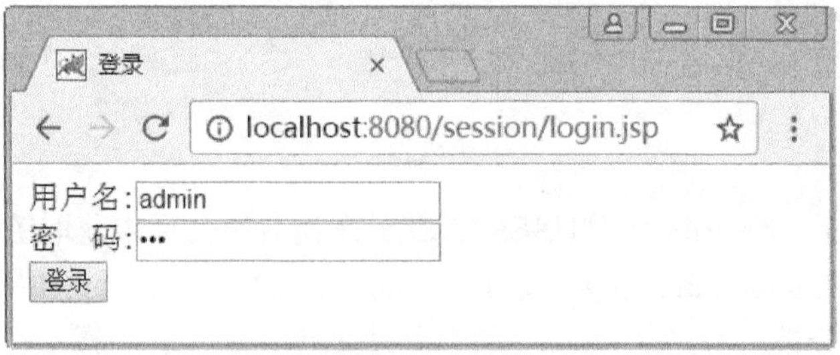

登录
localhost:8080/session/login.jsp
用户名：admin
密　码：•••
登录

图 21.7　login.jsp 登录界面

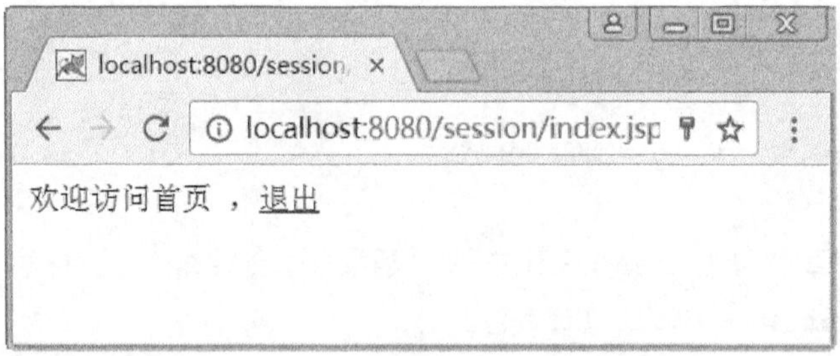

localhost:8080/session,
localhost:8080/session/index.jsp
欢迎访问首页 ，退出

图 21.8　index.jsp 页面

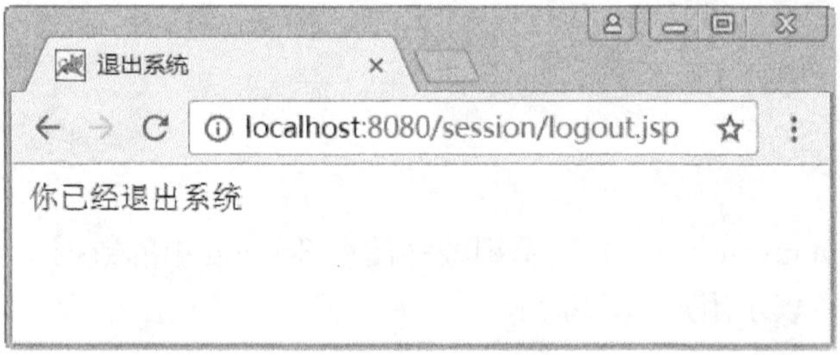

退出系统
localhost:8080/session/logout.jsp
你已经退出系统

图 21.9　logout.jsp 退出页面

如前面所述，Session 的生命周期默认是 30 分钟，如果要更改 Session 的生命周期可以通过 session.setMaxInactiveInterval（int）；更改，方法参数单位为秒。也可以通过 web.xml 配置 Session 的生命周期，单位是分钟，如果设置负数或 0，表示不限制 Session 失效时间。session.setMaxInactiveInterval（int）方法设置的生命周期优先级高于 web.xml 配置。

在 web.xml 中更改 session 生命周期。

```
<?xml version="1.0" encoding="UTF-8"?>
<web-app xmlns:xsi="http://www.w3.org/2001/XMLSchema-
  instance"
```

```
    xmlns="http://java.sun.com/xml/ns/javaee"
    xsi:schemaLocation="http://java.sun.com/xml/ns/javaee
    http://java.sun.com/xml/ns/javaee/web-app_3_0.xsd"
    id="WebApp_ID" version="3.0">
    <session-config>
        <!--单位是分钟-->
        <session-timeout>30</session-timeout>
    </session-config>
    </web-app>
```

21.2.4　Session 与 Cookie 的区别

Cookie 与 Session 都可以保存用户的状态，它们之间有什么区别，该如何判断使用哪个方式保存用户的状态呢？

（1）Cookie 数据存放在客户的浏览器上，Session 数据存放在服务器上。

（2）Cookie 中只能存储文本类型，Session 中能存储 Object 类型。

（3）Cookie 不是很安全，别人可以分析存放在本地的 Cookie 并进行 Cookie 欺骗，考虑到安全应当使用 Session。

（4）Session 会在生命周期内保存在服务器上。当访问增多时，会比较占用服务器内存，导致服务器性能下降，考虑到减轻服务器性能方面，应当使用 Cookie。

（5）单个 Cookie 保存的数据不能超过 4KB，很多浏览器都有限制，一个站点最多保存 20 个 Cookie。

（6）Session 是内置对象，Cookie 不是。

21.2.5　include 指令

示例 2 中，index.jsp 文件必须在用户登录后才能访问，这是因为在 index.jsp 中对用户是否已经登录进行了判断。

```
<%
//验证用户是否已经登录
if(session.getAttribute("USER")==null){
    response.sendRedirect(request.getContextPath()+"/
      login.jsp");
    return;
}
%>
```

如果有很多页面都要求登录后才能访问，就需要在页面中嵌入上述代码，这显然很麻烦。JSP 技术中提供了 include 指令，该指令用于将指定的页面源代码嵌入到当前位置。

示例 3：include 指令

重构示例 2，使用 include 指令包含验证文件。新建一个 jsp 文件，命名为 check.jsp，在 check.jsp 文件中验证用户是否登录，然后使用 include 指令将 check.jsp 文件包含到所有需要登录后才能访问的页面中。

```
check.jsp
<%@ page language="java" contentType="text/html;charset=
 UTF-8"
   pageEncoding="UTF-8"%>
<%
   //验证用户是否已经登录
   if(session.getAttribute("USER")==null){
       response.sendRedirect(request.getContextPath()+"
         /login.jsp");
       return;
   }
%>
```

重构 index.jsp 文件。

```
<%@ page language="java" contentType="text/html;charset=
 UTF-8"
   pageEncoding="UTF-8"%>
<%@include file="check.jsp" %>
<!DOCTYPE html>
<html>
   <head>
   <meta http-equiv="Content-Type" content="text/html;
     charset=UTF-8">
   <title></title>
   </head>
   <body>
   欢迎访问首页,<a href="${pageContext.request.contextPath}/
     logout.jsp">退出</a>
   </body>
```

```
</html>
```

代码解析：

（1）<%@include file="check.jsp" %>表示将 check.jsp 文件的源代码嵌入到当前行。

（2）check.jsp 文件中验证了用户登录状态，因此未登录用户无法访问 index.jsp 文件。

（3）任何需要登录后才能访问的文件，只需要嵌入 check.jsp 文件即可。

第 22 章　页 面 跳 转

22.1　任务 1：使用请求转发跳转页面

22.1.1　四大作用域

作用域就是信息共享的范围，也就是说一个信息能够在多大的范围内有效，也称为存储范围。JSP 中共有 4 个作用域，分别是 application 作用域、session 作用域、request 作用域、page 作用域，如表 22.1 所示。将数据存储在作用域中，目的是为界面提供显示数据的来源。

表 22.1　四大作用域

作用域名称	操作对象	解释
application	application	服务器启动到停止这段时间
session	session	HTTP 会话开始到结束这段时间
request	request	HTTP 请求开始到结束这段时间
page	pageContext	当前页面从打开到关闭这段时间

作用域范围从小到大顺序：page→request→session→application。

（1）page 作用域。存储在 page 作用域中的数据，仅限于在用户请求的当前页面中被获取，离开当前 JSP 页面，则 page 中的所有属性值就会丢失。操作 page 作用域使用 pageContext 内置对象。

（2）request 作用域。存储在 request 作用域中的数据，在请求开始到结束这段时间内的任何页面中都可以被获取。操作 request 作用域使用 request 内置对象。

（3）session 作用域。存储在 session 作用域中的数据，在会话开始到结束这段时间内的任何页面中都可以被获取。如果会话失效，则 session 中的数据也随之丢失。操作 session 作用域使用 session 内置对象。

（4）application 作用域。存储在 application 作用域中的数据，在服务器启动到停止这段时间内的任何页面中都可以被获取。操作 application 作用域使用 application 内置对象。

22.1.2　请求转发跳转页面

页面跳转是指从一个页面转到另外一个页面，JSP 的页面跳转有重定向和请求转发两种方式。重定向在前面的章节中已经讲解过，本节讲解请求转发。

请求转发，顾名思义，就是将客户端的请求转发给另外的页面。

例如，login.jsp 提交表单给 dologin.jsp，表示 login.jsp 对 dologin.jsp 发出了请求。dologin.jsp 验证登录后可以将请求转发给 index.jsp，由 index.jsp 完成对请求的响应。

请求转发需要通过 RequestDispatcher 对象完成，我们可以通过 request 内置对象获得 RequestDispatcher 对象：

```
RequestDispatcher rd=request.getRequestDispatcher("上下
  文路径"+"页面路径");
```

在获得 RequestDispatcher 对象后，调用其 forward 方法来完成跳转，forward 方法需要两个参数，一个是 request 对象，另一个是 response 对象。

```
rd.forward(request,response);
```

请求转发。

创建登录页面 login.jsp，提交给 dologin.jsp，dologin.jsp 转发到 index.jsp。

login.jsp 代码。

```
<%@ page language="java" contentType="text/html;charset=
 UTF-8"
         pageEncoding="UTF-8"%>
   <form method="post" action="dologin.jsp">
      用户名:<input type="text" name="UserName" value=""/>
        <br/>
      密  码:<input type="password" name="UserPass" value=
        ""/><br/>
   <input type="submit"  value="登录"/>
</form>
```

代码解析：

（1）将在 login.jsp 页面中的登录表单提交给 dologin.jsp，即 login.jsp 向 dologin.jsp 发出请求。

（2）发出请求时，提交了 UserName 和 UserPass 数据。

dologin.jsp 代码。

```
<%@ page language="java" contentType="text/html;charset=
 UTF-8"
      pageEncoding="UTF-8"%>
<%
```

```
    request.setCharacterEncoding("UTF-8");
    String UserName=request.getParameter("UserName");
    String UserPass=request.getParameter("UserPass");
    if("admin".equals(UserName)&& "123".equals(UserPass)){
        session.setAttribute("USER",UserName);
        //向 request 作用域中存储数据
        request.setAttribute("role","管理员");
        request.getRequestDispatcher("/index.jsp").forward
          (request,response);
    }else{
        response.sendRedirect(request.getContextPath()+"/
          login.jsp");
    }
%>
```

代码解析：

（1）dologin.jsp 中通过 request.getParameter（）方法获取表单提交的数据。

（2）request.setAttribute（"role"，"管理员"）；是向 request 作用域中存储数据。

（3）request.getRequestDispatcher（"/index.jsp"）.forward（request，response）；将请求转发到 index.jsp 文件。

index.jsp 代码。

```
<%@ page language="java" contentType="text/html;charset=
  UTF-8"
        pageEncoding="UTF-8"%>
    <%@include file="check.jsp" %>
    <!DOCTYPE html>
<html>
    <head>
        <meta http-equiv="Content-Type" content="text/html;
          charset=UTF-8">
        <title></title>
        </head>
        <body>
        欢迎<%=request.getParameter("UserName")%>访问首页，
        你的角色是<%=request.getAttribute("role")%>,
```

```
        <a href="${pageContext.request.contextPath }/logout.
          jsp">退出</a>
    </body>
</html>
```

代码解析：

（1）request.getParameter（"UserName"）是获取 login.jsp 表单中的数据。

（2）request.getAttribute（"role"）是从 request 作用域中获取数据。

运行结果：

如图 22.1 和图 22.2 所示。

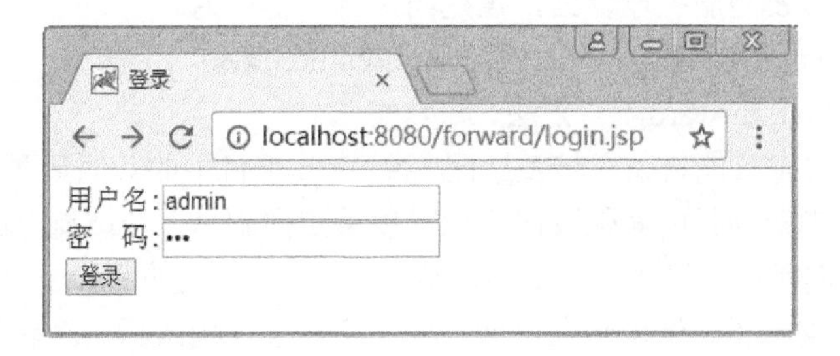

图 22.1 login.jsp 页面

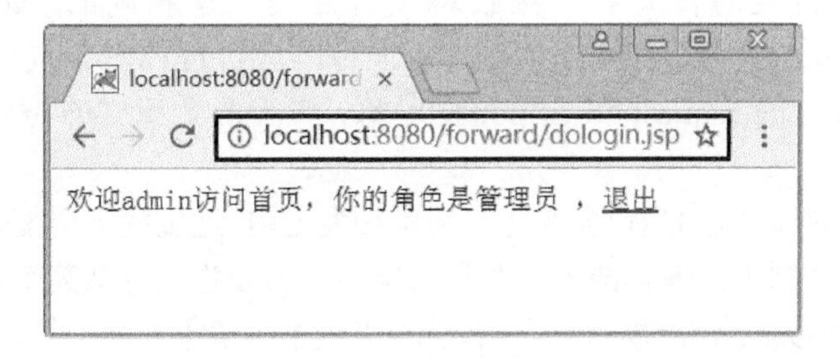

图 22.2 dologin.jsp 页面

观察运行结果中浏览器地址的 URL，显示为 dologin.jsp，而页面中的内容却是 index.jsp 页面中的内容，这是为什么呢？这是因为请求提交后，浏览器地址栏只显示第一个处理请求的页面，后续转发的页面不显示在浏览器地址栏中。如图 22.3 所示，login.jsp 发出请求后，第一个接收请求的是 dologin.jsp 文件，因此地址栏显示 dologin.jsp 文件，后续 dologin.jsp 将请求转发给 index.jsp 文件，由 index.jsp 文件最后向客户端响应页面。因此浏览器地址栏显示 dologin.jsp，而页面内容是 index.jsp 的内容。

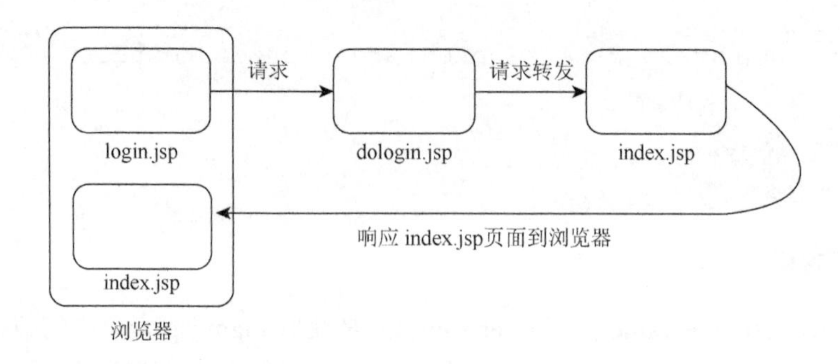

图 22.3　请求转发示意图

22.1.3　请求转发与重定向的区别

（1）请求转发是服务器行为，重定向是客户端行为。

（2）重定向使用 HttpServletResponse.sendRedirect（）方法，请求转发使用 RequestDispatcher. forward（）方法。

（3）请求转发只能将请求转发给同一个 Web 项目中的其他页面，重定向不仅可以重定向到当前项目的其他页面，还可以重定向到另一个站点上的页面。

（4）重定向是两次请求，请求转发是一次请求。重定向是前一个请求结束了，一个新的请求发出了。请求转发仍然是同一个请求，由最后一个转发页面向浏览器响应页面。

（5）请求转发的转发者与接收转发者之间共享相同的 request 对象和 response 对象，它们属于同一个访问请求和响应过程；重定向的调用者与被调用者使用各自的 request 和 response 对象，属于两个独立的访问请求和响应过程。

（6）重定向地址栏 URL 会变化，请求转发 URL 地址栏不会变化。

下面举一个例子，理解请求转发和重定向。假设你去办理某个执照：

重定向：你先去了 A 局，A 局的人说："这个事情不归我们管，去 B 局"，然后，你就从 A 退了出来，自己乘车去了 B 局。

转发：你先去了 A 局，A 局看了以后，知道这个事情其实应该 B 局来管，但是他没有让你自己去 B 局，而是让你等一会儿，他到后面办公室联系了 B 局的人，让他们办好后，给你送了过来。

22.2　任务 2：熟悉九大内置对象

JSP 中共有九个内置对象，分别是 request、response、out、session、exception、page、pageContext、config 和 application，如表 22.2 所示。我们已经学习过

的包括 request、response、session、out、exception、application。

表 22.2　九大内置对象

内置对象	所属的类或接口
request	javax.servlet.http.HttpServletRequest 类
response	javax.servlet.http.HttpServletResponse 类
out	javax.servlet.jsp.JspWriter 类
session	javax.servlet.http.HttpSession 类
exception	java.lang.Throwable 类
page	java.lang.Object 类，与 this 是同一个对象
pageContext	javax.servlet.jsp.PageContext 类
config	javax.servlet.ServletConfig 接口
application	javax.servlet.ServletContext 接口

22.2.1　page 内置对象

page 对象类似于 Java 编程中的 this 关键字，page 指当前 JSP 页面本身。page 是 java.lang.Object 类的对象。page 对象在实际开发过程中并不经常使用。Page 对象的定义如下

```
Object page=this;
```

22.2.2　pageContext 内置对象

pageContext 是 javax.servlet.jsp.PageContext 的实例，该对象代表该 JSP 页面上下文，使用该对象可以访问页面中的共享数据。

pageContext 内置对象常用的方法见表 22.3。

表 22.3　pageContext 内置对象常用的方法

方法名	描述
getOut（）	返回当前客户端响应被使用的 JspWriter 流（out）
getSession（）	返回当前页中的 HttpSession 对象（session）
getPage（）	返回当前页的 Object 对象（page）
getRequest（）	返回当前页的 ServletRequest 对象（request）

续表

方法名	描述
getResponse（）	返回当前页的 ServletResponse 对象（response）
getServletConfig（）	返回当前页的 ServletConfig 对象（config）
getServletContext（）	返回当前页的 ServletContext 对象（application）
setAttribute（key，value）	设置属性及属性值
getAttribute（key）	在指定范围内取属性的值

22.2.3 config 内置对象

config 对象代表当前 JSP 配置信息，是 javax.servlet.ServletConfig 的实例。但 JSP 页面通常无须配置，因此该对象在 JSP 页面中非常少用。

第 23 章　JSP 项目实战

本章根据本门课所学习的 JSP 知识，完成 JSP 实战项目“知识库管理系统开发”。重点掌握 1 对多关系表以及数据的添加、删除、修改、查询等基本功能，完成知识库管理系统的开发。

23.1　需求描述

知识库管理系统（knowledge base management system），又称数字资产管理系统（digital asset management system），主要是用来管理我们常用的一些知识文档、图纸、视频和音频等信息内容。知识库管理系统包括知识库类别和知识条目，要求完成以下业务。

（1）添加知识。

（2）显示知识列表。

（3）查询知识。

（4）修改知识。

（5）删除知识。

（6）统计每种知识类别中知识条目的数量。

23.2　开发环境

开发工具：Eclipse。

运行环境：Tomcat。

数据库：MySQL。

23.3　数据库设计

在 MySQL 中创建知识库管理系统数据库，命名为 kmdb。在 kmdb 数据库中创建知识类别表 tbl_type、知识来源表 tbl_from、知识条目表 tbl_knowledge。

```
#创建 kmdb 数据库
create database kmdb;
#使用 kmdb 数据库
use kmdb;
#创建知识类别表
```

```
create table tbl_type
(
    id int auto_increment primary key,  #类别主键
    typeName varchar(20)unique,         #类别名称
    typeDesc text                       #类别描述
);
#创建知识来源表
create table tbl_from
(
    id int auto_increment primary key,  #知识来源主键
    fromName varchar(50)                #知识来源
);
#创建知识条目表
create table tbl_knowledge
(
    id int auto_increment primary key,  #知识条目主键
    title varchar(200),     #知识标题
    content text,           #知识内容
    createDate datetime,    #知识创建时间
    isPublish int,          #知识是否发布 0:发布,1:停止
    fromName varchar(200), #知识来源
    typeid int            #外键,引用知识类别(tbl_type)主键(id)
);
#初始化知识类别
insert into tbl_type(typeName, typeDesc)values('java 编程
  基础','讲解 java 编程基础知识');
insert into tbl_type(typeName,typeDesc)values('java 面向
  对象','讲解 java 面向对象知识');
insert into tbl_type(typeName,typeDesc)values('mysql','
  讲解 mysql 数据库知识');
#初始化知识来源
insert into tbl_from(fromName)values('网络');
insert into tbl_from(fromName)values('杂志');
insert into tbl_from(fromName)values('投稿');
#初始化知识条目
```

```
insert  into `tbl_knowledge`(`title`,`content`,`createDate`,
  `isPublish`,`fromName`,`typeid`)
    values('类的继承','类的继承','2017-04-03 14:10:41',1,'
      杂志、投稿',2);
insert  into `tbl_knowledge`(`title`,`content`,`createDate`,
  `isPublish`,`fromName`,`typeid`)
    values('三元表达式的使用','三元表达式的使用','2017-04-03
      14:11:23',0,'网络、杂志',1);
insert  into `tbl_knowledge`(`title`,`content`,`createDate`,
  `isPublish`,`fromName`,`typeid`)
    values('表的关系','表的关系','2017-04-03 14:11:24',0,'
      网络',3);
```

23.4　创建项目

在 Eclipse 中创建动态 Web 项目，命名为 kms。kms 项目结构如图 23.1 所示。

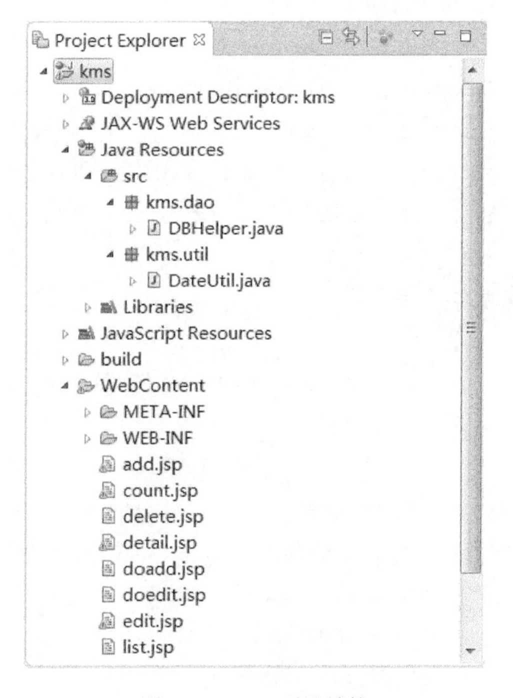

图 23.1　kms 项目结构

23.5 创建工具类

23.5.1 创建 DBHelper 工具类

在 kms 项目中创建专门用于访问数据库的工具类，存放在 kms.dao 包中，命名为 DBHelper。在 DBHelper 类中定义连接数据库的方法 getConnection（），执行 Insert 语句的方法 executeSave（），执行 update、delete 语句的方法 executeUpdate（），执行 select 语句的方法 executeQuery（），关闭结果集的方法 closeResultSet（），关闭系统资源的方法 close（）。DBHelper 类完整的代码如下。

```
package kms.dao;
import java.sql.Connection;
import java.sql.DriverManager;
import java.sql.PreparedStatement;
import java.sql.ResultSet;
import java.sql.SQLException;
import java.sql.Statement;
public class DBHelper {
    private Connection conn;
    private PreparedStatement psmd;
    private ResultSet rs;
    private static final String USER="root";
    private static final String PASS="";
    /**
     * 获取数据库连接
     * */
    private void getConnection()throws SQLException,
      ClassNotFoundException {
        if(conn==null || conn.isClosed()==false){
            Class.forName("org.gjt.mm.mysql.Driver");
            conn=DriverManager.getConnection("jdbc:mysql:
              //localhost:3306/kmdb
                ?characterEncoding=utf8&autoreconnect=tru
                  e",USER,PASS);
        }
    }
```

```
/**
 * 执行delete,update语句
 * */
public  int  executeUpdate(String  sql,Object...  objs)
  throws SQLException,ClassNotFoundException {
    getConnection();
    psmd=conn.prepareStatement(sql);
    setParam(objs);
    int rows=psmd.executeUpdate();
    return rows;
}
/**
 * 执行Insert语句并返回新生成的主键id的方法
 * **/
public  int  executeSave(String  sql,Object...  objs)
  throws Exception {
    getConnection();
    psmd=conn.prepareStatement(sql,Statement.RETURN_
      GENERATED_KEYS);
    setParam(objs);
    int rows=psmd.executeUpdate();
    int id=-1;
    if(rows>0){
        rs=psmd.getGeneratedKeys();
        rs.next();
        id=rs.getInt(1);
    }
    return id;
}
/**
 * 执行select语句
 * **/
public  ResultSet  executeQuery(String  sql,Object...
  objs)throws Exception {
    getConnection();
```

```
        psmd=conn.prepareStatement(sql);
        setParam(objs);
        rs=psmd.executeQuery();
        return rs;
    }
    /**
     * 为 SQL 语句占位符赋值
     * */
    private void setParam(Object... objs)throws SQLException {
        if(objs !=null && objs.length>0){
            for(int i=0;i<objs.length;i++){
                psmd.setObject(i+1,objs[i]);
            }
        }
    }
    /**
     * 关闭查询结果集对象
     */
    public void closeResultSet(){
        try {
            if(rs !=null){
                rs.close();
                rs=null;
            }
        } catch(SQLException e){
            e.printStackTrace();
        }
    }
    /**
     * 关闭数据库连接
     * */
    public void close(){
        try {
            if(rs !=null){
                rs.close();
```

```
                rs=null;
            }
            if(psmd !=null){
                psmd.close();
                psmd=null;
            }
            if(conn !=null && !conn.isClosed()){
                conn.close();
                conn=null;
            }
        } catch(SQLException ex){
            ex.printStackTrace();
        }
    }
}
```

23.5.2　创建 DateUtil 工具类

在 kms 项目中定义获取系统当前日期的类，存放在 kms.util 包中，命名为 DateUtil。在该类中定义获取系统当前日期和时间的方法 getStringDate()。DateUtil 类完整的参考代码如下。

```
package kms.util;
import java.text.SimpleDateFormat;
import java.util.Date;
public class DateUtil {
    /**
     * 以 String 类型获取当前日期和时间
     */
    public static String getStringDate(){
        SimpleDateFormat sdf=new SimpleDateFormat("yyyy-MM-
          dd HH:mm:ss");
        return sdf.format(new Date());
    }
}
```

23.6　添加知识

23.6.1　添加知识界面分析

add.jsp 文件用于添加新知识条目。新添加的知识条目是否发布由单选按钮设置；知识来源使用多选按钮设置，其数据来自于 tbl_from 表，多个来源用“、”作为分隔符存储到表中；知识类别使用下拉框设置，其数据来自于 tbl_type 表，如图 23.2 所示。知识条目添加后跳转到 list.jsp 页面显示所有的知识条目。

图 23.2　添加知识条目

add.jsp 参考代码。

```
省略部分代码
<form  method="post"  action="${pageContext.request.con-
  textPath} /doadd.jsp">
    <table width="600" border="0" cellspacing="0" cellpa-
      dding="0" align="center">
        <caption>添加知识</caption>
            <tr>
                <td width="100" align="right">知识标题:</td>
                <td><input type="text" name="title"></td>
```

```
        </tr>
        <tr>
            <td align="right">是否发布:</td>
            <td><input  type="radio"  name="isPublish"
              value="0" checked="checked">发布 
                <input  type="radio"  name="isPublish"
                  value="1">停止</td>
        </tr>
        <tr>
    <td align="right">知识来源:</td>
    <td>
    <%
    //加载知识来源
    DBHelper helper=new DBHelper();
    ResultSet rs1=helper.executeQuery("select * from
      tbl_from");
    while(rs1.next()){
    %>
        <input name="fromName" type="checkbox" value="<%=
          rs1.getString("fromName")%>"><%=rs1.getString
          ("fromName")%>
    <%
    }
    helper.closeResultSet();
    %>

    </td>
</tr>
<tr>
    <td align="right">知识类别:</td>
    <td>
        <select name="typeId" id="typeId">
        <%
        //加载知识类别
        ResultSet  rs2=helper.executeQuery("select  *
```

```
            from tbl_type");
            while(rs2.next()){
        %>
            <option value="<%=rs2.getString("id")%>">
            <%=rs2.getString("typeName")%></option>
            <%
        }
            helper.close();
        %>
            </select>
        </td>
    </tr>
    <tr>
        <td align="right">知识内容:</td>
        <td><textarea name="content" cols="55" rows= "5">
          </textarea></td>
    </tr>
    <tr>
        <td> </td>
        <td><input type="submit" name="button" id="button"
          value="添加知识"></td>
    </tr>
</table>
省略部分代码
```

23.6.2 添加知识业务逻辑参考代码

doadd.jsp 参考代码。

```
<%@page import="kms.util.DateUtil"%>
<%@page import="kms.dao.DBHelper"%>
<%@page import="java.util.Date"%>
<%@ page language="java" contentType="text/html; charset=
UTF-8"
    pageEncoding="UTF-8"%>
<%
//设置请求编码
```

```
request.setCharacterEncoding("UTF-8");
//获取数据
String title=request.getParameter("title");
String isPublish=request.getParameter("isPublish");
String[] fromNames=request.getParameterValues("fromName");
String typeId=request.getParameter("typeId");
String content=request.getParameter("content");
//将多选框的知识来源拼接成以顿号分割的字符串
StringBuffer sb_fromName=new  StringBuffer();
for(int i=0; fromNames!=null && i<fromNames.length;i++){
   sb_fromName.append(fromNames[i]);
   sb_fromName.append("、");
}
String fromName="";
if(sb_fromName.length()>0){
   fromName=sb_fromName.toString().substring(0,sb_from
     Name.toString().length()-1);
}
//获取添加知识的时间
String createDate=DateUtil.getStringDate();
//添加知识业务
DBHelper helper=new DBHelper();
int i=helper.executeSave("INSERT INTO tbl_knowledge(title,
   createDate,isPublish,fromName,typeId,content)VALUES
     (?,?,?,?,?,?)",
   title,createDate,isPublish,fromName,typeId,content);
if(i>0){
   response.sendRedirect(request.getContextPath()+"/
     list.jsp");
}else{
   response.sendRedirect(request.getContextPath()+"/add.
     jsp");
}
%>
```

23.7　显示所有知识条目

23.7.1　显示所有知识条目界面分析

list.jsp 用于显示所有知识条目，搜索所有的知识条目，如图 23.3 所示。界面显示的标题、是否发布、知识来源、创建日期来自于 tbl_knowledge 表，而知识类别来自于 tbl_type 表，因此需要使用表链接查询。搜索使用的是模糊查询 Like 子句完成的。

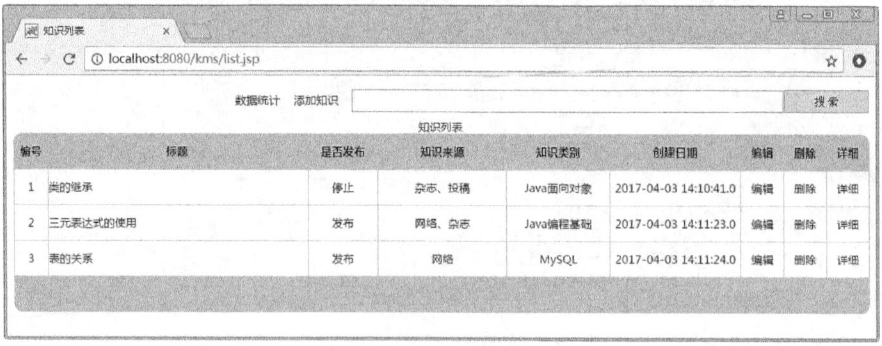

图 23.3　知识条目列表

23.7.2　显示所有知识业务逻辑参考代码

list.jsp 参考代码。

```
省略部分代码
<%
request.setCharacterEncoding("UTF-8");
response.setCharacterEncoding("UTF-8");
%>
省略部分代码
<!--搜索表单-->
<form action="list.jsp" method="get">
   <a href="count.jsp">数据统计</a>
   <a href="add.jsp">添加知识</a>
      <input  type="text"  name="key"  value="<%=request.
        getParameter ("key")
   ==null?"":request.getParameter("key")%>"/>
```

```
    <input type="submit" value=" 搜 索 "/>
</form>
<!--显示列表-->
<table width="1000" border="0" align="center" cellpadding=
  "0" cellspacing="1">
    <caption>知识列表</caption>
        <thead>
        <tr>
        <th align="center" width="40">编号</th>
        <th align="center">标题</th>
        <th align="center" width="80">是否发布</th>
        <th align="center" width="150">知识来源</th>
        <th align="center" width="120">知识类别</th>
        <th align="center" width="150">创建日期</th>
        <th align="center" width="50">编辑</th>
        <th align="center" width="50">删除</th>
        <th align="center" width="50">详细</th>
    </tr>
    </thead>
    <tbody>
    <%
        //查询知识并显示在表格中
        DBHelper helper=new DBHelper();
        String sql="SELECT tbl_knowledge.*,tbl_type.typeName,
            tbl_type.typeDesc FROM tbl_knowledge INNER JOIN
              tbl_type
            ON tbl_knowledge.typeId=tbl_type.id where 1=1 ";
        String key=request.getParameter("key");
        if(key!=null && !"".equals(key)){
              sql=sql+" and title like '%"+key+"%'";
        }
        sql=sql+" order by tbl_knowledge.id";
        ResultSet rs=helper.executeQuery(sql);
        int i=0;
        while(rs.next()){
```

```
    %>
        <tr>
            <td align="center"><%=(i+1)%></td>
            <td align="left"><%=rs.getString("title")%></td>
            <td align="center">
                <%=rs.getInt("isPublish")==0?"发布":"停止"%>
            </td>
            <td align="center"><%=rs.getString("fromName")
              %></td>
            <td align="center"><%=rs.getString("typeName")
              %></td>
            <td align="center"><%=rs.getString("createDate")
              %></td>
            <td align="center">
                <a href="edit.jsp?id=<%=rs.getString("id")%
                  >">编辑</a>
            </td>
            <td align="center">
                <a href="delete.jsp?id=<%=rs.getString("id")
                   %>"
                    onclick="javascript: return confirm('确
                      认删除吗？')">删除</a>
            </td>
            <td align="center">
            <a href="detail.jsp?id=<%=rs.getString("id")
              %>">详细</a>
        </td>
        </tr>
    <%
        }
        helper.close();
    %>
    </tbody>
</table>
```

23.8　编辑知识

23.8.1　编辑知识条目界面分析

edit.jsp 用于编辑知识条目。在 list.jsp 中单击“编辑”时，跳转到 edit.jsp 页面，list.jsp 通过 URL 传递参数的方式告知 edit.jsp 要编辑知识条目的主键值。然后 edit.jsp 访问数据库，获取要编辑的知识条目实体对象，并将实体对象中的数据绑定到表单元素中，是否发布要根据原有值设置选中项；知识来源要根据原有值设置选中项；知识类别要根据原有值设置选中项，如图 23.4 所示。当用户单击“修改知识”按钮时，将编辑后的数据提交给 doedit.jsp 文件，由 doedit.jsp 文件将编辑的数据更新到数据库中，最后跳转到 list.jsp 显示更新后的结果。

图 23.4　修改知识

23.8.2　编辑知识业务逻辑参考代码

edit.jsp 代码参考。

```
省略部分代码
<%
```

```
//获取要编辑知识条目
String id=request.getParameter("id");
DBHelper helper=new DBHelper();
ResultSet rs1=helper.executeQuery("SELECT * FROM tbl_
  knowledge where id=?",id);
if(!rs1.next()){
    out.print("此数据不存在");
    return;
}
//临时保存已经获取的知识条目
String title=rs1.getString("title");
String content=rs1.getString("content");
String createDate=rs1.getString("createDate");
int isPublish=rs1.getInt("isPublish");
String fromName=rs1.getString("fromName");
int typeId=rs1.getInt("typeId");
helper.closeResultSet();
%>
省略部分代码
<body>
<form method="post" action="${pageContext.request.con-
  textPath}/doedit.jsp">
    <input type="hidden" name="id" value="<%=id%>">
    <table width="600" border="0" cellspacing="0"
      cellpadding="0" align="center">
        <caption>编辑知识</caption>
            <tr>
                <td width="100" align="right">知识标题:</td>
                <td><input type="text" name="title" id=
                  "title" value="<%=title%>"></td>
            </tr>
            <tr>
                <td align="right">是否发布:</td>
                <td><input type="radio" name="isPublish"
                  id="radio" value="0"<% if(isPublish==0)
```

```
        { %>checked="checked" <%}%>>发布 
          <input  type="radio"  name="isPublish"
            id="radio" value="1"<% if(isPublish!=0)
            { %>checked="checked"<%} %>>停止</td>
    </tr>
    <tr>
        <td align="right">知识来源:</td>
        <td>
        <%
            //加载知识来源
            ResultSet rs2=helper.executeQuery("select
              * from tbl_from");
            while(rs2.next()){
        %>
            <input name="fromName" type="checkbox"
            value="<%=rs2.getString("FromName")%>"
            <%  if(fromName.contains(rs2.getString
              ("fromName"))){ %>checked="checked"
            <%} %>><%=rs2.getString("fromName")%>&
              nbsp;
    <%
        }
        helper.closeResultSet();
    %>
    </td>
</tr>
<tr>
    <td align="right">知识类别:</td>
    <td>
        <select name="typeId" id="typeId">
        <%
        //加载知识类别
        ResultSet  rs3=helper.executeQuery("select
          * from tbl_type");
        while(rs3.next()){
```

```
            %>
                <option value="<%=rs3.getString("id")%>
                  "<% if(typeId==rs3.getInt("id")){ %>
                selected<%} %>><%=rs3.getString("typeN
                  ame")%></option>
            <%
            }
            helper.closeResultSet();
            %>
            </select>
        </td>
    </tr>
    <tr>
        <td align="right">知识内容:</td>
        <td><textarea name="content" cols="55" rows="5">
          <%=content%></textarea></td>
    </tr>
    <tr>
        <td> </td>
        <td><input  type="submit"  name="button"  id=
          "button" value="修改知识"></td>
    </tr>
  </table>
  <p> </p>
</form>
```

doedit.jsp 参考代码。

```
<%@page  import="kms.dao.DBHelper"%>
<%@ page language="java" contentType="text/html;charset=
  UTF-8"
    pageEncoding="UTF-8"%>
<%
//设置请求编码
request.setCharacterEncoding("UTF-8");
//获取数据
String id=request.getParameter("id");
```

```
String title=request.getParameter("title");
String isPublish=request.getParameter("isPublish");
String[] fromNames=request.getParameterValues("fromName");
String typeId=request.getParameter("typeId");
String content=request.getParameter("content");
//构建知识来源
StringBuffer sb_fromName=new  StringBuffer();
for(int i=0;fromNames!=null && i<fromNames.length;i++){
    sb_fromName.append(fromNames[i]);
    sb_fromName.append("、");
}
String fromName="";
if(sb_fromName.length()>0){
    fromName=sb_fromName.toString().substring(0,sb_fromNa
      me.toString().length()-1);
}
//修改知识业务
DBHelper helper=new DBHelper();
int i=helper.executeUpdate("update tbl_knowledge set
        title=?,isPublish=?,fromName=?,typeId=?,content=
          ?where id=?",
        title,isPublish,fromName,typeId,content,id);
if(i>0){
    response.sendRedirect(request.getContextPath()+"/li
      st.jsp");
}else{
    response.sendRedirect(request.getContextPath()+"/ad
      d.jsp");
}
helper.close();
%>
```

23.9　删除知识

delete.jsp 实现删除知识条目，如图 23.5 所示。在 list.jsp 中单击“删除”时，跳转到 delete.jsp 页面，list.jsp 通过 URL 传递参数的方式告知 delete.jsp 要删除知识条目的主键值。delete.jsp 将知识条目删除后跳转到 list.jsp 页面显示。

删除数据前可以使用 JavaScript 询问是否确认删除

onclick="javascript：return confirm（'确认删除吗？'）

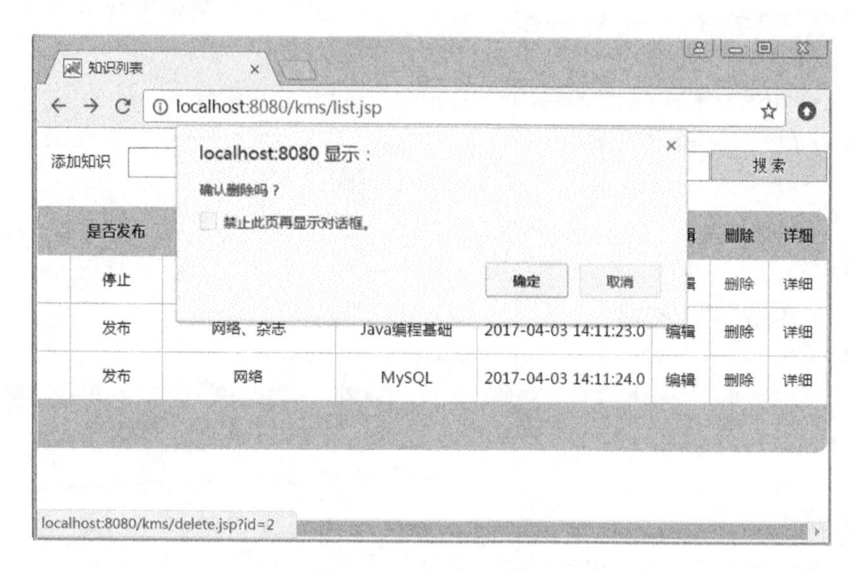

图 23.5　删除知识条目

delete.jsp 删除知识参考代码。

```
<%@page import="kms.dao.DBHelper"%>
<%@ page language="java" contentType="text/html;charset=
  UTF-8"
    pageEncoding="UTF-8"%>
<%
//获取数据
String id=request.getParameter("id");
//删除知识业务
DBHelper helper=new DBHelper();
int  i=helper.executeUpdate("delete  from  tbl_knowledge
  where id=?",id);
if(i>0){
    response.sendRedirect(request.getContextPath()+"/li
      st.jsp");
```

```
}else{
    response.sendRedirect(request.getContextPath()+"/ed
      it.jsp?id="+id);
}
%>
```

23.10　查看知识明细

detail.jsp 实现显示某条知识条目，如图 23.6 所示。在 list.jsp 中单击“查看”按钮时，跳转到 detail.jsp 页面，list.jsp 通过 URL 传递参数的方式告知 detail.jsp 要显示知识条目的主键值。detail.jsp 将知识条目删除后跳转到 list.jsp 页面显示。

图 23.6　详细知识条目

detail.jsp 参考代码。

```
省略部分代码
<%
String id=request.getParameter("id");
DBHelper helper=new DBHelper();
ResultSet rs=helper.executeQuery("SELECT
tbl_knowledge.*,tbl_type.typeName, tbl_type.typeDesc FROM
  tbl_knowledge INNER JOIN
tbl_type ON tbl_knowledge.typeId=tbl_type.id  where tbl_
```

```
  knowledge.id=?",id);
%>
省略部分代码
<body>
<%
    if(rs.next()){
%>
<table width="600" border="0" cellspacing="0" cellpadding=
  "0" align="center">
    <caption>知识详细内容</caption>
        <tr>
            <td width="100" align="right">知识标题:</td>
            <td><%=rs.getString("title")%></td>
        </tr>
        <tr>
            <td align="right">是否发布:</td>
            <td><%=rs.getInt("isPublish")==0?"发布":"停止
              "%></td>
        </tr>
        <tr>
            <td align="right">知识来源:</td>
            <td><%=rs.getString("fromName")%></td>
        </tr>
        <tr>
            <td align="right">知识类别:</td>
            <td><%=rs.getString("typeName")%></td>
        </tr>
        <tr>
            <td align="right">知识内容:</td>
            <td><%=rs.getString("content")%></td>
        </tr>
    </table>
    <%
        }else{
                out.print("没有找到此数据");
```

```
        }
        helper.close();
    %>
</body>
</html>
```

23.11　数据统计

每种知识类别有多少条知识条目需要使用 SQL 语句的 GROUP BY 子句，根据 typeId 将数据分组，然后使用聚合函数 count（）统计每组中知识条目的数量。如图 23.7 所示。

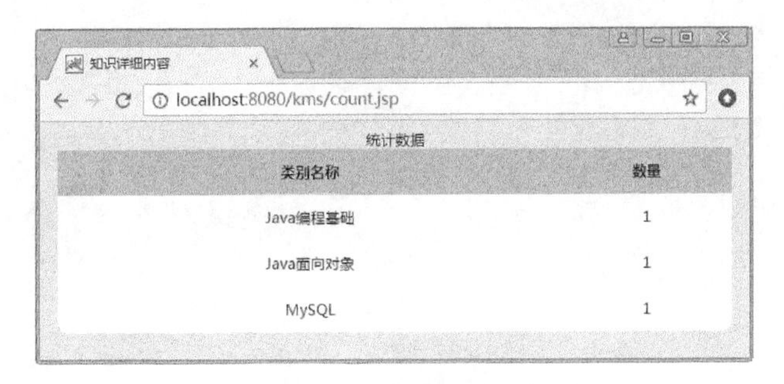

图 23.7　数据统计

count.jsp 参考代码。

省略部分代码

```
<table width="600" border="0" cellspacing="0" cellpadding=
  "0" align="center">
    <caption>统计数据</caption>
    <tr>
        <th align="center">类别名称</th>
        <th align="center">数量</th>
    </tr>
    <%
    DBHelper helper=new DBHelper();
    ResultSet  rs=helper.executeQuery("SELECT  typeName,
      COUNT(*)AS  `count`  FROM tbl_knowledge  INNER  JOIN
      tbl_type ON tbl_knowledge.typeId=tbl_type.id GROUP
```

```
    BY typeName");
      while(rs.next()){
      %>
      <tr>
          <td align="center"><%=rs.getString("typeName")
            %></td>
          <td align="center"><%=rs.getString("count")
            %></td>
      </tr>
      <%
      }
      helper.close();
      %>
  </table>
</body>
</html>
```

参 考 文 献

武洪萍，孟秀锦，孙灿. 2019. MySQL 数据库原理及应用. 2 版. 北京：人民邮电出版社.

孙鑫. 2019. Servlet/JSP 深入详解. 北京：电子工业出版社.

Frain B. 2017. 响应式 Web 设计. 奇舞团译. 北京：人民邮电出版社.

Horstmann C S. 2016. Java 核心技术卷Ⅰ：基础知识. 周立新等译. 北京：机械工业出版社.

Horstmann C S. 2016. Java 核心技术卷Ⅱ：高级特性. 陈昊鹏，王浩，姚建平等译. 北京：机械工业出版社.